건축과 기후윤리

건축과 기후윤리

ARCHITECTURE AS
THE ETHICS OF CLIMATE

JIN BAEK

백진 지음 · 김한영 옮김

이유출판

추천의 글

러스킨의 『먼지의 윤리The Ethics of the Dust』(1865)가 나온 이후로 건축의 윤리적·환경적 책임을 이토록 설득력 있게 이야기한 책은 처음이다. 백진 교수의 연구는 특히 오늘날 더욱 의미가 있다. 우리는 여전히 자연과학에만 의존하여 지속가능성을 논하고 있는 탓에 자원 배분의 사회문화적 차원을 간과하고 있다. 『건축과 기후윤리』는 알토, 노이트라, 안도 등 위대한 건축가들의 연구를 두루 살피면서 건축이 나아가야 할 방향을 새롭게 설정한다. 더 인간적이고, 공정하고, 고무적인 해결책을 향하여.

데이빗 레더배로우, 미국 펜실베이니아대학교 교수

백진 교수의 글처럼 깊이와 학식이 풍부하면서도 과도하게 기술적으로 흐르지 않은 건축학 저서는 보기 드물다. 백진 교수는 하이데거를 비판했던 일본의 철학자 와츠지 테츠로의 윤리현상학에 기초해 건축적 사유에 관한 새로운 길을 냈다. 그 위에서 우리는 '지속가능성'에 더 깊은 의미가 있음을 깨닫고, 우리가 어떻게 하면 건축의 도움을 받아 행복하게 살아갈 수 있을지 깨우치게 된다.

마이클 베네딕트, 미국 오스틴 텍사스대학교 건축학과 ACSA 석학교수

백진 교수의 이 훌륭한 연구서는 와츠지 테츠로의 비이원론 철학에 기초하여 건축의 윤리적 측면과 지속가능성을 깊이 있게 통찰한다. 오늘날은 환경을 객체화하고 임의로 자의적인 실험을 하면서 이를 건축이라 내세우는 시대이다. 이 책은 그런 입장의 한계를 밝히며 '분위기atmosphere'와 '기분

attunement'의 개념을 중심으로 전개되는 담론에 의미 있는 대안을 제시하면서, 와츠지의 핵심 개념인 '풍토'를 주요 근거로 사용한다. 풍토는 문화와 자연이 어우러진 '사회체social body'를 포용하는 초-주관적이고 포괄적인 개념이다. 백진 교수는 이 개념을 바탕으로 분위기를 주관적 효과로 보는 관점의 오류를 밝히고, 지속가능성을 양적 개념으로 축소하여 기술적인 문제로만 취급하는 시각 또한 근본적인 한계가 있음을 드러낸다.

알베르토 페레즈-고메즈, 몬트리올 맥길대학교 사이디 로스너 브로프먼 건축사 석좌교수

목차

한국어판 서문

50도를 넘어서는 캐나다의 폭염, 한 달 이상 지속된 캘리포니아와 시베리아의 산불, 새하얀 눈으로 덮인 텍사스, 에어컨이 불티나게 팔린 영국, 매일 물 60억 톤에 해당하는 빙하가 녹아내리는 그린란드…. 상상할 수 없는 일들이 벌어지고 있다. 동토의 땅에 열대를 뛰어넘는 폭염이 찾아오고 아열대의 땅에 시베리아의 한파가 엄습해 온다. 올여름 한반도에 쏟아진 폭우와 폭염 또한 이례적이다. 날씨Weather는 변덕스레 바뀔 수 있다 해도 기후Climate는 지역별로 고유의 패턴을 유지해 왔다. 덕분에 세상은 항상 변화무쌍하지만 절기에 따른 기상 변화를 대강 짐작해 볼 수 있었다. 하지만 이제는 패턴을 유지하던 기후, 그리고 지역의 특성과 경계가 근본적으로 흔들리고 있다. 앞으로 무슨 일이 벌어질까? 극단적 생각인지 모르겠으나, 막막한 예측 불가능성 앞에 그나마 살 만한 곳을 찾아 떠나는 유랑인의 삶만이 앞으로 닥쳐올 인간의 운명일까?

필자가 이 책을 쓰기 시작한 것은 환경문제에 대한 고민 때문이었다. 2010년 무렵이다. 건축과 도시 분야의 연구자였지만 나날이 악화하는 환경문제에 대처할 방법은 무엇인지, 이런저런 생각을 하게 되었다. 많은 질문도 생겨났는데, 그중 하나가 '기후는 우리에게 무엇인가?'라는 것이었다. 모바일 폰으로 날씨에 관한 정보를 실시간 확인할 수 있는 시대에 이런 질문 자체가 성립하는지 궁금해하는 독자도 있을 것이다. 하지만 여기서 묻는 것은 수많은 데이터를 모으고 시뮬레이션을 진행하여 기후가 어떤 양상으로 전개될지를 예측하고 대응하는 것과는 다른 물음이다. 기후 현상을 모니터상의 데이터로만 이해하는 것이 아니라 우리 신체와 일상을 파고드는 구체적인 힘으로 파악하려는 태도가 저변에 깔린 질문이다. 예를 들면 초속 58미터, 즉 시속 약 209킬로미터의 최대순간풍속과 85밀리미터의 일일 강수량이 결합한 날씨를 수치로만 이해하는 것이 아니라, 가로수가 뽑히고 지붕이 날아가고 저수지의 둑을 보강해야 하는 '태풍'이라는 것을 실감하는 일에 가까운 것이다. 더 나아가서는 이런 기후의 구체적 체험이 '나'라는 존재는 누구이고, 또 '우리'는 무엇인가라는 문제와 어떻게 맞물려 있는가를 탐색하는 것이었다. 그리고 이에 관한 논의가 건축을 창작하고 도시를 만들어서 모여 사는 우리에게 어떤 시사점을 주는지를 묻는 것이었다.

이런 궁금증을 가진 필자에게 한 줄기 빛을 던져준 책이 있었다. 박사과정에서 공부하는 동안 우연히 접했던 문헌으로 와츠지 테츠로和辻哲郎(1889-1960)가 1936년에 발간한 『풍토風土』라는 책이다. 건축학도로서는 따라가기 어려운 내용을 다루는 부분도 있었으나, 자연을 풍토로 이해하고 동서양의 저작을 심도 있게 파고 들어가는 와츠지의 글은 필자를 단숨에 매료시켰다. 일상 속에 가려져 있던 번뜩이는 진실을 밝혀주는 메시지로 넘쳐났다. 한자 문화권에서 자라다 보니 당연히 풍토는 그리 낯선 말은 아니었다. 그리고 그 의미 또한 알고 있다고 생각하였다. 하지만 착각이었다. 와츠지의 글은 필자가 아예 질문 자체로 여기지 않았던 것들을 질문으로 인식할 수 있도록 도와주었고, 막연히 알고 있다고 생각했던 것들을 전혀 다른 각도에서 바라보도록 이끌어 주었다. 자연에 관한 이야기에서 멈추지 않고 사아, 자각, 공동성, 타자성의 문제로까지 파고 들어갈 수 있는 길을 열어주었다. 인간중심주의도 아니고 그렇다고 문명의 폐해 앞에 도피처를 찾는 원시주의도 아닌 제3의 길을 '풍토'에서 볼 수 있었다. 이 책을 읽고 난 후, 기후가 비로소 우리에게 무엇인가를 이해할 수 있었고, 와츠지의 풍토론을 바탕으로 건축 분야에서 기후를 새롭게 논할 수 있는 담론의 기초를 재정립해야겠다고 마음먹었다. 기후, 공간, 인간 상호 간 관계 그리고 삶의 패턴을 서로 관련지어 이해하고, 나아가서는 윤리의 영역으로까지 논의를 확대할 수 있으리라는 기대감이 생겼다.

와츠지 철학의 참신함에 매료되는 한편, 그의 철학에 대한 비판의 목소리도 발견했다. 1930년대 말 풍토론과 윤리론을 전개했던 와츠지의 철학에 국수주의와 제국주의의 이데올로기가 각인되어 있다는 것이었다. 그가 풍토론을 쓴 이유 중 하나는 빌헬름 딜타이Wilhelm Dilthey(1833-1911)의 오리엔탈리즘에 대한 비판이었다. 딜타이가 동양의 문화를 원시적이라고 비판하는 것에 맞서, 와츠지는 서양이 주도하는 문명 역시 투박하고 조악하다고 주장한다. 이런 면에서 풍토론은 일차적으로 동양의 문화에 대한 편향된 비판에 맞서는 저항의 속성을 띠고 있었다. 하지만 와츠지는 딜타이에 대한 반동적인 논리를 만들어내는 데에서 그치지 않았다. 습기와 열기가 결합하여 다양하고 미묘한 양상을 만들어내는 일본의 풍토를 조명하고, 이 풍토적 특성을 바탕으로 일본 문화의 섬세함과 우아함을 논증하는 데까지 나아갔기 때문이다. 이 지점에서 의문이 제기될 수 있다. 과연 와츠지가 전개한 동양 문화에 대한 변론과 일본성에 대한 고민은 서양 제국주의적 시각에 대한 맞대응을 넘어 동양 우월주의, 특히 일본 우월주의의 입장으로까지 나아갔던 것일까?

사실 와츠지에 대한 더 큰 비판은 윤리론에 집중되었다. 대표적인 사례가 유물론자 도사카 준戶坂潤(1900-1945)의 비판이다. 도사카는 와츠지가 윤리학을 풀어나가면서 참고했던 현상학적 그리고 해석학적 방식 자체에 이의를 제기한다. 예를 들면 '인간', '세상', '존재'라는 말을 분석하여 '윤리'의 의미를 밝히는 방식 자체를 문제 삼는다. 이런 방식은 역사적 순간의 구체적인 물적 사태에 대한 분석을 의식적으로 회피하는 태도로, "'인간의 학[문]'이 지닌 근본 특색, 즉 넓은 뜻에서 오늘날 일본의 자유주의자나 전향이론가가 애용하는 '인간학'의 근본 특색"[1] 이라고 주장한다. 그에 따르면 언어나 그림, 글 등 인간의 재현 행위는 당대의 물적생산 체계를 뛰어넘는 초역사적인 산

---

1 이런 접근법은 마르틴 하이데거Martin Heidegger(1889-1976)의 해석학적 현상학에서 기인한 것으로, 하이데거가 독일어, 그리스어, 라틴어를 대상으로 전개한 방법론을 와츠지는 일본어, 한문, 팔리어로 확대한 것에 불과하다고 주장한다.
도사카 준, 『일본 이데올로기론: 현대 일본의 일본주의, 파시즘, 자유주의 사상 비판』, 윤인로 옮김, 산지니, 2020, pp. 204-205, p. 212.

물이 아니며, 좀 더 본질적인 것에 도달하도록 도와주는 길잡이도 아니다. 오히려 당대 물적생산 체계의 특성을 드러내는 지시자이다. 도사카는 화폐를 예로 든다. 만약 누군가가 화폐를 인간존재의 표현으로 이해하고, 인간이란 무엇인가에 이르는 방편으로 여긴다면, 이는 "역사적 사회의 물질적인 생산 관계"[2] 에 무지한 것일 뿐이라고 주장한다. 도사카의 글을 옮겨보자.

> 현실적인 물적 과정 그 자체가 화폐라는 일종의 독특한 상품을 산출했다는 인과관계를 가리키는 것이지만, 그 점을 해석학적 표현으로 분석하여 얻게 되는 것이란 계급대립이 점차 필연적으로 첨예화되어 가는 자본주의 사회가 아니라 마치 와츠지 윤리학이 발견한 것 같은 '인간존재'라는 것이 될 터이다.[3]

표현을 통해 사물의 본질을 이해하는 것은 불가능하기에, '인간'이라는 말을 통해 인간이 무엇인가를 이해하려는 것은 어리석은 일이다. 역사적 그리고 물적 생산관계를 놓치는 해석학적 방법은 "지극히 일반적이고도 추상적인 '인간존재'"를 논할 뿐으로, "역사, 사회의 현상 표면을 심미적으로 스쳐 지나가는 방법인 바, 그 결과는 반드시 모종의 뜻에서 '윤리주의'로" 귀착되고 마는 것이다.[4]

　　건축 분야의 연구자로서 도사카와 와츠지 시이의 대결 구도 속에 끼어드는 것은 쉽지 않은 일이다. 물론 일제 군국주의의 파고 속에서도 도사카가 전개한 파시즘 비판은 본서의 논지와 상관없이 경의를 표할 일이다. 또한

2　도사카 준, 『일본 이데올로기론: 현대 일본의 일본주의, 파시즘, 자유주의 사상 비판』, p. 211.
3　도사카 준, 『일본 이데올로기론: 현대 일본의 일본주의, 파시즘, 자유주의 사상 비판』, p. 211.
4　도사카는 "인간존재가 물질적 생산관계를 통해 인과관계를 맺고 서로 교호작용한 결과"가 바로 윤리인데, "물적 기초의 구조연관 대신에 관념적 의미의 구조연관이 거론됨으로써 일종의 사회적 상징으로서만 역사, 사회의 물질적 기초가 거론되는 것일 따름"이라고 본다. 사회를 떠받드는 물적 구조라는 실질적인 모습을 드러내는 대신, 인간 일반의 초역사적인 그리고 낭만적인 윤리학으로 귀착되고 만다고 주장한다. 아울러 이런 오류는 해석학의 자유주의적 성향에서 기인하는 것이라고 덧붙인다.
　　도사카 준, 『일본 이데올로기론: 현대 일본의 일본주의, 파시즘, 자유주의 사상 비판』, pp. 211-213.

자본주의 체제 안에서 유물론적 사고가 갖는 실효성은 부인할 수 없다. 인간관계가 재구조화되어 새로운 계급이 나타나고, 화폐에 의한 모든 가치의 균등화는 세속화와 물신화를 촉진하고, 학교, 감옥, 경찰, 병원 등 제도와 기관의 왜곡과 도구화가 전개되고, 자본의 축적과 재생산을 부채질하는 도시 구조의 변혁이 전개되었다. 이런 사태를 보지 못하고 언어와 그에 대한 분석을 좇아 윤리론에 이르는 것은 당대의 실상과는 무관하게 태곳적 인간학을 한가히 논하는 오류를 범한다고 볼 수도 있다. 사실 기만적이기 십상인 표현물 대신 그 하부의 물적 토대에 주목하는 유물론이, 현상학과 해석학이 갖는 언어론에 거부감을 표하는 것은 이해가 간다. 유물론의 입장에서 언어는 신뢰하기 어렵다. 구조주의의 기반이 된 언어학의 위대한 발견, 즉 기의와 기표 사이의 자의적인 관계, 기표 사이의 내적 차이라는 체계 속으로 포섭되는 의미, 그리고 기표와 기의 사이의 임의성은 다양한 짝짓기 및 차연의 유희로 빠져들어간다. 허위 의식에 지배되는 주체의 언어는 신뢰의 대상이 아니라, 의문, 의심, 분석, 나아가선 극복의 대상으로, 이 극복의 과정을 통해 드러나는 것은 역사적 순간에 주어진 물적 토대의 이데올로기적 특성이다.

이와는 달리 현상학과 해석학에서 언어는 세계를 이해하는 근본 틀이다. 언어에는 공동체가 공유하는 자연관, 인간관, 개념, 습관 등이 아로새겨져 있다. 언어는 주체의 소유물이나 도구가 아니다. 주체는 언어의 세계에 속하게 됨으로써 비로소 자유를 부여받는, 즉 귀속과 해방의 이중적 특성을 갖는다. 은유를 통해 유비의 영역으로 나아가며, 서로 다른 사물, 위계, 사태를 연결하여 '이해'에 이르게 된다. 언어적 관계망을 통해 구축된 환경이 바로 세계이며, 내가 어디에 있는지 좌향을 잡고, 낯선 곳이 아니라 '의미'가 부여된 세계에 거주하게 된다.

위에서 논의한 바와 같이 유물론적 사고와 현상학 및 해석학, 이 양자 사이의 명증한 차이에도 불구하고 하나의 질문이 선명히 떠오른다. 양자 사이의 접점은 정말 불가능한 것일까? 와츠지에 대한 도사카의 비판은 막시즘이 갖는 현상학과 해석학에 대한 거부감에 뿌리를 두고 있다. 하지만 앙리 르페브르Henri Lefebvre(1901-1991)와 같은 철학자는 막시즘이 세계를 이

해하는 개념인 토대base와 상부구조superstructure 등의 추상성을 비판한
바 있다. "한 편에 존재, 깊이, 실체를 놓고 다른 편에는 사건, 모양, 현상을
놓는 식으로 양분하여, 경박함과 진지함을 구분하는 철학적 태도"[5] 가 막시
즘에 깔려 있다며 이를 극복하고자 하였다. 먹고 마시고 입는 법, 논쟁과 타
협을 통해 급료가 결정되는 방식, 노동이 조직화되고 재조직화되는 양상, 부
르주아와 노동자라는 대립적 계급으로만 치환될 수 없는 얽히고설킨 인간관
계 등 생생한 일상의 세계를 진지하게 살피는 인간적인 막시즘을 정립하려
하였다.[6] 이처럼 초라하고 보잘것없어 보이는 일상의 세계로 침잠해 들어가
는 새로운 철학적 접근은 마르틴 하이데거Martin Heidegger(1889-1976)가
형이상학을 거부하고, 주체를 현존재Dasein로 재규정하며, 일상의 세계를
탐색한 것과 일맥상통한다. 현존재, 즉 '세계-내-존재being-in-the-world'
는 단순히 사람이 세계라는 공간 안에 있다는 의미가 아니라, 주변의 사물
및 사람과 모종의 관계를 맺으며 맞물려 있다는 의미이다. 즉 'being-in-
the-world'는 'being-involved-in-the-world'인 것이다.[7] 이와 관련하여
자주 언급되는 전형적인 예는 목수이다. 목수를 생각하면 망치가 자연스럽
게 떠오르고, 망치를 이야기하면 못이 떠오른다. 사다리도 떠오른다. 망치와
못을 만드는 대장장이가 떠오르고, 또 지붕틀을 새로 짜달라고 부탁한 건축
주도 떠오른다. 혹시 그가 목수를 부른 것은, 밤에 별을 보고 싶어 하는 아
들을 위해 다락방을 만들려고 그런 것일까? 목수라는 정체성에는 이미 이렇
게 많은 것들이 개입되는 관계망을 전제로 하고 있다. 사실 이 관계망은 끝
이 없다. 사람과 사람, 사람과 도구, 도구와 도구 등의 맞물림 속에서 하나의
상황이 작동한다. 이 관계망에서 벗어난 개인, 즉 '초월적 주체'는 설 자리가

5   Henri Lefebvre, *Everyday Life in the Modern World*, trans. Sacha Rabinovitch, London:
    Allen Lane The Penguin Press, 1971, pp. 13-14.
6   Henri Lefebvre, *Critique of Everyday Life*, trans. John Moore, London, New York: Verso,
    2008, pp. 6-52; Henri Lefebvre, *Everyday Life in the Modern World*, pp. 13-16, 190-206.
7   Peter Carl, "Convivimus Ergo Sums," eds. Henriette Steiner and Maximilian Sternberg,
    Phenomenologies of the City, Surrey, England: Ashgate, 2015, pp. 11-32.

없는 것이다.

물론 유물론이 주장하는 것처럼 일상은 그 진상이 은폐, 왜곡될 수 있다. 조악하고 부정적일 수 있다. 그러기에 일상으로부터 거리를 유지하고, 믿고 받아들이기보다는 의심하고, 반성의 대상으로 삼아 그 원인을 찾아내야 한다. 계몽주의적 태도의 확장이다. 그런데 이런 입장이 현상학과 배치되는 것은 아니다. 현상학 역시 일상의 은폐와 왜곡 현상에 대한 인지가 출발점이다. 현대 테크놀로지의 속성은 대상을 향한 두려움 없는 도발을 지속적으로 전개한다는 것이다.[8] 무언가가 미지의 것으로 남아 있다면 이는 초월적 영역이 아니라 아직은 정복되지 않은, 바꿔 말하면 언젠가는 정복될 대상일 뿐이다. 결과적으로 계량화와 물신화 앞에 신비로움은 사라지고, 사람을 포함한 모든 것은 언제든 쥐어짜 쓸 수 있는 자원 정도로 치부되는 도구론적 세계관instrumentalism이 만연한다. 미디어를 통해 유포되는 행복 지표에 휘둘리며 사람들은 불확실하나 누군가에 의해 강요되는 것을 삶의 목표로 설정하고 그 실현을 위해 에너지를 소진한다. 이 과정에서 자신의 존재 자체를 문제 삼는, 즉 자신이 '무無'로 소거될 가능성을 질문할 수 있는 현존재의 본래 모습은 사라지고 만다. 이러한 일상의 조악함에도 불구하고, 그 해결책은 일상의 지평을 떠나 태고로 귀환하거나 현실에 눈감는 태도에 있지 않다. 하이데거는 "위험이 자리 잡고 있고 또 자라고 있는 그곳에 구원하는 힘도 같이 자리한다."[9] 라고 말한다.

익숙함zuhanden/ready-to-hand 속에, 그리고 이 익숙함을 전략으로, 사물이 자신의 정체를 숨기는 이중의 둥지가 바로 일상이다. 도구적 속성 자체도 기술적 환원주의에 맞서 '존재'가 스스로 자신을 은폐하기 위해 내미는 '오리발' 같은 것인지도 모른다. 그러나 '존재'는 여전히 사라지지 않고 빛을 발하고 있다. 이렇게 보면 르페브르와 하이데거 모두 일상의 조악함과 긍정

---

8 Martin Heidegger, "Question Concerning Technology," in *Basic Writings*, ed. David Farrell Krell, New York: Harper Collins, 1993, pp. 311-322.

9 Martin Heidegger, "Question Concerning Technology," p. 333.

성을 동시에 인정한다고 볼 수 있다.[10]

조악하면서도 긍정적인 일상이란 구체적으로 어떤 모습일까? 한편으론 조악하면서 또 한편으론 긍정적이라는 것이 가능할까? 일단 이 모순이 성립한다면 이는 일상이 근본적으로 투명하고 명료한 어떤 체계나 이론으로 설명되는 것이 아닌 복잡하거나 심지어는 난잡한 것임을 암시하고 있다. 자본의 논리에 지배당하고 그 논리를 무한 복제하는 조악함을 넘어 진흙탕 속에서 피는 연꽃처럼 긍정성과 가능성 또한 일상에 자리 잡고 있다는 것이다. 상품화와 물신화가 팽배하여도 괜찮다는 말이 아니라 오히려 이를 타개할 가능성 역시 일상 속에서 발견된다는 말이다. 바로 일상의 힘이다. 일상은 자본과 계급의 논리가 지배하는 세계이기에 들여다볼 가치조차 없는 비루한 현실이 아니라, 삶의 창의성이 끈덕지게 살아 숨 쉬는 희망의 영역이다.

일상의 난잡함에 대한 논의는 역사의 연속성에 관한 새로운 시야를 열어준다. 유물론의 실효성에 관해서는 이미 언급한 바 있다. 강력한 자본주의 체제의 지배력으로 인해 많은 것들이 바뀌거나 변질되었다. 어떤 것은 혁명이라고까지 불러도 좋을 정도로 말이다. 하지만 그렇다고 모든 것이 정말 다 바뀌는 것일까? '바뀌었다'는 사실은 도대체 어떻게 인지하게 될까? 오히려 더 정확하고 중요한 질문은 무엇이 바뀌고 무엇은 바뀌지 않았는가를 묻는

---

10 이 글에서 필자는 르페브르의 일상에 대한 개념을 매개로 막시즘과 현상학 및 해석학 사이의 연결고리를 만들어보려고 시도하였다. 물론 다른 관점도 가능하다. 예를 들면 폴 리쾨르Paul Ricoeur(1913-2005)는 현상학적 해석학 안에 자리한 '거리두기distanciation'를 드러내고, 그리고 반대로 이데올로기의 비판 안에 있는 해석학적 순간을 잡아낸다. 그는 한스 게오르그 가다머Hans-Georg Gadamer (1900-2002)의 『진리와 방법Truth and Method』도 이런 관점에서 다시 읽어낸다. '귀속belonging'과 '객체화하는 거리두기alienating distanciation'를 각각 해석학과 자연 및 인문과학의 기초로 대치시키는 것을 비판하고, '귀속'에 내재한 거리두기의 차원을 밝힌다. 이는 한편으로는 해석학자가 자기성찰을 통해 해석학 자체를 보다 더 정교하게 재정립하려는 시도이다. 하지만 동시에 자연 및 인문과학 역시 근본적으로 해석학적 기반 위에서 작동하는 학문임을 정립하려는 것이기도 하다. Paul Ricoeur, *Hermeneutics and the Human Sciences: Essays on Language, Action and Interpretation*, ed. and trans, John B. Thompson, Cambridge: Cambridge University Press, 1981, pp. 23-60.

것 아닐까? 만약 바뀌는 것만 바라보느라 바뀌지 않는 것을 외면하거나 아니면 전체가 다 바뀌었다고 선언하는 것은 자기 기만 아닐까? 1917년의 그날처럼 바로 어젯밤 공산혁명이 일어났다고 치자. 오늘 아침 식사는 어떤 식으로 해야 할까? 식탁에 둘러앉아 먹던 방식을 버리고, 무중력 상태의 우주인에게나 해당할 법한 기상천외한 방식으로 하게 될까? 확신하건대, 십중팔구 여전히 평탄한 바다 위에서, 의자에 궁둥이를 붙이고 테이블에 둘러앉아 밥을 먹을 것이다. 물론 입던 옷은 바뀔 수 있다. 단어도 그럴 수 있다. 벽에 걸린 그림의 종류도 아마 뒤바뀌어 있을 것이다. 무언가는 바뀌었으나 무언가는 유지된다. 엄청나게 빠른 속도로 움직이며 쉴 새 없이 변하는 것들(단어, 제스처, 나가고 들어오는 식기와 음식), 천천히 변하는 것들(의자, 식탁, 보조 테이블), 그리고 거의 미동조차 하지 않는 것들(벽과 바닥)이 적층되어 하나의 상황이 탄생하고 작동한다. 만약 모든 것이 동시에 똑같은 속도로 재빨리 변한다면 이는 완벽한 혼돈일 뿐이다. 따라서 어느 것도 변화로 느껴지지 않을 것이다. 변화는 변하지 않는 것을 전제로 하기 때문이다. 안타깝게도 종종 표피의 레벨에서 일어나는 변화만을 과장하고 찬미하는 역사적 시각이 존재한다. 그리고 이 변화를 근거로 새로운 혁명적인 패러다임이 등장하였다고 주장한다. 이런 주장일수록 아방가르드적인 과격함의 뒤를 쫓는 미디어의 스포트라이트를 받는다. 그러나 이는 여러 개의 층위로 구성된 역사의 속성에 관한 오해에서 비롯되는 피상적 주장일 뿐이다. 표피와 기저로 서로 맞물려 있는 다층의 구조를 놓치는 것이다. 층위의 사이에서 무슨 일이 벌어지는가가 새로운 해석과 창작의 영역임을 놓치는 것이다.

변화하는 표피는 쉽게 눈에 들어오지만, 그 표피가 보이도록 만들어주는 심층구조와 그 지속성은 눈에 쉽게 들어오지 않는다. 패러독스이다. 기저의 역할을 하는 것은 이미 주어진 것으로 간주될 뿐이기에, 시야의 중심이 아닌 주변부에 항상 말없이 존재한다. 현상학의 주요 관심사 중 하나는 바로 이 눈에 들어오지 않는, 그래서 반성의 대상으로 삼기 어려운 것을 주제화하여 그 의의를 밝히는 것이다. 기저와 표피의 교류, 그리고 접점에서 일어나는 새로운 변화의 순간을 포착하는 것이다. 하나의 상황은 켜켜이 쌓인 다층구조를 전제로 한다고 주장하였다. 이 구조 속에서 건축과 도시는 어디쯤 자리를 잡고 있는 것일까? 표피일까? 상대편이 무슨 이야기를 하려는 건지 그의 표정, 제스처 그리고 입술에서 터져 나오는 말에 주목한다. 이 순간 테이블과 의자, 바닥과 벽, 기둥과 보, 기초, 그리고 대지는 존재하지 않는 것처럼 존재하고 있다. 즉 건축과 도시의 가장 중요한 문화적 역할은 하나의 상황이 작동하는 구조 속에서 기저의 역할을 수행한다는 것이다. 표층적 요소들의 재빠른 변화와 운동이 혼돈 속으로 흔적 없이 사라져버리는 대신 전면으로 부각되어 나타나도록 도와주는 기저성이 건축과 도시의 문화적 역할이다. 이 기저성은 나를 내맡기고 잊어버린 상태에서 정말 중요한 것에 온 신경을 집중할 수 있도록 도와주는 해방의 기제이다. 건축과 도시가 제공하는 안정성, 지속성, 항상성 때문에 역동성, 순간성, 유한성이 빛을 발하고 시선을 끈다. 자본주의 일상의 조악함 속에서도 유전적 원리처럼 변형된 모습으로 등장하는 삶의 습관과 패턴은 기저의 지속성이 표피를 뚫고 올라오는 분출의 순간이다.

　유물론적 관점에서 전개된 와츠지의 철학에 대한 비판이 비록 윤리론에 집중되었지만, 본서가 다루는 풍토론 자체도 비판의 대상이 될 수 있을 것이다. 특히 풍토라는 개념은 지역 그리고 공동체와 불가분의 관계에 있기 때문이다. 따라서 공동체의 자폐성 또는 독단주의 등에 대한 염려의 시각이 제기되는 것은 당연하다. 독일의 나치즘이 보여준 순혈주의, 그리고 일본 제국주의나 국수주의와 손쉽게 연결될 수 있는 대목이다. 본서에서는 '열린 유비open analogy'의 관계 속에서 풍토와 풍토, 지역과 지역 사이의 관계를 읽어내는 방식으로 자기 완결적이고 폐쇄적인 시각을 넘어서려고 하였다. '열린 유비'의 개념은 특정 풍토와 공동체가 자족성과 완결성을 갖춘 것이 아니라, 오히려 결여와 결핍을 내포한 것으로 다시 바라볼 수 있도록 도와준다. 이때 결여와 결핍은 절망의 근원이 아니라, 타他풍토 및 공동체와의 연합을 통해 고차원의 완결성을 구축해내고자 하는 개방성과 열망의 동력이다. 따라서 이 책은 풍토와 지역의 정체성이 내적으로 규정되는 본질주의적 입장이 아니라, 다른 풍토와 지역과의 상호관계 속에서만 규정되는 노마딕

nomadic한 입장을 전개하고 있다. 여기서 '노마딕'은 농경민을 정벌하러 유랑하는 정복자의 유목성을 뜻하는 것이 아니다. 특정 장소의 우월성을 암시하는 '도무스의 신화'에서 벗어나 자기가 속한-이것은 하이데거가 말한 것처럼 내가 선택한 것이 아니고 반대로 나는 그곳에 던져진 것이다-풍토와 공동체를 떠나는, 자기부정과 자기초월의 유목성을 논의하려 한다. 선 자리가 바뀌면 존재의 속성이 바뀐다고 하였다. 이 탈자脫自의 시점에서 바라보는 원풍토와 공동체에 대한 재발견, 즉 자각에 관한 언급도 빠질 수 없다. 요컨대 필자는 새로운 풍토와 인간관계의 유형을 찾아 '떠나는 것'과 '경계 바깥을 인지하되 자발적으로 귀속하는 것, 즉 개인에게 주어진 이 두 가능성 사이의 스펙트럼을 열고자 하는 것이다.

　　건축 분야에서 '지역'을 논하는 것은 후기산업사회의 속성상 시대착오적이며 정치적으로도 보수성을 띠기 쉽다고 주장한 인물이 있다. 바로 앨런 콜퀸훈Alan Colquhoun(1921-2012)인데 우리는 그를 반풍토적 입장을 전개한 이론가로 조심스럽게 부를 수 있을 것 같다. 그가 지금 살아있다면 제4차 산업혁명이 일구어낸 초연결사회를 근거로 제시하며 더더욱 지역과 풍토라는 개념의 무용성을 강조할지도 모르겠다. 하지만 건축에는 부인할 수 없는 사실이 있다. 건축은 부유하는 디지털 신호가 아니라, 육중한 실체를 갖고 어딘가에 지어진다는 사실이다. 건물이 땅과 어떻게 만날지를 고민해야 하는 것은 물론이고, 눈에 보이지 않는 기운들, 즉 습기, 열기, 한기, 밝음, 어두움 등을 읽어내고 대응을 고민하지 않을 수 없다. 우리가 사는 세계를, 똑같은 질을 가진 추상적 공간이 아닌 '차이'를 가진 공간들의 연속체인 토포그라피topography로 이해하는 한 풍토에 대한 고민은 저버릴 수 없다. 중요한 것은 풍토 자체에 대한 비판이 아니라, 풍토와 초超풍토, 지역과 초超지역 사이의 관계에 대한 창의적인 고민이다. 전쟁으로 터전을 잃고 유랑을 떠난 민족이 고향 땅의 색채와 문양으로 건물 표면을 장식하는 것을 보며, 우리는 초超풍토적 표상과 풍토성 사이에서 어떤 이야기를 만들어내야 하는지 진지하게 고민하게 되는 것이다. 풍토와 초超풍토 모두 인간의 삶의 진실한 양상인 것이다.

서두에 꺼낸 기후변화의 이야기 또한 이 시점에서 풍토론을 언급하는 것이 시대착오적인 것은 아닌가 하는 의문을 낳을 수 있다. 기후가 종잡을 수 없이 바뀌는 상황에 풍토론이 무슨 의미가 있단 말인가? 250여 년 전 시작된 산업혁명 이래 숨 가쁘게 문명을 추구해온 결과 중 하나가 기후변화이다. 어떤 결말이 기다리고 있는 걸까? '실재'에 대한 감각은 자꾸 무디어져 간다. 가상의 메타버스와 실재가 겹쳐지고, 어쓰투Earth2라는 새로운 지구마저 등장하였다. 거시적으로 보면 국제정치 지도자들의 편협한 관심사, 기업들의 이윤추구, 지역주의, 민족주의, 경제적 불평등과 후진국들의 문명 추구권, 국가 이데올로기까지 겹쳐 기후변화 문제를 푸는 것은 갈수록 난망하다. 난폭해진 기후로 인해 세계 곳곳에 분쟁의 싹이 트고 있다. 이미 걷잡을 수 없는 분쟁 속에 빠져들어 간 곳도 있다. 아프리카 북부 다르푸르 지역의 대학살은 겉으로는 인종 분쟁이지만 실은 기후 문제가 촉발한 것이라는 연구가 나오고 있다.[11] 지구온난화로 아라비아해에서 아프리카 북부로 부는 바람이-아프리카 몬순이라고 불린다-극도로 건조해지면서, 이슬람계 유목민들과 흑인 농경민들 사이에 벌어진 일이다. 우물의 물이 동나고, 경작지가 깔깔한 모래바람에 황폐해지고, 풀이 메말라 가축들이 죽어갈 때 공동의 대응 대신 두 진영이 서로 살육하는 야만주의가 성큼 내려앉은 것이다. 인류애는 사라지고 없다. 짐승과 다름없이 어슬렁거리며 누군가의 '터'를 빼앗고, 생존을 위힌 먹잇감을 찾는 약육강식의 세계 속으로 속수무책 빠져들어 갔다.

이런 상황 속에서도 기후가 무엇인가를 묻는 것이 무의미한 일은 아니다. 어디서부터 잘못된 것인지 종잡을 수 없는 때일수록 근본적인 질문을 던지는 것이 더 중요할 때가 있다. 기후가 무엇인지를 묻고 답할 때, 현재의 기후변화가 우리를 어떻게 변모시키고 또 무엇을 초래할지를 이해할 수 있

---

11 예를 들면 다음과 같은 연구를 들 수 있다.
Stephan Faris, "The Real Roots of Darfur," *The Atlantic Monthly*, April 2007;
Salah Hakim, "The Role of Climate Change in the Darfur Crisis," ed. Walter Leal Filho, *The Economic, Social and Political Elements of Climate Change. Climate Change Management Book Series*, Berlin, Heidelberg: Springer, 2011, pp. 815-823.

는 것 아닐까? 풍토에 관해 묻는 것은 기후변화의 의의를 이해하기 위한 첫걸음이다. 와츠지의 풍토론은 스즈키 다이세츠鈴木大拙(1870-1966)나 프랭크 로이드 라이트Frank Lloyd Wright(1867-1959)가 그린 낭만주의와는 거리를 두면서, 파괴적이고 폭력적인 풍토적 현상을 정면으로 다루고 있다. 1936년에 출간된 책이니 현대의 기후변화를 염두에 두고 기술한 것은 물론 아니다. 그보다는 일본을 끊임없이 괴롭히는 태풍과 지진이라는 사태를 풍토의 모습으로 온전히 인정한 결과이다. 열기와 습기가 결합하여 부풀려지면 홍수와 태풍이 자라나 알곡이 여물어가는 들판을 망가뜨린다. 일말의 자비심은커녕 매정함으로 모든 걸 초토화해 버린다. 이런 풍토의 폭력적 속성 앞에 인간은 무릎 꿇고, 좌절하고, 체념한다. 무상無常의 철학이 배양되는 배경이다. 그러나 또 한편으로 개인의 한없는 부족함을 자각하고, 타인과의 연대를 통한 공동의 대응이 탄생하는 배경이 되기도 한다. '연대'란 무엇일까? 풍토의 파괴적 속성을 누그러뜨리기 위한 방책일까? 우리가 연대한다고 하여 자비롭게도 태풍이 누그러질 리는 없다. '연대'가 지향하는 것은 가족, 친구, 소규모 공동체 그리고 지구촌 시민들이 함께 위험에 대처하고 부족한 것들을 지혜롭게 공유하는 것이다. 이 공동의 조율은 '정의'와 '자비' 등 휴머니티의 궁극적 가치 위에서 실행할 수 있는 것이다.

물론 역사 속에는 연대의 경험보다 파괴, 복속, 정복의 사례가 넘쳐난다. 다르푸르 사태는 경계를 넘어 정복의 칼을 가는 유랑적 야만성의 또 다른 확증이다. 그래도 앞으로 닥쳐올 구체적 역사의 순간에 우리가 야만적 유랑자가 될지 아니면 연대를 택할지는 정해지지 않았다. 아무리 전자의 확률이 월등히 높다고 하더라도 후자는 여전히 우리가 택할 가능성으로 남는다. 와츠지의 풍토론은 후자의 가능성을 살려둔다. 자원이 없다고 불행한 것이 아니라, 오히려 부족함 자체가 나와 너를 '우리'로 묶어내는 계기임을 알려준다. 중요한 질문은 '연대'를 어떻게 활성화할 수 있을까이다. 달리 말하면 '연대'를 막는 것은 무엇일까를 묻는 것이다. 에어컨, 냉장고, 세탁기 등 가전제품, 발코니가 제거된 주거 공간, 아트리움을 가진 유리 마천루가 즐비한 도시를 보며 새삼 깨닫게 된다. 다양한 층위에서 우리는 풍토의 영향력과 흔적들을 속속들이 지워왔다는 사실 말이다. 초연결사회라고 하지만, '연대'의 핵이 되는 소규모 지역공동체는 붕괴하였고, 개인과 익명의 다수라는 대립 구도 속에서 풍토의 폭력성이 분출되는 모습은 TV 화면에나 등장하는 일회성 스펙터클일 뿐이다. 우리는 공동체적 연대의 능력을 어떻게 다시 회복할 수 있을까? 풍토는 여기에 대해 어떤 답을 제시할까?

이 책은 여러 영역을 넘나들며 환경문제라는 거대한 주제를 다루는 책은 아니다. 그저 한 권의 이론서, 그것도 건축에 국한된 저술일 뿐이다. 이런 한계와 범위를 알고 독자들이 읽어주었으면 한다. 와츠지의 풍토론을 접하고 건축 분야에서도 기후가 무엇인가를 폭넓게 이해하는 일이 시급하다고 생각하게 되었다. 동시에 지각론, 공간 미학, 형식적 분석을 넘어, 생생한 삶의 모습이 담긴 건축 읽기를 하고 싶었다. 풍토를 공간과 함께 연동하여 이해하는 것이 첫발을 떼는 데에 도움이 되었다. 아울러 공간의 구조, 풍토, 사람과 사람 사이의 관계라는 관점에서 건축 읽기를 시도해 볼 수 있었다.

건축, 기후, 윤리! 사실 이 세 단어는 오늘날 서로 연관성을 잃은 채 부유하고 있다. 각자도생하는 파편적 개념이 되고 말았다. 특히 기후와 윤리는 서로 간에 아무런 연결점이 없는 것처럼 인식되고 있다. 하지만 이는 기후와 윤리의 의의에 대한 오해에서 비롯된 것이다. 먼저 기후는 객체화된 자연 현상의 집합을 넘어 우리의 내면을 파고들고, '나는 누구인가?' 그리고 더 나아가 '우리는 누구인가?'라는 정체성과 얽혀 있다. 즉 기후는 '나'를 발견하고 더 나아가 '우리'를 발견하는 거울이자 계기인 것이다. '우리'를 발견하는 공동의 자각은 특히 중요한 현상이다. 기후를 통해 '우리가 누구인가?'를 발견하는 것은 그 기후에 대한 대응이 자연스럽게 다자 간 연합을 통해 전개될 것임을 암시하기 때문이다. 이 공동의 대응은 삶의 패턴으로 자리 잡게 되고, 이 패턴은 다시 어떤 상황에서 벌이는 특정 행위의 적절성 여부를 판별하는 측정의 기준이 된다. 이것이 바로 윤리의 어원인 에토스ethos이다. 그리고 윤리와 도덕은 다르다. 도덕은 답이 있다. 절대적 규율이 있고, 이 규율을 지키면 선, 지키지 못하면 악이라고 규정한다. 하지만 윤리는 답이 정해져 있지 않다. 윤리의 관심사는 사람과 사람 사이의 관계를 조화롭게 조율하는 것이다. 달리 말하면 다양한 양상으로 전개되는 모여살기의 원리와 실천에 관심을 두고 있다. 정의, 평등, 사랑 등과 같은 모여살기의 보편적 원리와 구체적 상황 속에서의 해석! 즉 정해진 규칙을 기계적으로 따르는 것이 아니라, 보편과 구체라는 양 층위를 오가며 적절함을 찾아 나가는 것이 윤리이다. 적절함, 다른 말로 하면 균형의 감각이 중요하다. 기계적 좌우대칭이나 등가를 의미하는 협소한 의미의 균형이 아니다. 균형symmetry이라는 말의 뿌리는 유비analogy로, 서로 다른 것들 사이의 비례적 관계를 구체적 상황 속에서 읽어내는 것이다. '남의 물건을 훔치는 것은 악행이다.'라는 보편적 원리를 두고, 굶고 있는 자식들을 위해 빵을 훔친 것과 기업을 경영하는 유복한 이가 빵을 훔친 것을 어떻게 다루는 것이 적절한지를 판단하는 것이 윤리의 영역이다. 적군의 침입에 맞서고자 청년을 차출해 전장으로 보내야 하는데, 아들이 셋인 집과 삼대독자를 둔 집 사이에서 어떤 판단을 내리는 것이 적절한지를 묻는 것이 윤리의 영역이다. 정언명령을 기계적으로 따르는 도덕과 달리, 지속하는 보편적 원리를 구체적 상황에 맞추어 해석하고 균형을 성취해내는 지혜의 영역이 윤리인 것이다.

그렇다면 건축, 기후, 윤리 사이의 틈새가 확연히 벌어진 것은 언제부터일까? 기술의 진보를 발판삼아 기후의 존재를 지우고 미학적 기호와 이미지의 구현에 몰입하였던 20세기가 걸어온 궤적이 세 영역 사이의 틈새를 벌리고 이를 고착화하였다는 점은 부인할 수 없을 것 같다. 르 코르뷔지에Le Corbusier(1887-1965)의 「구세군 회관La Cité de Refuge」(1933)의 커튼월 입면과 미스 반 데어 로에Mies van der Rohe(1886-1969)의 짙은 호박색 유리 마천루는 미학과 기계 공조가 연대하여 '기후 지우기'를 실현한 예이다. 특히 미스의 「시그램 빌딩Seagram Building」(1958)은 전 세계 유가가 급속도로 하락하고 신복합 에너지원의 탄생에 대한 꿈에 들떠 있던 때 완성된 건물임을 잊어서는 안 된다. 1930년대와 40년대 리처드 노이트라Richard Neutra(1892-1970)가 지향했던 '사막성'에 대한 고민은 '캘리포니아 모더니즘'이라는 양식상의 분류로 박제화되었고, 플로리다 사라소타 학파의 '아열대성'에 대한 논의 역시 공조 시스템 앞에 아무런 저항도 못 하고 1960년대 말 흔적도 없이 사그라들었다. 건축의 잃어버린 '의미'를 회복하겠다고 등장한 '형상figure'에 관한 논의는 죽은 역사의 반복일 뿐이었다. 포스트모더니즘의 조악한 형상성에 대한 반작용으로 '의미 없는 건축'을 지향한 지적 유희가 '자율성'이라는 이름 아래 논의되기도 하였다. 형상에 관한 논쟁은 북한, 일본, 서구의 틈바구니에 선 한국에서 1960년대 이후 전개된 전통 논쟁의 핵심 사항이었기에 먼 나라의 관심사만은 아니다. 사막성, 몬순성, 아열대성 등에 관한 논의는 사그라들고 형상론과 현학적인 자율론에 빠져 헤매는 사이 거대한 해일이 엄습해 모든 것을 삼켜버린 상황! 이것이 이 글 첫머리에 언급한 21세기 벽두의 종말론적 풍경이다.

건축이 기후의 존재를 외면할 경우 가장 문제가 되는 것은 무엇일까? 그것은 윤리, 즉 에토스의 영역이 사라지는 것이다. 개인에게 '풍요로운 경험'을 제공하면 그만이라는 당대의 건축적 흐름을 넘어서 파편처럼 흩뿌려진 개인들을 모아내고, '우리'라는 차원을 끊임없이 환기시키는 계기인 기후의 현현을 구조적으로 차단해버리는 것이다. 필자는 이 책에서 기후의 현현과 공동의 대응, 즉 '연대'에 관한 이론적 고찰을 전개하고, '연대'의 관점에서 건축 공간을 바라보며 몇 가지 예를 제시하는 것으로 멈춘다. 그러나 '연대'의 건축은 이제 시작이다. 그리고 이는 우리 모두의 윤리적 책무라는 생각이 든다. 기후변화에 대응하는 문제이기도 하지만, 인간과 환경 사이의 관계를 재정립하는 근본적인 방향 전환의 문제이기 때문이다. 작지만 실질적인 방향 전환! 필자는 이 흐름이 언젠가 '연대의 건축'을 넘어 '연대의 도시'에 관한 이야기로 확장되는 꿈을 꾸어 본다.

루틀리지Routledge 출판사를 통해 이 책을 처음 출간하였을 때 제대로 밝혀내지 못한 부분들에 대한 아쉬움이 있었지만 그래도 한국의 바쁜 삶 속에서 부족하나마 책을 낼 수 있었다는 사실에 안도감이 몰려왔었다. 벌써 6년 전의 일이다. 다시 한국어판이 출간되는 시점에 비슷한 느낌이 교차한다. 번역 초고를 읽으며 필자는 몇 가지 생각을 하게 됐다. 같은 내용이라도 독자에게 전해지는 맥락과 시점이 바뀌면, 다른 책처럼 느껴질 수 있다는 점이다. 영문으로 작성했던 텍스트가 국문으로 옮겨지자 어색한 부분도 나타났고, 뉘앙스가 묘하게 어긋나는 경우도 있었다. 한국의 독자들에게 좀 더 다가가고 싶은 생각에 본문 일부를 수정하고, 살을 붙인 곳도 있다. 이 점 독자분들께 양해를 구한다. 건축 분야의 이론서를 맡아 번역하느라 애써주신 김한영 선생님에게 감사드린다. 영문판으로 남았을 책이 한국어판으로도 발행될 기회를 열어 주신 이유출판에 또한 고맙다는 말씀을 드린다. 이민, 유정미 두 대표님의 애정 어린 관심이 없었다면 한국어판이 이렇게 세상에 나올 수는 없었다. 대전역에서 헤어질 적마다 빵 보따리를 전하며 함박웃음을 짓던 두 분의 따뜻한 모습이 생각난다. 마치 본인의 책을 내듯 끊임없이 샘솟는 애정을 갖고 번역과 교정 그리고 디자인에 이르기까지 모든 부분을 섬세하게 챙겨주신 두 분께 깊이 감사드린다.

2023년 1월 16일

백 진

서문

프랭크 로이드 라이트의 유기적 건축관이 인간과 자연의 관계를 이상적으로 설정했다는 것은 잘 알려져 있다. 인간의 창작물 역시 인간과 자연의 조화로운 관계를 완벽하게 드러내는 것으로 그려진다.[1] 흥미로운 사실은 인간과 자연, 창작물과 자연 사이의 관계를 이상적으로 묘사했던 이는 라이트만이 아니라는 점이다. 동아시아에서도 이런 입장을 쉽게 찾아볼 수 있다. 일본의 저명한 불교학자 스즈키 다이세츠가 좋은 예이다. 스즈키는 다다미 넉 장 반에서 여섯 장(약 2.25~3평) 규모에 불과한 오두막의 검박함을 강조했다. 탁 트인 미국 중서부의 풍경 속에 저택으로서 존재감을 드러내는 라이트의 「프레리 하우스」와 스즈키의 협소한 오두막은 사실상 대척점에 서 있는 것처럼 보인다. 그러나 인간과 자연의 관계를 이상화했다는 점에서 두 사람은 크게 다르지 않았다. 라이트의 유기적 철학을 떠올리게 하는 스즈키의 글을 보자.

> 이렇게 지어진 오두막은 자연의 한 부분을 이루고, 여기 앉아 있는 사람도 주변 사물과 더불어 하나의 자연물이 된다. 노래하는 새들과 잉잉거리는 날벌레, 살랑대는 나뭇잎, 졸졸대며 흐르는 물과 하등 다르지 않다. … 바로 여기서 자연과 인간 그리고 인간의 작품이 완전한 융합을 이룬다.[2]

1 Frank Lloyd Wright, *An American Architecture*, New York: Horizon Press, 1955, p. 190.
2 Daisetz T. Suzuki, *Zen and Japanese Culture*, Princeton, NJ: Princeton University Press, 1993, p. 336.

도 I.1 일본 정원

일본의 전통건축은 자연 친화적이라는 평을 자주 듣는다. 이러한 평을 만들어내는 데에 결정적 기여를 한 것은 단풍나무, 소나무, 대나무, 이끼 낀 바위, 연못 그리고 낙수와 같은 요소들이 정교하게 배치된 작은 정원이다.(도 I.1) 이 정원과 필연적으로 짝을 이루는 중요한 건축 장치가 '엔가와縁側', 즉 집 가장자리를 둘러싸는 툇마루이다. 거주자가 좌정을 하고 정원의 고요함을 만끽하는 이곳은 사이를 뜻하는 '마間'라는 개념이 구현된 매개 공간으로, 집의 개방성을 구현하는 핵심 장치이다.

그러나 이런 이상적인 자연관은 일상에서 자연이 드러나는 실상을 감추고 있다. 일본의 자연은 태풍이나 지진 같은 재난이 끊임없이, 예기치 않게 일어나는 또 다른 얼굴을 갖고 있다. 2011년 도호쿠에서 발생한 지진이 대표적인 사례이다. 이런 맥락에서 윌리엄 라플뢰르William LaFleur(1936-2011)는 『언어의 업보: 중세 일본의 불교와 문학예술』에서 '무상無常'에 관한 이론을 제시했다. 무상은 '없음無'과 '영속성常'을 결합하여 우주적 원리로 승화시킨 것으로, "모든 것은 '아니트야anitya', 즉 '필연적인 변화'의 법칙 안에 있다"는 석가모니의 가르침에서 유래한다.[3]

자연 현상의 비영속성을 암시하는 무상 개념은 시시각각 변화하는 계절의 순환에 근거한 것으로 시간의 범주에 속한 것이었다. 하지만 라플뢰르는 12세기 말엽부터 '무상'이 공간적 의미의 불안정성, 비영속성 그리고 예측 불가능성도 함께 암시하게 되었다고 주장하면서 다음과 같이 적고 있다. "이제 그것(무상)은 더 이상 예측 가능한 계절의 순환에 국한되지 않는다. 지진과 홍수, 화재를 통해 비영속성/불안정성이 전혀 예측할 수 없는 경로를 택하기 때문이다."[4] 예측 가능한 자연의 주기적 변화를 넘어서 공간적인 불안정성으로 무상의 의미가 확대된 이유는, 예기치 않게 갑자기 분출하여 만상에 종말론적인 피해를 안기는 자연의 야만적이고 파괴적인 힘을 받아들일 수밖에 없었기 때문이다.(도 I.2)

스즈키의 오두막이 자연의 품에 둥지를 틀고 포근히 안겨 있는 이미지라면, 이와 대조를 이루는 다른 종류의 오두막이 일본 중세 불교문화에 등장한다. 라플뢰르는 두 개의 일본 중세 오두막을 소개하며, 이런 오두막의 기원과 의미는 예기치 않은 힘으로 모든 것을 파괴하는 무상한 일본의 자연과 떼려야 뗄 수가 없다고 주장한다.

첫 번째 오두막은 쉽게 조립과 해체가 용이하도록 나무판에 고리와 걸쇠를 달아 만든 것이다. 가모노 초메이鴨長明(1155-1216)의 수필집『방장기方丈記』(1212)에 나오는 집이다. 일본 열도를 유랑하는 중세 은자의 발걸음처럼 땅에 얽매이지 않고 언제든 부초처럼 이동할 수 있는 집을 통해 불교의 무상 개념을 담아내고 있다. 길지吉地를 점치고 진득하게 자리를 잡는 대신 해체해서 들고 이동할 수 있는 건축 시스템을 채택했다는 것은 한곳에 뿌리를 내리고 정착하는 데 무관심했다는 뜻이다. 마치 언제든 정처 없이 떠돌아

---

3 William LaFleur, *The Karma of Words: Buddhism and the Literary Arts in Medieval Japan*, Berkeley: University of California Press, 1983, p. 60.

4 William LaFleur, *The Karma of Words: Buddhism and the Literary Arts in Medieval Japan*, p. 61.

도 I.2 도호쿠 지진

다닐 준비가 되어있다는 듯 말이다. 이런 건축의 밑바탕에는 서구의 '단단한 대지terra firma', 즉 우리가 무의식적으로 의지하면서 존재의 기반으로 삼는 굳건한 땅과는 사뭇 다른 대지 개념이 깔려 있다.

두 번째 오두막은 다른 방식으로 무상을 구현한다. 틈새가 벌어지고 흔들리고 사그라드는 모습을 한 채 위태롭게 선 사이교西行法師(1118-1190)의 오두막이다. 그의 오두막은 여느 집처럼 땅에 정착하여 뿌리를 내렸다는 점에서, 인습에서 벗어나 여기저기로 들고 다닐 수 있는 형태를 취한 초메이의 오두막과 대조된다. 그럼에도 사이교의 오두막은 독특하다. 일반적인 주거공간과는 판이하게도 새고, 삐거덕거리고, 이음매가 헐겁다.[5] 초메이의 오두막은 체계적으로 지어 완성한 건축물로서 건축의 정상적인 목표를 달성한 반면에 사이교의 오두막은 오랜 세월 풍상을 겪은 탓인지 바래고 갈라지

5   William LaFleur, *The Karma of Words: Buddhism and the Literary Arts in Medieval Japan*, p. 66.

고 부서지고 황폐하다. 일반적으로 가옥이 이런 상황이라면, 즉시 보수에 들어갈 것이다. 하지만 사이교는 허물어져가는 오두막을 태연하게 받아들였다. 만물의 궁극적인 운명이기에 거부할 이유가 없었던 것이다. 오두막의 구멍과 틈새로 달빛이 스며들고 빗방울이 들이친다. 거기 들어앉아 눈물을 머금고 생의 덧없음을 명상하는 시인의 유일한 벗처럼 말이다.

자연을 미화하는 대신 파괴성과 덧없음을 인정하는 시각은 현대까지 이어진다. 폐허가 된 거대 구조물과 건물에 대한 이소자키 아라타磯崎新 (1931-2022)의 묘사는 그 자체로 급진적인 무상을 보여준다. 이소자키의 관점에선 자연의 순환을 반영하고자 한 메타볼리즘Metabolism 역시 한계를 갖고 있었다. 메타볼리즘은 1960년대에 일어난 일본의 건축 운동으로, 신진 대사 과정을 통해 이루어지는 생물의 지속적인 생명력을 건축에 접목시킨 것이다. 주기적인 변화를 강조하지만 그 운용논리는 건물 자체의 근본적인 쇠락을 인정하기보다 소모성 부재들을 계속 바꾸고 손질해 나가며 수명을 유지하고 연장하는 쪽에 더 중점을 두었다. 메타볼리즘은 낙관주의를 앞세우며 생명력을 지지하고 삶과 젊음, 성장을 강조하였던 것이다.

반면에 「미래 도시Future City」(1962)(도 I.3)와 밀라노 트리엔날레에 출품된 「미래 도시의 파괴Destruction of the Future City」(1968)(도 I.4)라는 포토몽타주에서 볼 수 있듯이 이소자키의 폐허는 처절하다. 특히 후자는 자연재해뿐 아니라 테크놀로지가 야기하는 종말론적 재난에도 시달리는 일본을 그린 것으로 극히 비극적이다. 1995년 한신-아와지 지진에 관한 글, 「부서짐: 폐허에 관하여Fratture: On Ruins」에서 이소자키는 일본의 자연이 얼마나 파괴적인지를 기록한다. 광고판, 네온사인, 장식물 등 피상적인 의미의 표층이 완전히 소멸되고, 건축은 "순수한 물질"로, 먼지로, 그리고 마지막에는 무無로 돌아갔다.[6] 사이교의 오두막처럼 이소자키의 경우에도, 과시적이고 허황된 유토피아가 산산이 부서진 자리는 폐허만이 남아 물신론을 완전히 사그라뜨린다. 이소자키의 폐허 이미지는 르 코르뷔지에, 루이스 칸Louis

---

6 Arata Isozaki, "*Fratture*: On Ruins," *Lotus International*, no. 93, June 1997, p. 39.

I. Kahn(1901-1974), 알도 로시Aldo Rossi(1931-1997) 같은 서구 건축가들의 폐허보다도 훨씬 더 황폐하다. 신고전주의 이래 폐허에 관한 서구의 담론은, 풍화와 소멸을 재촉하는 시간의 힘 앞에서 오히려 형태와 공간이 더욱 명료해지는 건축의 힘과 시학에 맞춰져 왔다.(도 I.5) 폐허는 시대를 초월한 건축의 원형들이 자태를 명증하게 드러내는 영감의 저장고로, 덧없음과는 무관할뿐더러 건축 자체가 소멸하는 이소자키의 철저한 폐허와는 더더욱 거리가 먼 것이었다.

이제 스즈키의 오두막이 그리는 인간과 자연의 이상적인 관계는 자연의

도 I.3 이소자키 아라타, 「미래 도시」, 포토몽타주, 1962

도 I.4 이소자키 아라타, 「미래 도시의 파괴」, 1968

실상과 꼭 들어맞는 게 아니라는 점이 분명해졌다. 실제로 스즈키가 자신의 글에서 일본의 자연이 갖는 파괴적인 측면을 한 번도 언급하지 않은 것은 상당히 놀라운 사실이다. 인간과 자연 그리고 건축과 자연의 밀접한 관계를 목가적이고 낭만적으로 치장한 스즈키의 수사는 두 가지 측면에서 자연의 실상을 베일로 은폐한다. 첫째로, 이미 언급한 바와 같이, 스즈키의 글은 자연의 또 다른 얼굴, 즉 재앙을 초래하는 파괴적인 면을 가린다. 둘째로, 그의 글은 일상생활 속에서 자연이 어떻게 나타나는지를, 즉 자연이 경험되는 실상을 가린다. 이는 일상의 세계를 떠나 인간과 자연의 신비한 동일체라는 극히 추상적인 개념 속에 우리의 관심을 묶어두기 때문이다. '신비한 동일체'라는 개념 속에서 스즈키는 주저 없이 말한다. 인간은 "노래하는 새들과 잉잉거리는 날벌레, 살랑대는 나뭇잎, 졸졸대며 흐르는 물"과 동류인 "하나의 자연물"이라고 말이다.[7]

이 책의 의도는 스즈키가 그리는 이상화된 관계가 은폐하는 인간과 자연의 실질적 관계를 포착하는 것이다. 자연이 일상 속에서 어떻게 '나타나는지'—또는 경험되는지—에 초점을 맞추어 인간과 자연 사이의 생생하고 내밀한 상호관입의 관계를 드러내려는 것이다. 자연의 실상을 탐색하면서 필자가 가장 먼저 언급하고 싶은 것은, 우리가 자연을 경험하는 방식은 결코 '자연

7   Daisetz T. Suzuki, *Zen and Japanese Culture*, p. 336.

도 I.5 파르테논 신전, 아테네, 그리스

그 자체'가 아니라는 사실이다. 형이상학적 태도를 가진 사람은 대상의 본질-깊이, 형상, 핵, 핵심-을 추구하는 과정에서 일상생활에서 마주치는 현상을 신뢰하지 않고 일단 의심한다. 하지만 자연과 인간의 관계는 의심하는 주체의 냉랭한 형이상학적 초연함이 기대하는 대로 작동되지 않는다. 눈앞에 벌어지는 사태는 관찰자의 주관主觀 속으로 관입해 들어오고, 주관은 자기도 모르게 사태의 벌판으로 뛰쳐들어간다. 이때 자연스레 '내가 누구인가?'라는 물음이 자연현상과 맞물리게 된다. 우리의 주변 환경이 객관적 사실이 아니라 무엇보다도 먼저 상징으로 인식된다는 것이 명료해지는 순간이다. 힌두교 신자들이 빛을 중립적이고 과학적인 관점에서 파악하여 전자기파의 방사로 인식하는 대신, 시바 신의 무궁한 광휘로 보는 것처럼 말이다.(도 I.6)

　다른 예로 일상 속에서 물이 어떻게 '나타나는지' 생각해 보자. 우리는 물을 볼 때 결코 그 자체를 보는 것이 아니다. 예를 들면 '잔잔한 풀장,' '고요한 연못,' '안개 긴 아침 호수,' '광포한 바다,' '무더운 여름날 상쾌하고 시원하게 내리는 고마운 비,' '내 방의 창문을 때리는 폭풍우,' '우아하게 굽이치는 강,' '도시를 완전히 집어삼킨 홍수' 등과 같이 어떤 상황 속에서 의미를 띠고 나타나는 구체적인 대상으로서만 물을 경험한다. 물이 일상의 세계에서 어떻게 '나타나는지'를 보여주는 예는 끝이 없으나, 상황과 유리된 물 자체로 인식되는 예는 찾기 어렵다.

아래 차트를 보면 이 점이 더 명확해진다. 이 차트에는 우리가 물과 관계를 맺는 다양한 차원이 예시되어 있다. 어떤 특정한 차원에서 물이 경험되는 양상은 그 아래에 있는 차원보다 더 직접적이고 구체적이라는 것을 알 수 있다. 화장장에 있는 연못을 본다고 가정하고 맨 아래서부터 시작해 보자. 우리는 'H_2O'를 보기 전에 '물'을 본다. '물'이 'H_2O'보다 더 익숙한 것이다. 우리는 '물'을 보기 전에 '연못'을 본다. '연못'이 '물'보다 더 익숙한 것이다. 또한 우리는 '연못'을 보기 전에 '반사 연못'을 본다. 그리고 '반사 연못'을 보기 전에 특정한 장소의 물, 예컨대 '화장장의 반사 연못'을 본다. 전체에 대한 직관이 부분에 대한 지각을 항상 초월하는 것이다. 차원이 상승할수록 물과의 관계는 점점 더 구체적으로 바뀐다. 가장 낮은 지표면에서 고요하게 머무르며 미동하는 물의 성질은 화장장에서 의식을 치르는 인간의 마음과 융화된다. 이때의 물은 인간의 마음에 대한 은유물로, 고요하고 엄숙한 의식의 분위기와 잘 어울린다. 반면, 차트 아래쪽으로 내려갈수록, 구체적인 상황과는 유리된 '물' 그 자체의 영역으로 진입하게 된다. 일상생활 속에서 우리와 물이 갖는 직접적인 관계를 고려치 않는 이런 형이상학적 환원은 종국에는 물의 분자구조, 즉 'H_2O'에 다다르게 되는 것이다. 이 추상적인 태도 앞에 일상적으로 나타나는 물의 진면목은 사라지고 만다.

---

5. 화장장의 반사 연못

4. 반사 연못

3. 연못

2. 물

1. H_2O

도 I.6 갠지스 강변의 힌두교도

　인간의 성정과 맞물려 나타나는 자연의 모습을 강조하는 관점은, 패권적이고 도구적인 합리성에 기반을 둔 태도와 다르다. 자연을 인간의 전유물로 대하는 태도와는 질적으로 다른 것이다. 그런 태도는 자연을 착취의 대상으로, 즉 필요하면 언제든 쓸 수 있는 원자재들이 가득한 저장소 정도로 왜곡시켜 버린다. 인간의 성정과 맞물려 나타나는 자연의 모습이란 "'우리가 편의적으로 해석하는 대로' 자연을 다루느냐" 아니면 '자연 그 자체'를 있는 그대로 다루느냐 하는 문제와도 다르다. 에라짐 코하크Erazim Kohak(1933-2020)의 말처럼 자연이 일상생활 속에서 어떤 모습으로 '나타나느냐' 하는 문제는 오히려 인간과 자연 사이의 깊은 융합을 지향한다. 이 융합은 양자 사이의 '상호관입의 복합체a complex of transactional relations'를 말한다. 반성 이전pre-reflective 상태의 즉각적, 적극적인 결합을 통해 "그저 존재하는 것의 산술적 총합이 아닌 … 의미 있는 전체, 즉 자연"이 출현하는 것이다.[8] 이처럼 경험을 통해 나타나는 자연이야말로 자연이 실제로 존재하는 방식이다. 일상적 경험 속에서 나타나는 자연은 인간성의 스펙트럼-엎드려 회개하는 겸손함부터 고결하고 꼿꼿하게 좌정하는 위엄까지, 적막한 외로움부터 함께 손을 맞잡고 춤을 추는 집단적 흥겨움까지, 매혹적이고 본능적인 에로스부터 자기 초월적인 아가페까지, 일시성과 유한성의 실재부터 무한성과 영원성에 대한 직관까지-과 일치한다. 현상학적 태도와 달리 형이상학적 진리를 추구하는 태도는 이처럼 떼려야 뗄 수 없는 '물'과 우리의 관계를 벌려 놓는다는 문제점이 있다. 이런 초연함, 즉 물과의 '거리두기'는 물을 객체로 보게 하고, 더 나아가 조작할 수 있는 대상으로 보게 한다. 패권주의에 빠져 자연물을 도구로서 대면하는 태도가 등장하게 되는 것이다.

코하크의 환경 윤리가 발표되기 50여 년 전에 인간과 자연의 관계, 그리고 창작의 의의를 숙고한 일본 근대 사상가가 있었다. 바로 와츠지 테츠로이다. 그는 자연과학이 기후를 이해하는 방식에 이의를 제기했다. 『풍토』(1935)-후에 『기후: 철학적 고찰A Climate: A Philosophical Study』(1965)로 영역되었다-에서 인간과 자연물을 별개로 보고 접근할 때 "우리는 대상과 대상의 관계에만 집중하게 되고, 주체적인 인간존재와 대상의 연결고리는 사라지고 만다."[9] 라고 언급하며 풍토를 객관적인 자연환경의 문제로만 보는 것을 비판한 것이다. 풍토는 보다 근원적으로 인간존재의 자기표현이라는 차원을 갖고 있다. 객관적 요인들의 단순집합체가 아니라 '나는 누구인가?' 더 나아가 '우리는 누구인가?'라는 문제와 얽혀 있는 것이다. 즉 풍토는

8 Erazim Kohak, "Varieties of Ecological Experience," in *Philosophies of Nature: The Human Dimension*, eds. Robert S. Cohen, Alfred I. Tauber and Marx W. Wartofsky, Dordrecht; Boston; London: Klywer Academic Publishers, 1998, p. 258.

9 Tetsuro Watsuji, *A Climate: A Philosophical Study*, trans. Geoffrey Bownas, Ministry of Education Printing Bureau, 1961, preface, p. v.

개인을 넘어 집단 차원에서도 반성의 계기, 즉 공동의 자아를 발견하도록 비추어주는 거울의 역할을 한다. 바로 이 대목에서 와츠지의 풍토 개념은 개인의 차원을 넘어 다자 간 윤리의 지평으로 이동한다. 그가 『풍토』를 발표하고 2년 뒤에 개인주의를 비판하고 다자 간 인간관계를 다루는 윤리서를 출간한 것은 지극히 당연한 결과였다.

풍토風土는 '바람'과 '흙'을 가리키는 한자 두 개가 합쳐진 말이다. 이 단어는 특정 지역의 자연환경과 날씨, 토양의 지질적·생산적 특성, 지형과 풍광 등의 특징으로 이루어진 자연환경을 일컫는 일반 용어다. 『풍토』의 영문판 제목에서 알 수 있듯 영어로는 '기후Climate'로 번역된다. 『옥스퍼드 영어사전』에 따르면 기후는 "한 나라나 지방의 전형적인 기상 조건을 말함. 보통은 한 지방에 1년간 나타나는 주된 기상 패턴을 가리키며, 온도, 습도, 강우, 바람 등의 특성과 이 요소들이 인간과 동식물의 삶에 미치는 영향을 말함."으로 풀이된다. 하지만 이는 풍토의 의미를 온전히 드러내지 못한다. 기상조건이나 패턴을 넘어 좀 더 포괄적인 관점에서 환경을 바라보는 풍토와는 의미의 스펙트럼이 다르기 때문이다. 즉 풍토는 의식주, 풍습, 관습과 밀접하게 관련된 토양, 강, 들판, 초지 등으로 이루어지는 한 지방의 지형과 풍광의 특징을 포괄하는 광의의 개념인 것이다. 와츠지의 환경철학에서 논하는 풍토 개념과 비교하면 '기후'라는 말의 한계는 더더욱 명확해진다. 예를 들어 와츠지의 풍토가 의미하는 자연현상과 개인 사이의 맞물림, 개인의 자아와 공동의 자아를 비추어주는 거울, 그리고 다자 간 인간관계라는 윤리의 차원을 담아내기에 '기후'라는 말은 의미상 너무 협소하다. 이 책에서는 이런 한계를 인식하면서 필요 시 기후Climate를 풍토의 번역어로 사용하되, '나는 누구인가?'와 같은 주관성, '우리는 누구인가?'와 같은 공동의 주관성, 그리고 다자 간 관계를 포괄하는 문화·윤리 차원으로 그 어의를 확대할 것이다.

풍토를 '기후'로 번역할 때, 일상어에서 기후와 뉘앙스를 공유하는 '분위기atmosphere'라는 말도 주목해볼 필요가 있다. 두 단어를 구별해보면, 기후는 날씨와 계절의 변화에서 볼 수 있는 안정된 패턴이나 특징을 가리키고, 분위기는 서늘한가 싶다가 더워지고 또 어느새 소나기가 찾아와 대지를 식히는 몬순 지역의 하루처럼 이런저런 질적 변주를 나타내는 말이다. 하지만 기후와 분위기의 작용 방식은 유사한데 둘 다 추위, 더위, 건조, 습기라는 네 가지 기본 요소의 다양한 조합에 의존한다.

한편, 최근의 건축학 담론에서는 분위기를 사람이 주변 환경으로부터 얻게 되는 인상이나 느낌으로 이해한다. 페터 춤토르Peter Zumthor의 언급이 대표적인 예이다. 분위기는 긴 시간의 사색을 통해서가 아니라 일순에 감지되는 인상이나 느낌이다. 이런 분위기가 과연 어디에서 기인하는지는 콕 집어 얘기하기 어렵다. 분위기의 성격은 전체적이고 통합적이며, 분위기를 조성하는 데에는 그 환경에 속한 모든 것-"사물 그 자체, 사람, 공기, 소음, 소리, 색, 재료, 풍모, 질감, 형태 등"[10]-이 영향을 미친다.

데이빗 레더배로우David Leatherbarrow는 분위기를 이런 식으로 이해하면 한계에 부딪힌다고 주장한다. 분위기를 개인적이고 주관적인 경험으로 가정하게 된다는 것이다. 게다가 "여러 감각 효과들의 조율orchestration of effects"[11] 이라는 개념을 설정하고 그 구현에 매진함으로써, 분위기 자체가 마치 건축물 창조의 본분인 양 오해하는 일도 나타난다고 주장한다. 이 같은 입장으로는 사유를 불러일으키고, 전달하고, 구체화하고 또 소통하도록 돕는 건축의 역량을 강화하는 데 있어서 분위기가 수행해야 하는 역할을 인식할 수 없다. 어떤 공간을 실제로 점유하는 일은 신체가 만드는 전형적인 제스처, 자세, 동작 그리고 상황의 양상과 떼려야 뗄 수가 없다. 감각적인 인상에만 의존해서 이해되는 분위기는 공간에서 전개되는 삶의 구체적인 양상과 분위기가 서로 어떻게 접속되어 있는지를 놓치는 과오를 범하게 한다.

와츠지의 풍토는 환경의 전체적·즉각적 효과를 부인하지 않는다는 점에서 일면 춤토르의 분위기론과 엇비슷하다. 하지만 와츠지의 철학에서 말

10 Peter Zumthor, *Atmospheres: Architectural Environments – Surrounding Objects*, Basel: Birkhauser, 2006, p. 17.

11 David Leatherbarrow, "Atmospheric Conditions," in *Phenomenologies of the City: Studies in the History and Philosophy of Architecture*, eds Henriette Steiner and Maximilian Sternberg, Surrey, England: Ashgate, 2015, pp. 86-87.

하는 분위기는, 개인이 순간적으로 느끼는 인상, 즉 소통하기 애매한 감각적 인상이 아니다. 분위기는 개인의 자폐성을 초월하여 서로를 하나로 아우르는 맥락이다. 풍토는 어떤 맥락에 속한 사람들을 냉랭한 타자로 내버려두는 것이 아니라, 서로 다름에도 불구하고 동일한 분위기에 물든 복수複數의 '나들'로 변모시킨다. 그리고 이 '나들'로 변모한 이들은 이질적인 타자성을 극복하고, 분위기에 공동으로 대처하기 위해 '우리'라는 관계망을 구축한다. 따라서 와츠지의 풍토론은 분위기의 포섭적 속성, 개인, 다자 간 관계 사이의 상호 연결고리를 명료하게 드러낸다. 분위기는 자연적인 것부터 문화적인 것까지, 감각을 가진 신체의 일방적 수동성과 개방성에서 한걸음 더 나아가 창조하는 행위까지, 파편화된 개인의 감각부터 타인과 결합해 더 큰 '나'로 변모하는 자아의 확장까지를 포괄하는 개념이다. 바로 이것이 와츠지가 생각하는 분위기, 더 나아가 풍토의 중요한 지향점 중 하나이다.

건축에서 기후를 논하는 건 새로운 일이 아니다. 특히 토속 건축을 논할 때에는 기후를 언급하지 않을 수 없다. 지역 고유의 재료나 기술과 마찬가지로, 기후 역시 그 지역 건축의 독특함을 규정하는 일차 요인이다. 더운 곳에서는 처마를 길게 빼내 실내에 그림자를 드리운다. 열기와 눈부심으로부터 실내를 보호하기 위해 햇빛 가림막을 설치하기도 한다. 맞통풍 구조는 열기를 효과적으로 내보내기에 적합하다. 반면 날씨가 추운 곳에서는 건물 벽을 두껍게 하고 창호 수를 최소화한다. 우기가 길고 잦은 곳에서는 침수를 피하기 위해 높은 지주 위에 지붕이 뾰족한 건물을 짓는다. 덥고 건조하고 모래가 많은 곳에는 집 안의 더운 공기를 내보내고 바깥바람을 들여 건물을 시원하게 하는 바람잡이 탑이 있다. 바람의 길목에 물길이 있어 실내 깊숙한 곳에 습기를 공급하기도 한다.

이론의 영역에서도 기후는 비판적 지역주의Critical Regionalism의 중요한 주제였다. 비판적 지역주의 담론을 전개한 건축 평론가 케네스 프램턴Kenneth Frampton은 장소를 고려하지 않는 접근법과 보편적 기술이 지배하는 건축 방식에 맞서 "기후의 독특함과 매 순간 변화하는 특정 지역의 빛의 질"[12] 에 주의를 기울일 것을 주문했다. 우리가 세계 각지의 미술관에서 고유한 분위기를 느끼기 힘든 원인은 인공조명을 기계적으로 설치한 탓이다. 프램턴은 장소감을 잃게 만드는 이런 무미건조한 균질화가 예술작품을 상품으로 전락시킨다고 주장했다. 그 대안으로 신중하게 설치한 천창을 통해 직사광선의 악영향을 피하면서도 시간, 계절, 습도 등의 영향에 따라 전시 공간의 빛 환경이 변할 수 있게 조치하는 방안을 제안했다. 예술과 빛, 문화와 자연 사이의 대조적 공명은 장소감을 일깨우는 시정詩情을 가능하게 한다.

프램턴이 비판적 지역주의를 통해 논의한 또 다른 측면은 환기였다. 그가 보기에 환기 방식은 지역 문화의 독특함을 반영한다. 이런 면에서 에어컨디셔닝은 오늘날 만연한 장소감 상실의 주범이다. 프램턴은 이렇게 말한다.

> 오늘날 뿌리 깊은 문화의 적대자는 지역의 기후 조건과 상관없이 시간과 장소를 가리지 않고 설치되는 에어컨이다. 이는 구체적인 장소와 그곳의 계절적 변화를 나타내는 조건인 기후의 가능성을 무시하는 해결책이다. 어디서나 고정창과 리모컨으로 조절되는 공조 시스템은 보편적 기술의 지배를 보여준다.[13]

공조 시스템에 대한 프램턴의 비판은 성당하나. 에어컨디셔닝 때문에 건축 디자인의 몇몇 바람직한 측면이 사라진 건 부인할 수 없다. 극명한 예로 플로리다의 건축을 들 수 있다. 에어컨디셔닝의 도입은 플로리다의 역사에서 중요한 순간이다. 그곳의 더위는 모기와 더불어 초기에 플로리다를 탐험한 사람들을 괴롭히던 장애물이었다. 에어컨디셔닝 덕분에 플로리다는 사람

---

12 Kenneth Frampton, "Towards a Critical Regionalism: Six Points for an Architecture of Resistance," in *The Anti-Aesthetic: Essays on Postmodern Culture*, ed. Hal Foster, New York: New Press, 1983, p. 26.

13 Kenneth Frampton, "Towards a Critical Regionalism: Six Points for an Architecture of Resistance," p.27.

이 살 수 있는 땅으로 바뀌었지만, 건축 디자인상 몇 가지 부작용도 나타났다. 한 예로, 사라소타 학파Sarasota School(플로리다의 독특한 지역성을 바탕으로 디자인을 전개했던 건축 유파)의 빼어난 주거건축이 소멸한 것이다. 사라소타 학파의 주거건축은 내부와 외부 사이의 시각적 연계성을 구현하고 이를 항상 바람의 흐름과 중첩시켰다. 그들은 문과 창을 조율해 건물 한쪽에서 반대쪽으로 바람이 통하도록 디자인하였다.(도 I.7~10) 또한 집 주변뿐 아니라 실내에도 정원을 두었다.(도 I.11) 실내외 정원을 매력적인 시각요소로 활용하는 한편, 정원이 발산하는 내음과 소리 등 비가시적인 요소를 가시적인 경험과 결합하려는 의도였다. 시각적 연계와 조율된 바람의 흐름 덕분에 시각과 후각을 포함한 다양한 감각이 상호 간에 조응한다. 폴 세잔 Paul Cézanne(1839-1906)이 나무의 '냄새'를 그리고 싶어 했듯이,[14] 사라소타 학파의 건축가들은 시각이 필연적으로 후각과 뒤섞이며 시각이 곧 후각으로 번지는 감각 경험을 제공한 것이다. 시각적 연속성을 구현하는 것을 넘어 실외의 환경이 실내 한복판으로 들어와 거주자의 살갗에 생생하게 와닿는, 즉 실내와 실외의 상호관입을 이루어낸 것이다.[15]

프램턴은 기후 논의와 공조 시스템에 대한 비판을 통해 오늘날 화두인 지속가능성에 관한 시사점을 이미 제시했다. 하지만 기후와 건축의 관계를 논하는 그의 담론에는 근본적인 한계가 있다. 먼저 기후 그 자체의 의미를

---

14 감각 경험들의 상호조응에 관해서 다루는 글은 다음과 같은 예가 있다.
   Maurice Merleau-Ponty, *The World of Perception*, London and New York: Routledge, 2004, pp. 59-66; *Joachim Gasquet's Cezanne: A Memoir with Conversations*, trans. C. Pemberton, London: Thames and Hudson, 1991, p. 151.

15 바람의 흐름을 조율하며 시각과 후각, 시각과 촉각을 결합하는 정원 설계법에 대해 리처드 노이트라는 다음과 같이 언급하기도 했다.

   행여 밀폐식 에어컨디셔닝이 지배한다면, 정원에서 자연스럽게 불어오는 미풍 같은 것은 사라지고 없을 것이다. 이웃집 정원에 활짝 핀 라일락, 나이트재스민, 돈나무 덕분에 계절마다 다른 자연의 값진 향기가 우연히 휙 날아 들어와 실내의 단조로움을 날려버리는 일도 없을 것이다. 어쨌든, 최소한 정원만큼은 시각 원리만이 아니라 후각 원리에도 기초하여 섬세하게 설계되어왔다는 사실은 환경을 구축하면서 참고해야 할 중요한 선례이다.

   Richard Neutra, *Survival through Design*, New York: Oxford University Press, 1954, p. 147.

묻지 않는다는 점이다. 즉 '우리에게 기후란 무엇인가?'라는 질문을 던지지 않았다. 마치 그 답을 알고 있거나 질문 자체가 의미 없다는 듯 말이다. 더 나아가 맞통풍처럼 지속가능성을 구현하는 방편이나 장치들이 실현되고 또 제대로 작동하기 위해 선행되어야 하는 윤리-사람들 사이의 관계-에 관한 비전을 놓치고 있다. 지역 환경에 맞는 디자인을 추구할 때 기후는 비판적 지역주의 건축이 따라야 하는 요소였다. 비판적 지역주의가 권장하는 것들, 예를 들어 지역의 일조 조건과 빛의 성격 그리고 바람, 비, 습도의 일별, 계절별 특징에 주의를 기울이라는 가르침에는 누구도 이의를 달지 않을 것이다. 하지만 비판적 지역주의는, 기후가 장소에 기반을 둔 건축을 정립하는 데 중요한 요소라고 언급할 뿐 그 이상으로 나아가지 않았다. 토속 건축에 관한 담론에서도 기후 자체의 의미를 묻는 경우는 드물다. 앞서 나열한 사례들에서 기후는 건물이 독창적인 장치들을 발명해서 대응해야만 하는 일련의 객관적이고 물리적인 현상이나 외부의 힘으로 간주된다. 기후를 이렇게 보는 관점은 환경을 인간과 동식물이 사는 조건으로 보는 자연과학적 태도와 차이가 없다. 이런 조건들은 단지 외적 자극으로 여겨지고, 인간은 시행착오를 통해 쌓아올린 집단의 지혜로써 이 자극에 대한 대응책을 마련하면 그만인 것이다.

이 맥락에서 와츠지의 풍토론이 새로운 중요성을 띠게 된다. 그는 기후를 누구나 아는 뻔한 것으로 여기는 대신 기후 자체의 의미를 다시 생각하게 한다. 그의 환경 철학은 '나는 누구인가?'라는 개인의 자기 이해와 기후 사이의 뗄 수 없는 관계를 밝히고, 더 나아가 '우리는 누구인가?'라는 공동의 정체성과 기후 사이의 관계를 해명한다.

필자는 와츠지의 철학을 따라, 기후는 개인과 개인을 특정한 관계로 묶어내는 매개체라고 본다. 또 개인의 파편성을 극복하고 기후를 통해 '우리'로 묶이는 순간 등장하는 확대된 자아를 '공동 주관성'이라 부르고자 한다. 기후 현상은 좋든 싫든 파고들어 우리를 어떤 질적 특성으로 균일하게 물들이는 일종의 장場이다. 그렇기에 어떤 기상 조건, 예를 들면 열기와 습기가 결합해 푹푹 찌는 여름날에 대한 대응 역시 다자 간의 동시적 대응이다.

도 I.7 폴 루돌프, 리비어 퀄러티 하우스, 시에스타키, 미국, 1948

기후는 다자 간 관계를 조율하는 계기로 작동하는 것이다. 와츠지의 풍토론은 '우리가 누구인가?'라는 공동 주관성의 문제를 다루며 동질의 풍토에 둘러싸인 특정 공동체의 특성, 공동체와 공동체 사이의 관계를 다루는 공공의 차원을 숙고할 가능성을 열어준다. 이로써 우리는 풍토와 공동체라는 차원을 뛰어넘어 초풍토超風土와 공공의 차원으로 올라선다. 이 차원에서 비로소 우리는 지역의 경계를 뛰어넘어 '삶의 전형성typicality of human praxis'과 같은 문제들을 숙고할 수 있게 된다.

필자가 와츠지의 풍토론에 기초하여 전개하고자 하는 논의의 핵심도 바로 이 점에 있다. '초풍토'라는 개념이 갖는 탈중심성은 보수적인 지역주의 담론과, 본질주의의 관점에서 문화적 정체성을 이해하려는 태도를 극복할 수 있게 도와준다. 풍토와 초풍토라는 관점에서 결국 우리의 시야는 두 방향으로 트인다. 하나는 지역 경계를 넘어서 인간의 삶이 공유하는 전형성과 이상, 그 표현에 관해 탐구하는 것이고, 다른 하나는 기후와 같은 지역의 특수성과 그 발현에 대해 탐구하는 것이다. 궁극적으로는 이 둘 사이의 결합, 즉

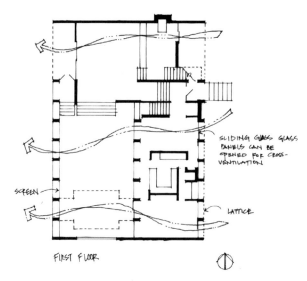

SLIDING GLASS GLASS
PANELS CAN BE
OPENED FOR CROSS-
VENTILATION

SCREEN

LATTICE

FIRST FLOOR

도 I.8 폴 루돌프, 디어링 레지던스, 케이시키, 미국, 1958

★ EVERY ROOM IS LAYED OUT TO MAKE
THE MOST OF EVERY VIEW_ THE WATER
TO THE WEST AND THE LAND TO THE EAST.
THEREFORE THE SURROUNDINGS ARE EMPHASIZED.

OPEN TO
BELOW

SCREEN

SECOND FLOOR

도 I.9 폴 루돌프, 디어링 레지던스, 케이시키, 미국, 1958

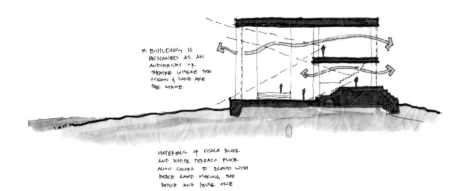

도 I.10 폴 루돌프, 디어링 레지던스, 케이시키, 미국, 1958

보편적인 삶의 전형성과, 풍토에 기반을 둔 특수성 사이의 변증법적 관계에 대해 고찰하는 것이다. 이처럼 쌍방향의 시야를 갖고 접근하면, 한 지역의 풍토란 인간의 문화적 의도를 실현하는 과정에서 극복해야 할 장애물이 아니라, 개별 지역을 넘어 삶의 양상이 갖는 전형성typicality of human praxis을 시험하고 또 확증하는 계기로 작동한다.

여기서 잠깐 '삶의 전형성'이란 무엇인지 보다 명확히 설명하고 넘어갈 필요가 있을 것 같다. 예컨대 대학의 연구실에서 있을 법한 대화로, '너는 언제 여기에 발을 들인 거지?'라는 언설이 어떻게 작동하는지를 생각해 보자. 이 발화가 소통 가능한 이유는 언어의 표층 하부에 누적되어 있는 문화적 관습, 장소적 특성, 신체적 표현 등 다양한 층위들이 선재적으로 작동하기 때문이다. 부드러운 톤과 온화한 표정 속에서 질문의 의도가 증오나 원망이 아니라 애정이라는 것을 감지한다. 발화자가 나를 향해 눈을 맞추고자 자세를 조정하는 것을 보며 '너'는 바로 '나'를 이야기하고 있음을 즉각적으로 감지한다. '발을 들이다'와 같은 표현도 실제로 발을 뻗어 안쪽으로 들여놓는 것을 말하는 것이 아니라 은유임을 바로 이해한다. 우리가 세계를 이해하는 방식에는 신체성에 기반을 둔 은유가 의식의 깊은 곳에서 작동하고 있음이

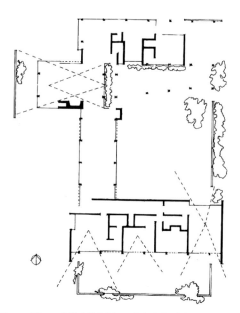

도 I.11 랠프 트위첼과 폴 루돌프, 덴만 저택, 시에스타키, 미국, 1947

확증되는 순간이기도 하다.[16] '너', '언제', '여기', '발', '들이다' 등 단어 하나하나가 무슨 의미인지 묻지 않으며, 사제 간에 격식을 덜 차리는 어느 나라의 연구실에서 벌어지는 대화이다 보니 학생이 선생을 '너'라고 불러도 자연스

---

16 언어가 세계를 이해하는 근본적 틀이라는 입장은, 언어를 주체가 숙지하고 발화하는 도구라든가, 또는 기의와 기표 사이의 관계가 자의적임을 강조하며 둘 사이의 다양한 짝짓기 및 차연의 놀이를 여는 입장과는 다르다. 세계 이해의 근본적 틀로서 작동하는 언어에는 집단이 공유하는 자연관, 인간관, 개념, 습관 등이 아로새겨져 있다. 동시에 언어는 신체와 별개로 다루어져도 무방한, 즉 자율적 영역을 확보한 순수한 지적 산물이 아니다. 신체를 매개로 한 세계의 경험에 뿌리를 두고 있고, 그러기에 역으로 단순한 기표나 기의가 아니라, 신체에 즉각적으로 울림을 만들어내어 특정한 감흥, 자세 그리고 운동을 요구하는 효력을 갖고 있다. 또 우리는 신체를 매개로 한 경험을 바탕으로 세계에서 벌어지는 사태를 은유적으로 이해한다. 이 과정을 통해 낯선 환경은 의미로 가득 찬 소통 가능한 세계로 변모되고, 우리는 그 안에 둥지를 틀 듯 정주할 수 있게 된다. 신체성에 기반을 둔 언어적 은유를 통해 우리가 전반성적으로 세계를 이해하는 방식과 그 은유의 효력에 관한 논의는 아래 두 권의 저서를 참고할 것.
George Lakoff, Mark Johnson, *Philosophy in the Flesh: The Embodied Mind and Its Challenge to Western Thought*, New York: Basic Books, 1999; George Lakoff, Mark Johnson, *Metaphors We Live By*, Chicago: Univ. of Chicago Press, 1980.

럽다. 전형성은 이처럼 깊이 체화되어 전반성적前反省的pre-reflective으로 작동하는 공동의 기반을 가리킨다. 우리가 표피의 발화에 집중하며 그 의미를 가늠하고 이해할 수 있는 이유는 바로 지층에서 다양한 층위로 작동하는 이 전형성 때문인 것이다.

우리는 이 전형성에 전반성적으로 귀속되어 있다. 즉 '옳다'와 '그르다'를 가늠한다거나, 받아들일지 말지를 결정한다거나 하는 대상이 아니라, 우리가 항상 딛고 서 있는 기반인 것이다. 귀속은 속박과 다르다. 이 기반이 존재하지 않거나 거기에 귀속되어 있지 않다면 우리는 매번 만날 때마다 백지상태에서 새롭게 언어를 구축해야 할 것이다. '너', '언제', '여기', '발' 등이 무엇을 의미하는지, 치켜 올라가는 톤의 의미는 무엇인지, 그리고 왜 이렇게 조합하는지, 그리고 '발을 들이다'라는 표현이 은유하는 바가 무엇인지 등 모든 것을 완벽한 무無의 상태에서 구축해야 하는 것이다. 디자인에서도 마찬가지이다. 기반에 귀속되어 있지 않다면 우리는 디자인할 때마다 매번 테이블 상판의 각도가 70도가 좋은지 39도가 좋은지 결정해야 하며, 침대의 각도 또한 18도가 좋은지 47도가 좋은지 결정해야 한다. 귀속은 속박과 달리 자유를 준다. 기반에 귀속됨으로써 우리는 평평한 테이블을 다양한 형태와 재질 그리고 높이로 디자인하는 자유를 누릴 수 있게 된다. 그리고 이 테이블을 둘러싸고 이런저런 일상의 양상이 벌어질 것이다. 가족의 저녁자리, 동문모임, 연인들의 데이트, 계약성사를 앞둔 지극히 형식적인 식사자리 등 실로 다양하다. 일상이 완벽한 혼돈에 빠지는 대신 지속적으로 그리고 동시에 매번 창의적으로 작동하는 이유는 바로 삶의 전형성에 대한 귀속과 그것이 열어주는 표현의 자유라는 이중구조 때문이다.[17]

---

17 이런 맥락에서 전형성에 관한 논의를 전개한 이로는 피터 칼Peter Carl을 들 수 있다. 그는 건축 분야에서 계몽주의의 영향으로 등장한 유형Type과 유형학Typology의 한계를 지적한다. 유형학은 삶의 양상을 특정 형태와 공간으로 분류하고 고착화한 후, 다양한 변형을 통한 생산성의 증대를 추구한다. 그리고 이렇게 생산된 다양한 형태와 공간의 변주들이 집적된 도시는 자연스럽게 다양한 삶의 양상을 수용해낼 것이라고 주장한다. 칼은 이런 태도를 삶의 양상과 건축 및 도시 사이의 관계에 대한 순진하고 피상적인 이해방식이라고 비판한다. 구체적으로는 계몽주의적 분류학의 수용을 통한 건축과 도시현상의 환원,

다른 문화권과의 대면에서 어떤 행동을 해야 하는지 난감한 경우가 있는데, 이는 무엇보다도 표피의 층위에서 소통이 불가능하기 때문이다. 단어 하나도 제대로 알아듣지 못하니 어떻게 적절한 반응을 보일 수 있겠는가? 하지만 이 소통의 어려움은 표피의 층위에서만 발생하는 것이 아니다. 전형성을 구축하는 층위 역시 때로는 충돌을 일으키기도 한다. 선생을 두고 학생이 감히 친구 대하듯 '너'라고 불러야 한다니 당황스럽다. 소파에 기대고 바닥에 앉는 자세로 지내다가 신발을 신고 소파에 꼿꼿하게 앉아 허리를 세우고 대화하려니 몸이 뻣뻣하게 굳어진다. 이처럼 표피의 층위에서 소통이 막힌데다가 전형성을 구축하는 층위의 충돌마저 더해지면서 다른 문화권과의 대면은 항상 긴장감이 수반되는 것이다. 하지만 '이해'는 이런 극단적인 타자와의 대면 속에서도 여전히 가능하다. 다른 문화권에 진입한 것이 외계인의 세상에 떨어진 것은 아니지 않은가? 우리가 다른 문화권의 일상을 여전히 이해할 수 있는 이유 또한 전형성에서 찾을 수 있다. 문화권을 초월한 일종의 '전형성의 전형성'이 존재하기 때문이다. 어느 사회이든 아들이 배가 고프다고 하면 아버지는 쌀밥이나 빵을 건네주지 대리석 덩어리를 던져주지는 않는다. 마찬가지로 누구나 평평한 바닥이나 침상에서 잠을 청하며, 평평한 바닥 위나 테이블 위에 올려놓고 음식을 먹는다. '발을 들이다'와 같은 은유가 문화권을 넘어 통용되는 이유도 신체성, 안과 밖, 들이고 빼는 것 등에 대한 공동의 이해가 있기에 가능한 것이다. 가족이라는 울타리를 넘어서 친구, 연인, 사제, 동지 등의 비혈연적 그리고 비계약적 관계를 만들어 인간사를 운용하는 것도 문화권마다 마찬가지이다. 소멸이자 동시에 절대적 평화

이론의 구축을 통한 실재에 대한 지배력의 강화, 그리고 가상의 이론을 활용한 생산성 증대 등의 관점에서 유형학의 문제를 지적한다. 더 나아가 디지털 기술을 활용하여 체계적이면서도 동시에 '차이'의 생산을 추구하는 파라메트릭 디자인에도 이런 유형학의 태도는 그대로 반영되어 있다고 본다. 칼은 유형과 유형학의 대안으로 전형성Typicality이라는 개념을 통해 건축 및 도시 창작을 다시 살펴볼 것을 제안하며, 가시적인 것의 기저에 존재하고, 그 의미를 발생시키는 맥락으로 작동하는 전형성, 즉 공동의 기반에 관한 논의를 전개한다.
Peter Carl, "Type, Field, Culture, Praxis," *Architectural Design*, vol. 81, no. 1, Jan 2011, pp. 38-45.

와의 합일을 상징하는 수평성과 꼿꼿하게 살아 숨 쉬며 불태우는 창작의 열정을 상징하는 수직성, 이 양자 사이에 선 인간의 실존을 시로 쓴 르 코르뷔지에,[18] 서구의 근대적 자아가 잃어버린 인간성의 또다른 측면을 찾아 아프리카 북부의 오지로 떠난 알도 반 아이크Aldo van Eyck(1918-1999),[19] 탄생, 죽음, 그리고 섹스를 인간의 원초적 3대 경험이라 기술하고 이 경험과 맞물려 해석되는 환경의 근본적 상징성을 논한 조셉 리크워트Joseph Rykwert[20]-이들은 모두 문화권의 차이를 넘어 소통의 기반이 되는 '전형성

---

18 코르뷔지에의 건축에서 수평과 수직, 그리고 이 양자 간의 관계에 대한 탐색은 1920년대부터 1960년대까지 꾸준하게 전개된 주제 중 하나였다. 레만 호숫가에 설계한 부모님을 위한 주택, 아크로 폴리스에 건축된 석조신전의 배경으로 아테네의 도시풍경 대신 먼 발치에 자리한 에게해의 부드러운 물결과 수평선을 포착하는 스케치, 2층에는 제단 같은 테이블이 놓인 키친을 그리고 옥상에는 램프를 타고 도달하는 정원을 배치한 빌라, 해변가를 걷다가 발견하는 거석의 수직성과 바다의 수평성 사이의 상호의존성에 관한 묘사 등 다양한 양상으로 표현된다. 아마도 수평과 수직의 상징성, 그리고 이 둘 사이에 끼인 인간의 실존적 특성을 논한 가장 중요한 저작은 『직각의 시Le Poème de l'angle droit』로 명명된 일련의 스케치와 시 모음집이 될 것이다. 자크 루캉Jacques Lucan은 코르뷔지에의 건축에 나타난 테이블의 수평면과 그 위에 놓인 오브제와의 관계를, 옥상정원의 평평한 면과 그 위에 놓인 오브제와의 관계로 전이시키는 논의를 전개한 바 있다. 특히 「유니테 다비타시옹Unité d'Habitation」(1952)의 옥상정원에 주목한다. 유치원에 아이를 맡기러 올라갈 때마다 목도하는, 중경이 사라진 채 눈 앞으로 확 다가오는 먼 발치의 수평선을 '절대성'을 감지하는 숭고의 경험과 연결시킨다. 필요하지 않은 듯 필요한 것이 놀이인 것처럼, 이 숭고의 경험을 건축이 제시하는 고차원의 놀이라고 주장한다.

Le Corbusier, *Precisions on the present state of architecture and city planning*, Cambridge, MA: MITPress, 1991, p. 75; Le Corbusier, *The Poem of the Right Angle*, Tokyo: GA Gallery, 1984 (특히 섹션 A3 참조할 것); Jacques Lucan, "The Search for the Absolute," *In the Footsteps of Le Corbusier*, ed. Carlo Palazzolo and Riccardo Vio, New York: Rizzoli, 1991, pp. 196-207.

19 알도 반 아이크의 문화권 사이의 동질성과 차이에 관한 논의는 아래의 글을 참고할 것.
Aldo van Eyck, "Is Architecture Going to Reconcile Basic Values?," *CIAM '59 in Otterlo*. Oscar Newman. ed. Stuttgart: Karl Kramer, 1961: 26-34; Herman Hertzberger, *Aldo van Eyck*, Amsterdam: Stichting Wonen, 1982, pp. 7-27; *Aldo van Eyck Works*, ed. Vincent Ligtelijn, Base; Boston; Berlin: Birkhauser, 1999

20 조셉 리크워트의 인간의 원초적 경험과 환경의 근원적 상징성에 관한 논의는 다음 글을 참고할 것.
Joseph Rykwert, "The Sitting Position – A Question of Method," *The Necessity of Artifice*, New York: Rizzoli, 1982, pp. 23-31.

의 전형성'을 탐색했던 것이다. 전형성은, 아니 전형성의 전형성은 이처럼 서로 다른 문화권과의 대면에서 표면적 차이에도 불구하고 동일성의 기반과 그 구체적 표현을 발견하고 경이로운 '이해'가 일어나는 계기가 된다.

이 책은 와츠지의 풍토론을 바탕으로 현대의 지속가능성 담론이 간과하고 있는 기후의 개념을 다시 들여다본다. 1장에서는 와츠지가 제시한 풍토론의 의미와 중요성 그리고 다자 간 인간관계, 즉 윤리적 차원을 살펴본다. 또한 지역주의의 한계를 극복할 논리 구성을 위해 풍토와 풍토의 사이에 존재하는 틈새 차원에 관한 이론화를 시도한다. 2장에서는 풍토 및 다자 간 윤리성을 구체적으로 해명해 줄 건축적 사례를 논하면서 일본의 토속적인 주거건축의 공간성을 다룬다. 놀랍게도 와츠지 본인이 풍토적 관점에서 주거건축의 공간구조 및 그 사회적 의의에 대해서 논한 바 있다. 이러한 와츠지의 해석을 동시대에 활동했던 일본 건축가들의 해석과 대조한다. 또한 20세기에 접어들어 불문율처럼 받아들여지고 있는 개인의 프라이버시에 대한 집착을 재검토하고, 지속가능성을 구현하는 방안이 온전하게 작동할 수 있는 기초로서 다자 간 관계라는 윤리적 차원을 부각시킨다. 3장에서는 일본 문화에 깊은 영향을 받은 현대건축가, 리처드 노이트라를 살펴본다. 먼저 기후의 의미, 기후와 일상적 삶과의 상관관계, 그리고 마지막으로 기후와 다자 간 인간관계라는 세 가지 측면에서 노이트라의 건축을 살펴보고, 그의 환경개념이 다른 현대건축가들과 뚜렷이 다르다는 점을 밝힌다. 노이트라가 와츠지의 풍토론을 알고 있었다는 구체적 증거는 없다. 하지만 이 장은 노이트라가 설계한 주거 및 교육시설이 갖는 의의와 중요성을 명확히 하고자 그의 환경철학과 와츠지의 환경철학을 결합하는 작업을 전개할 것이다. 또한 노이트라의 환경개념과 건축적 창조가 갖는 의의를 조명하는 과정은 현대의 백색건축이 모두 지속 불가능하고 친환경적이지 않았다는 견해를 바로잡는 기회가 될 것이다. 마지막 장에서는 와츠지의 풍토론과 윤리론을 기반으로 현대건축과 도시를 들여다본다. 기후와 다자 간 인간관계 사이의 연결고리에 주목하면서 기후의 독특함을 집중적으로 강조했던 비판적 지역주의와 그에 대한 비판을 검토한다. 필자의 의도는 풍토론에 기반을 둔 지역주의와 초지역주의trans-regionalism의 담론을 공식화하는 데 있다. 초지역주의와 관련하여 일상적 상황의 전형성을 밝히고, 또 이 전형성이 자연 및 기후의 특이성과 어떤 변증법적 관계를 맺으며 한 풍토권 내에서 구체화되는지 밝히는 것이 이 책의 주된 관심사이다.

1
와츠지 테츠로의 풍토 개념과 문화적 의의

와츠지 테츠로의 풍토 개념과 문화적 의의

실증주의는 사물을 대하는 우리의 태도를 도구성에 고정시킨다. 물이든 빛이든 바람이든 상관없다. 모든 것을 에너지원으로 볼 뿐이다. 에너지를 추출하는 과정에서 오염물을 양산하지 않으면 더 효과적이다. 최소한의 투자로 최대한의 이득을 뽑아낸다는 저급한 경제성은—이는 경제Economy 및 생태학Ecology의 어원인 오이코스Oikos의 원뜻이 18세기 자본주의와 결탁하여 변질된 결과이다—작금의 환경위기를 돌파하려는 태도에도 여전히 암묵적인 전제로 깔려 있다. 우리는 이러한 실증주의적 태도를 어떻게 넘어설 수 있을까? 또 실증주의의 짝으로, 사물의 의미를 일면적으로만 파악하는 환원주의적 태도 또한 어떻게 극복할 수 있을까?

그 첫 단추는 '자연환경이란 도대체 우리에게 무엇인가?'를 논히는 진지한 환경철학을 발굴하는 일일 것이다. 단지 문명의 생존 연장을 목적으로 파국을 늦추기에 급급한 임기응변 대신에 실용성, 윤리성 그리고 영성에 이르는 다양한 삶의 차원을 연결하고 포용하며 지속가능성의 근거가 될 수 있는 철학이어야 한다. 이런 기대에 부응할 만한 사유가 바로 와츠지 테츠로의 환경철학이다. 그의 환경철학은 전통적인 기후학의 한계를 넘어선다. 전통적인 기후학은 자연의 힘과 그에 대한 인간의 반응이라는 인과론적 모델에 의존하고 있다. 예를 들면 한 지역의 기후, 기상, 지질, 지형, 식생, 경관 등이 생활양식을 어떻게 규정하는가를 보거나, 역으로 인간이 어떻게 자신에게 부여된 자연조건을 기술을 통해 극복하는가를 보려고 한다. 이 같은 환경결정론적 접근법과는 달리 와츠지의 사유는 그가 풍토라고 부른 자연 현상과 인간 사이의 은밀하고도 깊은 유대관계를 드러내 보인다. 주관성, 즉 '우리는 누구인가?'를 비추는 거울 또는 은유로서 풍토가 어떻게 작동하는지를 밝혀낸다. 그의 사유에서 풍토는 '나는 누구인가?'라는 자각을 넘어 '우리는 누구인가?'라는 '공동의 자각'이 발생하는 계기가 된다. 이 '공동의 자각'은 중요한 현상이다. 살을 에는 추위, 푹푹 찌는 더위, 방죽을 무너뜨려 마을을 쑥대밭으로 만들 것 같은 폭풍우의 매서움이 엄습해올 때 그것은 나 혼자만 두려움에 떠는 사태가 아니다. 이 대목에서 풍토는 개개인이 완결의 존재가 아니라 근본적으로 결핍의 존재임을 확증한다. 이 '결핍'을 보완하는 것이 바로 타자와의 상호연합과 연대이다. 와츠지의 환경철학은 자연 현상과 다자 간의 관계가 동전의 앞뒷면처럼 서로 조응한다는 사실을 밝힌다. 파편화된 인간과 자연 사이의 관계에 고착된 시야를 깨고, 이 관계가 내포하는 다자 간 관계, 즉 윤리적 차원으로 시야를 열어주는 것이다.

하이데거의 현존재를 넘어서

와츠지의 환경철학에 영향을 준 사상가로는 마르틴 하이데거를 먼저 꼽을 수 있다.[1] 와츠지는 1927년에 일본 문부성 후원으로 독일에 건너가 철학을 공부했다. 하이데거가 『존재와 시간Sein und Zeit』을 발표한 해였다. 이 책에서 하이데거는 "서구 전통은 일상이라는 삶의 기반과 유리된 개인 주체를

1　와츠지와 독일 사상가들의 관계는 와츠지 철학의 문화적 배경을 이해하는 데 중요하다. 예를 들어 와츠지는 라파엘 폰 쾨베르Raphael von Koeber(1843-1924)로부터 프리드리히 슐라이어마허Friedrich Schleiermacher(1768-1834)의 해석학을 배웠을 뿐 아니라 임마누엘 칸트 Immanuel Kant(1724-1804)와 게오르그 빌헬름 프리드리히 헤겔Georg Wilhelm Friedrich Hegel(1770-1831)의 관념론과 빌헬름 딜타이의 철학을 배웠다. 와츠지는 딜타이의 오리엔탈리즘적 입장을 비판했다.
　Graham Mayeda, *Time, Space and Ethics in the Philosophy of Watsuji Tetsuro, Kuki Shuzo, and Martin Heidegger*, New York, London: Routledge, 2006, p. 6; Tetsuro Watsuji, *A Climate: A Philosophical Study*, trans. Geoffrey Bownas, Ministry of Education Printing Bureau, 1961, p. 171.

과도하게 강조한다"[2]고 비판하면서 자신의 철학을 전개했다. 와츠지 역시 하이데거의 영향을 받아, 순수 개인이 아닌 일상 세계에 발을 딛고 살아가는 개인을 출발점으로 삼는 현상학적 입장을 채택했다. 하지만 하이데거의 사유가 여전히 서구의 개인주의에 붙잡혀있다고 비판한다. 『존재와 시간』에 대한 평론에서 와츠지는 '현존재Dasein' 개념이 열어젖힌, 인간을 이해하는 방식의 새로움을 높이 사면서도, 이 개념은 시간성에 치우친 나머지 공간성을 경시하는 측면이 있다고 보았다. 서구의 개인주의는 개인이 어떤 장소에 '던져져 있음(피투성Geworfenheit)'의 차원, 즉 인간존재의 사회적·공간적 차원이 갖는 중요성을 간과한 채 독자적 개인을 무리하게 강조한다. 와츠지가 보기에 하이데거의 저작 역시 "공간과 단절된 시간"[3] 을 강조하는 한계를 안고 있었다. 현존재라는 개념은 존재가 어디에 있든 동일한 것인 양 다루어졌으며, 결과적으로 공간성이 인간을 이해하는 또 하나의 근본적 요소임을 제대로 짚어내지 못했다는 것이다.

와츠지는 나중에 하이데거에 대한 비판을 누그러뜨렸다. 1937년 저술한 『윤리학』에서 하이데거를 재평가하면서, 그의 철학이 "주체의 존재를 구성하는 요소"[4] 인 공간성을 유럽 정신사에 제시했다고 주장했다. 또한 '세계 내 존재'이자 '거기-있음(현존재)'의 실존적 공간성existential Räumlichkeit[5] 에 대한 논의에 찬사를 보냈다. 하이데거의 기여는 명백했다. 그는 대상화된 세계에 맞선 주체라는 개념으로 인간이 추상화되기 전에 세계는 이미 선재 先在하며, 인간은 이미 특정한 상황에 놓여 있음을 밝혀냈다. 또, 세계의 선재성과 상황성을 바탕으로 공간은 주체 내면에 있는 것이 아니며, 세계가 공간 속에 있는 것도 아니라고 주장했다. 공간성은 인접한 것과의 관계에서 떠

2 Graham Mayeda, *Time, Space and Ethics in the Philosophy of Watsuji Tetsuro, Kuki Shuzo, and Martin Heidegger*, p. 5.

3 Tetsuro Watsuji, *A Climate: A Philosophical Study*, trans. Geoffrey Bownas, Ministry of Education Printing Bureau, 1961, preface, p.v.

4 Tetsuro Watsuj, *Watsuji Tetsuro's Rinrigaku Ethics in Japan*, trans. Yamamoto Seisaku and Robert E. Carter, Albany: State University of New York, 1996, p. 174.

5 Tetsuro Watsuji, *Watsuji Tetsuro's Rinrigaku Ethics in Japan*, p. 173.

오르며,[6] 인간이 자신의 지역Gegend, 자신의 장소Platz에 놓인 도구들과 관계를 맺을 때 그 관계를 기반으로 하여 나타난다.[7] 와츠지는 이런 이유에서 존재론적 주체는 본래 공간적이며, 세계 내 존재라고 말했다. 그러나 여전히 불만족스러운 부분은 있었다. 하이데거의 공간성에서 가장 중요한 것은 '마음씀Sorge'을 통해 하나가 된 도구와 주체의 관계인데, 와츠지가 보기에 이는 사람들 사이의 소통 관계에 충분히 주의를 기울이지 않았다는 증표이기도 하다. 즉 사람과 도구의 관계보다 선행하는 것은 사람과 사람의 관계라고 본 것이다. 와츠지는 이렇게 말한다.

> 그러나 개별 주체 대 대상이라는 형식적 관계는 그 근저에 있는 도구를 향한 나의 구체적이고 내밀한 관심을 한 단계 추상화할 때 비로소 출현하는 것이다. 그런데 이런 관심 자체는 어디에서 나오는 것일까? 나와 도구의 사이에서 자연스레 발생하는 것일까? 아니다. 사실은 한 사람과 다른 사람의 실질적 관계가 하이데거가 조명하고자 했던 이 '관심'이라는 것이 형성되는 주된 계기이다. 아쉽게도 하이데거는 이 점을 제대로 파악하지 못했다. 이런 이유로, 비록 그가 공간성을 주체의 존재를 특징짓는 구조로 간주했음에도 불구하고, 그 공간성은 인간의 실질적인 상호관계에 내재된 공간성이 되기에는 여전히 부족했다. 이 때문에 그는 공간성보다 시간성을 훨씬 더 중요하게 생각했던 것이다.[8]

풍토란 무엇인가?

와츠지는 하이데거의 '현존재'가 공간을 경시하고 시간을 중심으로 규정된

---

6 Tetsuro Watsuji, *Tetsuro's Rinrigaku Ethics in Japan*, p. 173.
7 Tetsuro Watsuji, *Tetsuro's Rinrigaku Ethics in Japan*, p. 173.
8 Tetsuro Watsuji, *Tetsuro's Rinrigaku Ethics in Japan*, p. 173.

인간존재라고 비판한 뒤, 공간성이 가진 근원적 중요성을 일깨웠다. 여기서 공간성은 삼차원의 중성적 배경을 말하는 게 아니고, 풍토를 의미한다. 한자 문화권에서 풍토를 문자 그대로 풀이하면 바람과 흙이다. 하지만 와츠지는 풍토를 자연환경의 요소들이 인간에게 어떤 힘을 행사하고 그에 따라 인간이 반작용을 행사하며 자연을 변형시키는 맞대응의 관계로 다루지 않았다. 그는 이렇게 말한다.

> 나는 인간의 환경을 '자연'이 아닌 '풍토'로 고찰하고자 한다. … 내 관심사는 우리가 일상에서 경험하는 풍토를 과연 자연 현상으로 간주해야 하는가이다. 물론 자연과학이 이를 자연 현상으로 취급하는 건 당연하다. 하지만 풍토 현상이 본래 자연과학의 대상인지를 묻는 건 별개의 문제다.[9]

와츠지에게는 자연이 있기 전에 풍토가 있다. 자연 그 자체 또는 순수 자연은 풍토의 체험을 추상화한 결과물이기 때문이다. 인간의 일상적 삶과 의미로부터 분리된 때묻지 않은 원시 자연이 있다는 견해는 심지어 착각일 수도 있다. 이처럼 풍토론은 인간의 삶과 유리된 자연을 설정하는 이분법적 틀을 극복하려고 한다.

와츠시가 보기에 인간의 삶과 유리된 별개의 실체로 자연을 취급하는 사고방식은 인간과 풍토 현상 사이의 근본적인 결속을 간과하고, 피륙의 씨줄과 날줄처럼 얽힌 유대관계를 놓치는 것이다. 풍토는 삶의 순간마다 의미를 띄고 나타나는 구체적인 현상이다. 우리는 일상에서 바람을 '공기의 물리적 이동'이라는 과학적 사실로 이해하지는 않는다. 과학적 사실이기 이전에 그것은 겨울 끝 무렵에 대지를 휩쓸고 지나가는 차고 건조한 산바람이거나 벚꽃을 터뜨리거나 파도를 어루만지는 봄바람이다. 또한 풍토는 "인간의 삶을 객관화하는 매개체이다. 인간이 자기 자신을 이해하는 거울로, 자기발견,

---

9 Tetsuro Watsuji, *A Climate: A Philosophical Study*, p. 1.

즉 자각의 계기가 되는 것이다. 이런 이유로 외적인 풍토적 특성은 인간 내면의 특성"이기도 하다.[10]

와츠지는 일본어로 사막을 뜻하는 '사바쿠沙漠'를 예로 든다. 자신이 직접 경험한 예멘 남부의 항구 도시인 아덴Aden 외곽의 아라비아 사막이나 중국 북서부에서 몽골 남부까지 펼쳐진 고비 사막을 상상하며 와츠지는 풍토와 인간내면 사이의 조응관계를 그려낸다. '사막'은 모래 沙와 황량할 막漠이라는 두 한자가 합쳐진 말이다. 이 조어는 사막이 단지 물리적으로 광활하게 펼쳐진 모래밭을 가리키는 데에 그치지 않고, 황량함, 외로움, 쓸쓸함이라는 인간의 감정도 투영되어 있음을 말하고 있다. 인간의 마음과 모래밭이 하나로 합쳐진 것이다.[11] 그리고 보면 처녀지virginland나 황무지wilderness와 같은 말도 객관적으로 바깥에 존재하는 있는 그대로의 순수 자연을 가리키지 않으며, 이미 그 안에 인간적 특성이나 가치가 스며들어 있다. 처녀지는 아무도 발을 들이지 않은 순결함을 의미하고, 황무지는 변덕스럽고 길들일 수 없는 상태를 의미한다. 다른 예로 따뜻함을 생각해 보자. 따뜻함은 일정 범위의 온도를 갖춘 공기의 물리적 특성만을 뜻하는 것이 아니다. 타인을 향한 개인의 온정처럼 인간과 인간의 관계를 논하는 말이기도 하다. 차가움도 마찬가지다.

이런 점에서 오귀스탱 베르크Augustin Berque가 풍토를 어떻게 해석했는지를 소개하는 것도 의미가 있을 것이다. 베르크는 환경이 객관적 대상들의 합이라든가 또는 그것들이 자리를 잡고 있는 절대공간이 아니라 인간의 성정과 맞물린 풍토라는 것을 설명하기 위해 주어와 술어 사이에 벌어지는 의미화 과정에 주목하였다. 그는 야콥 폰 윅스퀼Jakob Johann von Uexküll(1864-1944)이 주장한 대로 객관적 주위 환경Umgebung과 인간 삶의 실존적 의미가 가득한 세계Umwelt를 구분하였다. 환경을 인간적 세계로 만드는 것은, "인간의 신체성을 환경에 투사한다는 뜻의 외재화

---

10   Tetsuro Watsuji, *A Climate: A Philosophical Study*, p. 5, pp. 14-16.
11   Tetsuro Watsuji, *A Climate: A Philosophical Study*, pp. 39-40.

exteriorization"[12]와, 바깥의 사물이 신체성을 매개로 자신을 우리에게 각인시키는 상징화symbolic operation, 이 둘 사이의 거래 관계다. 외면화와 상징화는 동시적 과정으로, 베르크는 이것을 투사trajection로 명명했다.[13] 즉, 던지기projection와 받기retrojection, 그리고 우주화cosmization와 신체화somatization가 서로 결합되는 것이다. 투사라는 양방향 과정이 없다면 환경은 인간존재에게 낯설게만 남아있을 것이다. 마치 진술 형식에서 주어가 되지 않는 순수 술어처럼, 환경은 자존하는 절대공간으로 귀착되고 만다. 그것을 우주, 지구, 자연 등 어떤 이름으로 부르든 결국 독립적이고 자율적인 환경이 되는 것이다. 베르크는 이렇게 말한다.

> 신체적 존재인 우리와 세계 사이에 이루어지는 던짐과 받음의 양방향 운동, 즉 투사는 어떤 대상이 우리에게 갖는 특정한 의미가 발생하는 원천이다. 사물은 객관적인 것이 아니다. 우리의 세계를 구성하고, 우리의 신체와 뒤얽혀있기 때문이다. 그렇다고 사물이 순전한 주관적 표상이 되는 것도 아니다. 사물은 투사적이며, 그로 인해 의미를 가진다. 또한 이 의미의 벡터라고 볼 수 있는 기호는 임의적인 것이 아니라

---

12 Augustin Berque, "The Ontological Structure of Mediance as a Ground of Meaning in Architecture," in *Structure and Meaning in Human Settlements*, eds. Tony Atkin and Joseph Rykwert, Philadelphia: University of Pennsylvania Museum of Archaeology and Anthropology, 2005, p. 98.

13 베르크에 따르면 서양의 세계관에서는 일반적으로 투사의 영역the realm of trajection을 거부했다. 플라톤이 그의 공화국에서 시인을 금지한 것이 그런 경향을 대표한다. 이성, 그리고 그 상관물인 형식논리에 기초해 있는 서구적 사고의 한계는 술어를 말하는 주어와 그 술어를 구성하는 주어가 명확히 구분된다는 것이다. 그에 따라 양자가 뒤얽혀 있는 테트랄레마tetralemma의 영역(네 가지 문제가 서로 얽힌 상황-옮긴이)을 인정하지 않는 것이다. 순수 이성과 자연과학에 공간을 열어준 이 서구식 논리를 비판하면서 베르크는 A와 not-A가 상호응답하는 중간 영역을 인정한 나가르주나Nagarjuna (c. 150-250)의 논리에 주목했다. 그것은 주체와 객체의 이원론을 초월하는 상징성의 영역이다. Augustin Berque, "The Ontological Structure of Mediance as a Ground of Meaning in Architecture," p. 100.

우리 안에서 앞뒤로 요동치는 교감 속에 내재되어 있다.[14]

신체를 매개로 한 주체와 세계 사이의 상호투사는 인간존재의 구조적 특성이다. 이 특성으로 인해 환경이 객관적 대상물의 단순한 합이 아니라 의미를 띤 풍토로서 드러나게 되는 것이다.

와츠지 본인이 설명하는 풍토로 다시 돌아가 보자. 기후 현상의 침투성에 관해 언급하는 대목은 매우 흥미롭다. 침투성이란 풍토가 한 개인이 앞에 놓인 물건을 고르듯 맘대로 선택 가능한 객관적 대상처럼 다루어질 수 없다는 것을 의미한다. 풍토는 장場을 형성하기 때문이다. 개인이 임의로 풍토라는 맥락 안에 놓일지 말지를 결정할 수 있는 것이 아니라, 먼저 그 안에 놓이게 되고, 자기가 놓여 있다는 사실은 나중에야 발견하는 것이다. 그리고 이 장은 나만 아우르는 것이 아니고, 나와 남을 동시에 아우르는 맥락으로 선재한다. 이처럼 우리는 풍토의 맥락에서 빠져나갈 수 없고, 내가 찾기 전에 풍토가 먼저 나를 파고들어 감싸고 내가 존재하는 공간적 배경이 되어준다는 사실은 인간존재의 구조적 특성인 것이다.

겨울에 살갗을 파고드는 추위를 생각해 보자. 창문을 열어젖혔는데 확 밀고 들어오는 추위는 살 표면에 머무르다 물러나는 것이 아니라 살갗을 파고들어와 몸 전체를 추위로 물들이고 만다. 추위는 바깥에 객관적, 물리적 실체로만 존재하는 것이 아니다. 내가 받아들일까 말까를 고민하기 전에 벌써 나의 몸 전체에 스며들어 버린다. 자신이 능동적 주체라는 착각 속에서 세상을 대하는 이에게 이 같은 지각의 수동성은 언뜻 받아들이기 어려운 것인지도 모른다. 하지만 매번 추운 겨울날 아침 출근길을 나설 때마다 벌어지는 일상의 진실이다.

우리의 의지를 붕괴시키고 거침없이 몸속으로 파고드는 이런 침투현상을 정반대 각도에서 바라보면, 추위를 느끼고 있는 나는 이미 추위의 한복

---

14 Augustin Berque, "The Ontological Structure of Mediance as a Ground of Meaning in Architecture," p. 99.

판에 있다는 것을 의미한다. '나는 추위를 느낀다.'라는 생각 자체는 '나'와 '추위'를 별개의 두 객관적 실체로 취급하는 태도로 이어질 수 있다. 하지만 이런 생각은 '나'라는 관념이 형성되기 전 추위에 물들고 '추위' 자체가 된 경험이 발생하고 나서야 가능한 것이다. 이 경험은 사태가 벌어진 후 '나'와 '추위'라는 두 요소를 설정하고 이를 되새겨보는 반성적 경험 이전의 경험이다. 사태 그 자체로, 일종의 무아無我의 상태에서 벌어지는 경험이다. 가장 구체적인 경험을 토대로 이를 반추하며 추상화한 후에야 비로소 '나는 추위를 느낀다.'라는 반성적 차원의 경험이 출현하는 것이다. 하지만 추위의 벌판이라는 공동의 배경과 이분법적인 구도를 넘어선 구체적 경험 속에서 '나'가 사라진다고 오해해서는 안 된다. 오히려 공동의 배경인 추위의 벌판에서 일어나는 풍토의 전반성적인 경험은 개인의 기억, 성격, 능력에 기초한 독특한 추위 경험을 반성적으로 표현하는 기반이다. 우리는 흔히 아침 인사로 날씨 그 자체를 이야기하기도 한다. 상대방의 동의를 구하지도 않고 "오늘 아침 춥네요!"라고 인사한다. 풍토가 "추위 속에서 우리 자신을 발견하는 '상호관계'의 틀이자 토대"라는 사실은 매일 이렇게 체험되고 있는 것이다.[15]

와츠지에 따르면, 일본의 풍토가 유럽을 포함한 여타 지역과 다른 점은 계절성과 돌발성의 결합에 있다. 계절성은 일정한 주기를 갖고 이 주기에 따라 순환함을 의미한다. 그렇다고 무미건조하지는 않다. 매서운 추위가 오는 겨울부터 비가 많은 여름에 이르기까지, 안개 자욱한 아침부터 청명한 한낮을 거쳐 소나기가 쏟아지는 저녁에 이르기까지 다채로운 특징을 보인다. 유럽에서는 안개나 연무가 발생하긴 하지만, 빛과 그림자의 미묘한 차이가 인상에 각인될 정도로 풍부한 변화는 일어나지 않는다. 칙칙하고 흐린 날이 계속 이어지는 곳이 북유럽이라면, 맑고 청명한 나날이 반복되는 곳이 남유럽이다. 기후의 이 단조로움과 변화의 부재가 유럽의 특징이다.[16]

이와 대조적으로 일본에서는 더운 계절이 곧 장마철이다. 유럽의 강우

---

15 Tetsuro Watsuji, *A Climate: A Philosophical Study*, p. 4.
16 Tetsuro Watsuji, *A Climate: A Philosophical Study*, p. 200.

량과 대기 중 습도와 비교하면 서너 배에서 예닐곱 배까지 치솟는다. 습기와 햇빛이 어우러지면서 대기의 빛깔이 현저하게 달라진다. 심지어 어떤 여름날은 아침에는 상쾌하고 선선하다가 정오에는 더없이 맑아지더니 저녁에는 갑자기 소나기가 퍼붓는 등 그야말로 변화무쌍하다. 또한 기온의 변화도 뚜렷하다. "저녁이면 선선해지는 여름, 아침에는 상쾌하다가 해 질 녘에는 오슬오슬 추위를 몰고 올 정도의 격렬한 변화를 보이는 가을, 아침에는 살을 에는 추위를 몰고 오지만 곧이어 찾아오는 따스하고 온화한 나절을 선보이는 겨울"[17] 등 실로 다양하다. 일본 기후의 넓은 스펙트럼을 보여주는 또 다른 예가 있다. 열대가 원산지인 대나무에 눈이 덮인 풍경이다. 열대의 목본식물이 한대의 눈꽃을 이고 있는 것이다.[18](도 1.1)

　　일본의 이러한 풍토적 특성은 외부의 현상에 그치지 않고, 인간의 생각과 마음에 대한 묘사로 전이된다. 풍토적 특성은 인간의 특성과 뒤얽힌다. 이 주장을 구체화하기 위해 와츠지는 다시 한번 유럽을 예로 든다. 그리스의 '영원한 정오'는 밝고 화창하고 맑고 건조하다. 이 밝음, 화창함, 맑음, 건조함은 자기 자신을 남김없이 드러내는 그리스인 특유의 사고방식과 조응한다. 와츠지는 덧붙여 말한다.

> 자연의 유순함−따뜻하고 습하지 않은 대기, 부드러운 목초지, 매끄러운 석회암−은 그리스의 복식服飾에 투영되어 있다. 그 해방감… 자연으로부터 보호될 필요성을 비웃듯 무사태평한 사고방식… [그리고] 나신상에 대한 사랑.[19]

반면에 일본의 이원적 풍토는 사뭇 다른 성정을 배양한다. 그것은 열대의 뜨거운 열정으로 매 순간 충만한 것도 아니고, 한대의 냉정하고 고집스런 감정

17　Tetsuro Watsuji, *A Climate: A Philosophical Study*, p. 200.

18　Tetsuro Watsuji, *A Climate: A Philosophical Study*, p. 134.

19　Tetsuro Watsuji, *A Climate: A Philosophical Study*, p. 203.

도 1.1 눈 덮인 대나무

에 일방적으로 지배당하는 것도 아니다. 풍토의 주기적 특성은 봄의 온화함과 여름의 열기를 기대하며 추위를 견디는 인내를 배양한다. 나아가 "표면적으로는 끊임없이 변화하는 감정을 풍부하게 유출하면서도 그 감정의 변화 밑에 항상恒常의 인내심"을 감추고 있다.[20] 바로 여기서 분위기의 세심하고 미묘한 전환에 주의를 기울이면서도 사색적 차분함을 겸비한 일본의 성정이 부상한다.

이런 논의를 통해 와츠지가 보여주고자 하는 것은 일본 문화가 '분위기의 세심하고 미묘한 전환'을 수용하는 감수성을 갖추고 있다는 점이다. 이 대목이 중요한 것은 와츠지가 『풍토』를 쓰게 된 동기 중 하나가 빌헬름 딜타이의 오리엔탈리즘적인 주장에 반박하는 것이었기 때문이다. 와츠지는 딜타이가 『시인의 상상력: 시론의 기초 요소Die Einbildungskraft des Dichters: Bausteine für eine Poetik』(1887)에서 전개한 논지를 비판했다.

20　Tetsuro Watsuji, *A Climate: A Philosophical Study*, pp. 137–138.

동양 예술을 원시적 활력이 충만한, 반쯤은 야만적인 예술이라고 못 박은 딜타이의 주장은 와츠지가 보기에 근거가 빈약하였다. 중동에서 극동아시아에 이르는 지리적 경계들은 광대하고 수시로 변하며, 각양각색의 민족과 문화를 포함하고 있다. 그렇기 때문에 '오리엔탈(동양)'이란 명칭은 애초에 대단히 모호한 말이다. 원시적인 활력과 반半야만성이 동양의 특징이라면, 와츠지가 볼 때 진보했다고 하는 유럽의 기계 문명도 그와 똑같은 비난에서 자유롭기가 어려웠다. 끼익거리는 자동차, 경적을 울리며 내달리는 전차, 번쩍거리는 네온사인, 시끄럽게 울어대는 전화기가 어쩌면 더 원시적이고 조악했다. 무엇보다도 와츠지는 딜타이가 내린 정의처럼 유럽인들이 동양 미술을 논할 때 그 진정한 특징, 특히 그의 모국인 일본의 특징을 이해하지 못한다고 생각했다. 그래서 이를 증명하기 위해 풍토론을 전개한 것이다. 그는 풍토를 객관적 환경이 아니라 '우리는 누구인가?'라는 인간 성정의 관점에서 바라보았다. 그리고 일본의 풍토를 세계의 다른 지역들-특히 유럽-과 비교했다. 풍토적 특성과 성정의 비교를 통해 와츠지는 일본 문화의 미묘함과 세련됨을 입증하고, 역으로 딜타이의 정의가 오류임을 드러내 보인 것이다.[21]

'탈자적 존재'와 공동의 자각

와츠지의 풍토론에서 주목해야 할 점이 있다. 그는 일본을 포함한 세계 여러 지역의 풍토를 논할 때, 자신의 경험에 기반을 둔다는 사실이다. 세계의 풍토를 몬순, 사막, 초원으로 나누어 기술하는데, 이는 그가 일본 문부성의 후원으로 철학을 공부하기 위해 독일로 가던 여정과 일치한다. 그는 1927년 3월 17일에 고베항을 떠났다. 배는 남중국해, 인도양, 아라비아해, 홍해를 지나갔으며, 도중에 상하이, 홍콩, 페낭, 콜롬보, 아덴에 정박했다. 홍해에서 수에즈운하를 통과하여 지중해에 들어선 뒤 마르세유에 도착했다. 마르세유에서 와츠지는 기차를 타고 베를린으로 올라갔다. 독일에서 공부하는 동안 그는

---

21 Tetsuro Watsuji, *A Climate: A Philosophical Study*, p. 171.

독일의 여러 도시는 물론이고 그리스, 이탈리아, 프랑스, 영국을 비롯한 유럽의 여러 지역을 여행했다.

　이 과정에서 그는 일본의 풍토를 다시 살피게 되었다. 다른 나라를 여행하다 보니 모국의 풍토적 특성에 눈을 뜨게 된 것이다. 인도양의 눅눅한 더위에 일본 겨울의 살을 에는 추위를 떠올렸다. 정돈된 상태로 알아서 자리를 잡고 자라는 이탈리아와 그리스의 자연을 접했을 때는 한여름의 무더위와 습기 속에서 얽히고설킨 채로 걷잡을 수 없이 자라나는 일본의 정글을 생각했다. 맑고 화창한 나날이 이어지는 두 나라의 기후를 통해 역으로 일본의 기후가 얼마나 미묘하고 변화무쌍한지를 깨달았다. "저녁이면 선선해지는 여름, 아침에는 상쾌하다가 해 질 녘에는 오슬오슬 추위를 몰고 올 정도의 격렬한 변화를 보이는 가을, 아침에는 살을 에는 추위를 몰고 오지만 곧이어 찾아오는 따스하고 온화한 나절을 선보이는 겨울"처럼 말이다.

　이 사실이 입증하듯이, 모국의 풍토에 대한 성찰은 다른 풍토를 체험함으로써 시작된다. 외국에서 모국의 풍토와 자아를 발견하는 이 과정에 관하여 와츠지는 "우리는 '바깥에 나와서 서 있는ex-sistere' 상태에서 우리 자신과 대면한다."라고 썼다.[22] 알다시피 ex-sistere는 영어 단어 exist와 그 명사형 existence의 어원으로, 'ex'는 '바깥으로'를 의미하며 'sistere'는 '서 있다'는 뜻이다. 즉 ex-sistere는 원래 서 있던 곳을 떠나 어딘가로 나아가 다시금 선다는 의미로, 인간존재는 어느 한 곳에만 고착될 수 없음을 가리킨다. '현재'를 '현재'라고 부르는 순간 이미 과거가 되어 버리듯, 인간 역시 고정된 본질을 끊임없이 거부하는 속성이 존재의 구조에 각인되어 있음을 말한다. 와츠지가 이 용어를 채택한 것은 하이데거가 주장한 현존재의 특성인 '거기에 있음da'이 의미하는 개방성, 비움 그리고 밝힘의 논의로부터 영향을 받은 것이다. 하이데거가 '거기'에 나가 있는 탈자적 존재의 구체적 모습을 설명하는 대목을 살펴보자.

22　Tetsuro Watsuji, *A Climate: A Philosophical Study*, p. 3.

우리 모두가 지금 이곳에서 하이델베르크에 있는 그 고풍스러운 다리를 생각한다면, 그 장소에 대한 생각은 여기 있는 우리들의 내면에 생기는 단순한 체험이 아니다. 오히려 우리가 다리'에 대해' 생각하는 것 속에는 사유의 본질이 작동하고 있다. 생각함 '그 자체'는 다리가 있는 그곳까지의 멂을 극복하고 그 사이의 거리를 우리가 메우고 있는 것을 말한다. 우리는 바로 이 자리에서 거기, 즉 그 다리 자체에 터를 잡고 있는 것이지 의식 안에서 만들어진 다리의 표상을 논하고 있는 것이 아니다. 매일 건너다니지만 다리 자체에는 무관심한 사람들보다 지금 우리가 그 다리와 훨씬 더 가깝고, 그 다리가 열어주는 세계에도 더 가까울 수 있다. … 필멸자로 존재한다는 것은 바로 사물 그리고 장소들과 엮인 채로 머무른다는 의미이다. 이 체류를 통해 거주하고 공간을 극복해나간다. 필멸자가 다리가 있는 곳까지의 거리를 극복하고 메우기 때문에 그는 공간을 이동해 거기로 나아갈 수 있는 것이다. … '내'가 강의실 문을 향할 때, '나'는 이미 거기 있는 것이며, 만일 '내'가 거기에 있는 것과 같은 방식으로 존재하지 않는다면, '나'는 거기로 갈 수도 없을 것이다. '나'는 이렇게 육체에 갇힌 채 여기에만 있는 것이 아니다. 오히려 '나'는 거기에 있다. 즉 '나'는 이미 강의실에 스며들어가 있는 것이고, 그렇기에 '나'는 그 공간을 통과할 수 있는 것이다.[23]

---

23 하이데거는 우리가 멀리 떨어진 어떤 사물을 생각할 때 이는 단순히 머릿속에 관념적 표상을 생산해내는 작업이 아니라고 이야기한다. 멀리 떨어져 있음에도 불구하고 둘 사이의 물리적 거리가 극복되고 내밀한 친밀함이 깃든다. 하이데거는 이처럼 물리적 거리에도 불구하고 "곁에 부단히 체류하는" 내밀함을, 필멸자가 세계에 거주하는 한 양상으로 이야기하고 있다. 물리적 거리를 극복하고 우리를 사물의 곁에 체류하도록 돕는 '사유'의 속성을 설명하고자 하이데거가 사용한 독일어 'durchsteht'는 영문본에서 'persist through'로 주로 번역되고 'pervade'로 번역되기도 하였다. 이기상, 신상희, 박찬국이 옮긴 『강연과 논문』에서는 '멂을 이겨내고 있음'으로 번역하였다. 본문에서는 영역본과 한역본을 참고하여, '멂을 극복하고', '메우고' 그리고 '스며들고'와 같은 말로 번역하였다.
Martin Heidegger, "Building, Dwelling, Thinking," in *Basic Writings*, ed. David Farrell Krell, San Francisco: HarperSanFrancisco, 1993, pp. 358–359; 마르틴 하이데거, 『강연과

하이데거는 '-에 관한 생각'을, 물리적으로 존재하지 않는 것의 이미지나 표상을 다루는 관념론과 구분했다. 이 과정에서 하이데거는 '나'의 편재성遍在性pervasiveness이란 개념을 도입한다. '나'를 '여기 그리고 이 몸'의 울타리에 갇힌 것으로 보는 대신 '여기의 나'와 '거기의 나'의 동시현전co-presence이라고 보았다. '거기의 나'는 저만치 떨어져 있거나 눈에 들어오지 않는 먼 장소에 자리한 사물과도 결합되어 있다. 하이데거에게 '-에 관한 생각'이 근본적으로 가능한 이유는 바로 '여기'의 '나'와 '거기'의 '나'의 동시현전 때문이며, 이미 사물의 편으로 가 있는 '나', 즉 거리를 초월한 '나'와 사물의 결합 때문인 것이다.

　와츠지는 하이데거의 영향을 받아 '바깥에 나가 서 있음'을 "인간의 구조를 지탱하는 근본 원리"로 인정하고, 지향성intentionality-우리는 그냥 생각하지 않고, 항상 '무언가에 대하여' 생각한다-은 바로 이 원리로부터 기인하는 것이라고 보았다.[24] 물론 와츠지가 탈자적脫自的ex-sistere 양태를 지향성의 원리라고 언급한 것은 타당하나, 오해를 피하기 위해 약간의 설명을 곁들여야 할 것 같다. 지향성은 주체가 바깥의 무언가를 의지적으로 향하는 것이 아니다. 탈자적 존재란, 하이데거가 '세계-내-존재'라는 개념으로 정리했듯이, 우리의 구조 자체가 근본적으로 세계에 대해 열려있음을 의미한다. 즉 우리의 의지와 상관없이, 이미 존재에 가입되어 있는 근본적인 개방성이다. 굳이 지향성이라는 용어를 쓴다면 탈자적 양태는 '지향성의 지향성'이라고 불러야 할 것이다. 표피적 차원의 지향성은 바로 이 깊은 차원의 지향성을 한 단계 추상화하여 주체와 객체라는 구도로 끌어들인 결과이다.

　여기서 추위를 느끼는 현상에 대한 와츠지의 설명을 다시 한번 살펴보자. 우리가 추위를 느낄 때, 우리는 이미 바깥 대기의 차가움 속에 있다. 다시 말하면 내가 추위를 느끼겠다고 마음먹기 전에 이미 나는 추위의 들판으로 나아가 있고 역으로 보면 추위는 내 안으로 들어와 있다. '여기에 있

　논문』, 이기상, 신상희, 박찬국 옮김, 이학사, 2008(역자 주)

24 Tetsuro Watsuji, *A Climate: A Philosophical Study*, p. 4.

는 나'와 '추위 한가운데 있는 나'는 우리가 우리 자신을 바라보는 성찰의 형식을 만들어낸다. '나'는 누구인가를 발견하는 것은 내가 역설적으로 나 자신의 울타리 바깥에 있음으로써 가능한 것이다. 심지어 성찰을 "시각적으로" 이해할 때에도, "즉, 만일 어떤 것으로 돌진했다가 그로부터 되튀어 나오는 반사를 통해 자신을 보게 될 때에도, 성찰은 우리의 자아가 바로 우리 자신에게 노출되는 방식"으로 이루어짐을 보여준다.[25] 와츠지가 인도양을 여행하며 고국을 떠올리던 순간은 두 명의 와츠지가 서로 대면하는 순간이었다. '여기', 즉 이국의 바다에 선 와츠지와 동시에 고국에 관해 생각함을 통해 '거기', 일본에도 나아가 서 있는 와츠지가 동시에 현전한다. 바로 이 상호현전이 풍토와 인간 성정에 대한 성찰의 구조인 것이다. 하지만 와츠지가 보기에 성찰은 아직 자기 이해의 가장 높은 차원에 다다른 것은 아니다. 성찰의 순간에 우리의 관심은 우리 자신에게 고정되지 않는다. 우리는 자기 자신만을 바라보지 않고 자연스레 세계로 관심을 돌린다. '내'가 추위를 느낄 때, 이 자기 이해의 순간은 그 자체로 끝이 아니다. 이는 든든하게 껴입을 옷을 찾는 등의 '행위'로 이어진다. 와츠지의 말을 다시 인용하면, 바로 "이 자기 이해 속에서 우리는 자유로운 행위와 창조"로 나아가게 되는 것이다.[26] 결국 자각은 개인의 고립되고 완결된 내부성을 확인하는 것이 아니라, 오히려 개인과 세계가 서로 어떻게 연결되어 있는지를 재확인시킨다. 또한 동질의 추위에 물든 다른 이와 대면하는 순간이기도 하다. '나와서 바깥에 서 있음'이란 필연적으로 다르나 같은 '나'들 사이에 자리 잡고 있다는 뜻이다. 개인의 자기 발견은 고립되거나 자기중심적인 사태가 아니라 타자와 다르되, 동시에 동질에 물들여진 '나'들을 발견하는 것이다.

이때 특이한 '우리'가 탄생한다. 동일한 추위에 똑같이 물든 너, 그, 그녀는 모두 '나'이지만, 이 동질성을 바탕으로 차이가 드러나기에 그들은 동시에 타자이기도 하다. 이로써 동질성과 차이로 묶인-또는 차이에도 불구하고 동

25   Tetsuro Watsuji, *A Climate: A Philosophical Study*, p. 3.
26   Tetsuro Watsuji, *A Climate: A Philosophical Study*, p. 6.

질성으로 묶인, 아니면 동질성으로 인해 차이가 드러나는-'우리'가 탄생한다. '나'라는 동질의 기반 위에 서로 다름이 드러나 엮이면서 연대를 형성한다. 탈자적 존재의 자각은 개인의 자기 이해에 머무르지 않고 필연적으로 공동의 자각을 내포한다. 이 공동의 자각은 바로 '서로 다른 나들의 연합'과 이 연합을 통한 공동의 대응이 발생하는 계기인 것이다. 자연이 폭압을 휘두를 때, 그에 맞서 서로를 보호하기 위해 공동으로 대처하는 현상처럼 말이다. 다른 '나'들이 결합하여 창조하고 행동하는 현상은 문화의 토대이다. 공동의 자각이 문화적 창조의 기초에 자리 잡고 있는 것이다. 공동의 자각에 기초한 결합은 '나'와 동시대인들 사이에서 일어날 뿐 아니라, '나'와 과거의 개인들 사이에서도 일어난다. 즉 문화는 세대를 가로질러 오랜 시간에 걸쳐 축적된 자각의 결정체인 것이다.[27]

한 가지 짚고 넘어가야 할 점이 있다. 와츠지는 자신의 요점을 명확히 하기 위해 추위를 놓고 자각과 공동의 자각 그리고 공동의 대응에 관한 논지를 폈다. 하지만 사실 추위를 그 자체로 대상화하여, 즉 마치 추위가 독립적 현상인 것처럼 이해하는 것은 잘못이다. 별개로 다루어진 추위는 일상생활에서 체험하는 풍토 현상의 추상화된 한 단면이다. 사실 추위가 있기 전에 살을 에는 바람이 있다. 추위는 그 바람의 한 단면이다. 바람도 마찬가지이다. 찬바람은 좀 더 구체적으로 겨울 끝 무렵에 추위를 휩쓸고 지나가는 차고 건조한 산바람으로 경험된다.

다른 예를 들어보자. 여름의 폭염은 "푸른 초목을 시들게 하거나, 아이들을 바다로 끌어들여 즐겁게 놀게" 한다.[28] 각각의 현상에는 매번 자기 이해의 순간이 자리한다. 바람이 불어 벚꽃이 흩날리면 기쁘거나 마음이 아파온다.[29] 건조한 시기에 초목을 시들게 하는 여름의 폭염은 우리를 의기소침

27 Tetsuro Watsuji, *A Climate: A Philosophical Study*, p. 6.
28 Tetsuro Watsuji, *A Climate: A Philosophical Study*, p. 6.
29 Tetsuro Watsuji, *A Climate: A Philosophical Study*, p. 6.

하게 한다.[30] 여기에서 우리는 추상과 구체 사이의 양방향 운동에 주목할 필요가 있다. 추운 공기로부터 시작해 산바람으로, 겨울 끝 무렵의 거친 경사면을 가르고 거칠게 내려오는 산바람으로, 그리고 다시 그 산바람이 나의 마음을 쓸쓸하고 황량하게 물들이는 순간으로 이동한다. 마지막으로 그 산바람은 나의 마음만 물들이는 것이 아니라 우리의 마음을 쓸쓸하고 황량하게 물들이는 단계로 상승해 올라간다. 즉 추상에서 구체로 이동해 올라가는 것이고, 거꾸로 보면 구체에서 추상으로 하강해 내려가는 것이다. 바깥의 객관적 사태로만 머물던 산바람이 나의 내면을 파고들어 쓸쓸함과 황량함으로 물들이며 '나는 누구인가?'라는 주관성과 공명할 때, 그 바람은 과학의 차원을 초월하여 존재론의 영역으로 진입한다. 이 순간이 순수 자연이 풍토로 등장하는 지점이다. 구체를 향한 이 상승운동의 가장 끝자락에는 나를 넘어 우리의 마음이 쓸쓸함과 황량함으로 물드는 공동의 자각이 자리 잡고 있다. 이 공동의 자각의 지평에 이르렀을 때, 자유롭게 행동하는 개인의 창작은 문화의 영역으로 흡수된다.

---

5. 우리 가슴을 쓸쓸하게 하는 산바람

4. 내 가슴을 쓸쓸하게 하는 산바람

3. 산바람

2. 찬바람

1. 추위

지역 결정론을 넘어서

한 지역의 풍토와 문화 사이의 관계를 살피는 연구는 어쩔 수 없이 그 지역의 환경이 문화를 규정한다는 결정론의 형태를 띨 거라고 단정하기 쉽다. 하

---

30 Tetsuro Watsuji, *A Climate: A Philosophical Study*, p. 6.

지만 와츠지의 풍토론은 그렇지 않다. 그의 풍토 연구는 18세기 말과 19세기에 유행한 독일 기후학에 대한 반작용으로 출현했다. 기후학은 한 지역의 지형, 지리, 기상, 식생이 어떻게 지역민의 특성과 삶의 방식을 규정하는가에 초점을 둔다. 이 때문에 단지 기후만을 연구하는 것이 아니라 자연조건과 문화의 관계까지 포괄한다. 하지만 그렇다 해도 여전히 기후와 같은 자연조건이 삶의 양상을 결정한다는 지역 결정론의 영향 아래 놓여 있다는 점은 부인할 수 없다.[31]

와츠지는 다른 접근법을 채택했다. 이와 관련 키오카 노부오木岡伸夫는 와츠지의 1935년판 『풍토』의 소제목에 주목한다. '인간적 고찰人間的考察'이란 소제목을 보면 와츠지의 관심이 "자연조건에 따라 인과론적으로 결정되는 인간의 삶을 일목요연하게 정리하고 나열하는 것이 아님"을 분명히 알 수 있다.[32] 풍토는 단지 환경이 아니라, 인간의 존재 양태와 구조를 결정짓는 요인이었다. 와츠지는 환경에 관한 연구를 인간존재론으로 변형시켰다. 기후학의 한 형태가 아니라, 인간이 어딘가에 놓여 있다는 사실, 즉 인간의 공간성을 탐구하는 존재론의 성격을 띤 것이다. 이렇게 와츠지의 철학은 환경학의 성격 변화에 중요한 기여를 한다. 자연과학을 뛰어넘어 인간의 존재 구조를 풍토와 관련지어 연구하는 존재론의 영역으로 이동시킨 것이다.

와츠지는 몬순, 사막, 초원 같은 다양한 풍토와 각 풍토가 은유적으로 나타내는 인간 유형에 대해 논했다. 먼저 몬순의 특징은 더위와 습기의 조합에 있다. 이 조합은 한편으로는 축복이다. 넉넉하게 쓰고도 남아 곳간을 채울 정도로 풍성한 수확을 가져다주기 때문이다. 하지만 다른 한편으론 저주이기도 하다. 더위와 습기가 결합하면 찐득함으로 곳곳에 땀이 배어 한시도 참기가 어렵다. 그래도 그것뿐이라면 살 만하다. 습기를 잔뜩 머금은 더위는 종종 폭력적이고 파괴적으로 돌변하곤 한다. 태풍, 허리케인, 홍수 등이 그

---

31 Nobuo Kioka, *Fudo no ronri: chiri tetsugaku eno michi*, Kyoto: Minerubashobo, 2011, p. 8.
32 Tetsuro Watsuji, *A Climate: A Philosophical Study*, p. v.

예이다. 이처럼 이중적인 특성을 가진 몬순 지역은 유순함, 특히 인내심이라는 인간의 성정을 자각하는 계기가 된다. 축복 앞에 기뻐하다가도, 도저히 어찌해볼 도리가 없는 자연의 파괴력 앞에 무방비로 노출되는 탓에 오직 자연이 자비로워지기를 끊임없이 염원하고 참고 기다려야 하기 때문이다.

반면에 사막은 자연의 자비라고는 전혀 찾아볼 수 없는 곳이다. 강렬하고 가혹하고 거칠고 황량하다. 생존에 필요한 것을 거의 내어주지 않기에 사람은 물과 식량을 찾아 끊임없이 이동해야 한다. 따라서 사막의 삶은 질기고, 완고하고, 대립적이다. 야박한 자연과 싸우는 동시에, 그의 가족과 부족을 위해 자연에서 얻은 미미한 것을 지키고자 다른 부족과 싸워야 한다. 험난한 이중 투쟁을 피할 수 없는 것이다. 그래서 가장 강력한 형태의 공동체가 출현하는 곳이 바로 사막이다.

마지막으로 이탈리아와 그리스로 대표되는 초원은 몬순과도 다르고 사막과도 다르다. 먼저 몬순의 뒤엉킨 정글과는 딴판이다. 여름에 건조하고 겨울에 소량의 비가 내리는 기후 덕에 풀도 작물도 제어가 불가능할 정도로 난잡하게 자라지 않는다. 그렇다고 아무것도 뿌리를 내리고 자라지 못하는 메마르고 모질고 거친 사막의 가혹함과도 거리가 멀다. 시로코(남유럽의 열풍)를 제외하면 사나운 폭풍우도 겪지 않는다. 마치 정원사가 꼼꼼하게 돌보듯이, 사이프러스 같은 나무는 스스로 알아서 기하학적으로 완벽한 형태로 자란다. 습도가 낮은 덕분에 대기는 투명하다. 모든 것이 훤히 보인다. 이 투명한 대기 안에서 테오리아theoria, 즉 보는 즐거움이란 개념이 출현한 것은 우연이 아니다. 사이프러스를 바라보고 있으면 기하학의 원리가 눈에 선명하게 들어온다. 와츠지가 초원의 정신이 이성적이고 규칙적이라고 언급한 것도 이런 이유 때문이다.[33]

와츠지가 말하는 풍토와 인간성 사이의 맞물림을 기후 결정론의 전형적인 예로 봐서는 안 된다. 대신 존재론의 관점에서 이해해야 한다. 몬순이라는 자연 현상과 유순하고 인내심이 강한 민족적 특성의 관계는, 이미 존재

---

33 Tetsuro Watsuji, *A Climate: A Philosophical Study*, p. 94, p. 204.

하는 기후와 그 결과로 나타나는 민족성의 관계가 아니다. 와츠지의 철학에서 그 둘은 별개의 실체로 존재하지 않고, 그래서 인과성을 논하기가 불가능하다. 인간존재의 구조적 원리로서 풍토와 인간성의 관계는 오히려 은유적이다. 이 관계에서 풍토적 특성을 기반으로 인간의 성격이나 문화적 표현을 설명하는 것과, 역으로 문화로부터 풍토를 유추하는 것은 똑같이 중요하다. 이는 풍토에서 시작해 민족의 성격으로 간 뒤 문화로 흘러가는 지역 결정론과는 확연히 다르다. 앞에서 언급하였듯 와츠지는 풍토에서 우리는 자신을 발견해왔고, 바로 이 자기 이해 속에서 자유로운 행위와 창조로 나아가게 되었다고 진술했다. 그리고 다음과 같이 덧붙였다.

> 따라서 풍토는 자발적으로 행동하는 인간의 모습이 객관적으로 드러나는 계기이다. 풍토는 '나와서 바깥에 서 있음', 즉 탈자적 존재인 자기를 우리가 어떻게 발견할 수 있는지 보여준다. 추위를 계기로 명징하게 드러난 자아는 능동적으로 창작하는 자아가 되어 집이나 옷과 같은 도구를 고안해서 추위를 막는다. 우리를 감싸 안고 적극적인 행위를 낳게 하는 배경이자, 동시에 탈자성의 배경이 되는 풍토는 그 자체가 역으로 창작하는 자아의 쓸모 있는 도구가 되어준다. 예를 들어, 추위는 옷을 따뜻하게 입도록 촉구하지만, 두부를 굳힐 때 활용하는 수단도 된다. 더위는 부채질만 하게 하는 게 아니라 벼를 여물게도 한다. 바람은 태풍이 부는 여름철에 사람들이 사원을 향해 총총걸음으로 올라가 안전을 기원하게 하지만, 한편으로는 돛을 부풀려 배를 앞으로 나가게 한다. 이처럼 풍토적 조건을 활용하는 순간에도 우리는 풍토 한가운데로 '나와서 서 있는' 것이며, 능동적 사용자로서 우리 자신을 이해하게 되는 것이다. 다시 말해서 풍토를 통한 자기 이해는 우리 자신이 풍토적 조건들을 도구로 발견하고 이와 대면하고 있음을 말해준다.[34]

---

34 Tetsuro Watsuji, *A Climate: A Philosophical Study*, p. 12.

이 구절에서 와츠지는, 남들과 연대하여 추위와 같은 상황에 대처하고, 동시에 그런 조건을 삶의 목적을 위해 활용하는 인간의 능동성을 거론한다. 얼핏 보기에 와츠지가 말하는 활동은 석탄과 기름을 짜내기 위해 대지를 파헤치거나 종이를 만들기 위해 나무를 베고, 고층빌딩, 아파트 단지 그리고 휴양시설을 세우기 위해 지형을 파괴하는 활동과 별반 차이가 없어 보인다. 그러나 와츠지가 승인하는 '능동성'은 자연보다 위에 서서 인간의 의지에 따라 자연을 바꾸는 패권적인 활동이 아니다. 와츠지의 '능동성'은 필연적으로 자각의 수동성에 뿌리를 두고 있다. 예를 들어, 우리는 먼저 추위에 물듦으로써, 즉 추위가 됨으로써 그것이 어떤 것인지를 깨닫는다. 추위로 뻣뻣하게 굳은 몸을 통해 두유를 굳혀 두부로 변신시키는 추위의 효능을 이해하게 된다. 인간의 패권적이고 자기중심적인 능동성에는 이런 종류의 자각, 즉 풍토를 계기로 한 자각의 순간이 결여되어 있다. 니시다 기타로西田幾多郎 (1870-1945)의 철학을 잠시 참고한다면,[35] 와츠지의 능동성의 기초에는 자아의 이중구조가 작동한다. 추위에 흠뻑 젖어 떠는 자신과 그런 자기를 바라보는 자신이다. 첫 번째 층위는 수동적이자 세계와 맞물려 있는 반면, 두 번째 층위는 능동적이자 세계를 초월해 있다. 이 두 층위가 동시에 현전하며 '내'가 추위에 흠뻑 젖은 '나'를 바라보는 자각의 구조가 성립된다. 한편으로 나의 내부가 추위로 가득 찰 정도로 세계와 맞물리는 것, 다른 한편으로 그렇게 된 '나'를 바라보고 발견하는 것, 이 두 층위의 교차 속에서 자각이 탄생한다. 이런 종류의 자각을 토대로 인간은 풍토의 특성과 효능을 이해하고, 더 나아가 그것을 활용하는 창조적 능동성의 영역으로 나아갈 수 있다.

따라서 와츠지의 사유 방식에는 순수한 자유도, 반대로 완전한 결정론도 들어설 여지가 없다. 우리는 뼛속 깊이 파고드는 추위 속에 떨고 서 있는 자기 자신, 즉 수동적인 받아들임과 함께, 따뜻한 실내를 창조하기 위한 공

35 Kitarō Nishida, *Complete Works (Nishida Kitarō zenshu)*, Tokyo: Iwanamishoten, 1947, vol. 5, pp. 379-380, p. 433; Kitarō Nishida, *Complete Works (Nishida Kitarō zenshu)*, Tokyo: Iwanamishoten, 1947, vol. 6, pp. 124-128.

동 대처, 즉 능동적인 행동을 한다. 앞서 언급한 것처럼 추위에 얼어붙은 자신을 통해 추위가 무엇인지를 깨닫고, 이를 '두부를 식히는' 능동적 실천으로 전환한다. 어떤 형태의 창조 행위든 주어진 풍토 속에서 자기를 발견하는 자각의 순간이 깃들어 있고, 어떤 형태의 능동성이든 그 안에 수동성이 내포되어 있다. 그 수동성을 달리 표현하면, 세계는 다양한 풍토의 형태로 선재하고, 우리는 항상 그 안에 위치를 잡고 있다는 의미이다. 풍토는 단지 자연현상이 아니라 자각의 계기이며, 자각을 통해 발견한 풍토적 조건의 활용 가능성은 공유하는 삶의 패턴, 즉 생활양식으로 자리 잡는 것이다.[36]

다자 간 차원의 윤리

와츠지가 보기에 존재의 탈자성은 바깥으로 나가 다른 '나'들 가운데 서 있음을 의미한다. 풍토라는 맥락 속에서 자폐적 개인주의는 근거를 잃고, 대신 연대에 의한 공동체적, 문화적 대응이 나타난다. 풍토는 인간의 공간성을 확증하며, 이 공간성 속에는 필연적으로 타인의 존재가 함께 자리 잡고 있다. 와츠지는 이렇게 말한다.

> 풍토라는 문제는 인간 생활의 구조를 분석하려는 모든 시도에 나침반이 되어준다. 시간성의 관점에서 파악하는 초월만으로는 인간 생활에 대한 존재론적 이해에 도달할 수 없다. 타인에게서 자기 자신을 발견하고 이를 역전시켜 자기 자신과 타인의 합일에서 드러나는 절대적 부정을 성취하는 초월만이 인간 생활의 존재론적 이해를 가능케 한다. 이때 사람과 사람의 관계는 '나와서 바깥에 서 있음'이라는 초월적인 지평 위에 놓인다. 이러한 탈자적脫自的ex-sistere 지평 위에서만 자기와 타자를 동시에 발견하는 관계맺음의 토대가 마련된다.[37]

---

36 Tetsuro Watsuji, *A Climate: A Philosophical Study*, p. 134.
37 Tetsuro Watsuji, *A Climate: A Philosophical Study*, p. 12.

사실 와츠지에게는 애초부터 '인간'은 없고 '인간들'이 있다. 와츠지의 '인간'은 영어의 man이 지칭하는 '개인anthrōpos, homo, homme'이 아니다. 그는 인간이란 개인으로서의 인간과 사회, 즉 연합체를 이룬 인간이라는 관점에서 동시에 이해되어야 한다고 주장했다. 인간의 사회적 차원을 강조하는 와츠지의 관점은 윤리학 연구에서 한층 더 분명해진다. 와츠지는 『풍토』를 발표하고 나서 1937년에 『윤리학倫理學』을 발표했다. 풍토론이 발표된 후 불과 2년 만이다. 이 책에서 그는 서구의 개인주의가 "인류 전체의 개념을 (개인으로) 대체했다"고 비판했다.[38] 그는 사회성이야말로 인간 이해의 기초라는 것을 밝히기 위해 먼저 언어학적 관점을 도입한다. 인간人間은 일본말로 '닝겐'이다. 닝人과 겐間의 조합인데, 닝은 그 자체로 인간을 뜻하지만 닝만으로 인간을 가리키는 경우는 거의 없다. 닝은 항상 겐과 결합해 사람을 뜻하며, '마'로도 발음되는 겐間은 '사이에 있음'을 의미한다. 이처럼 닝겐은 인간을 개인임과 동시에 연합체로서 이해하는 균형 잡힌 이해방식을 표현한다.

와츠지가 보기에 개인주의는 근본적인 모순을 안고 있다. 예를 들면 개인이 공적 존재라는 사실은 부정하면서, "마치 우주적 사건이라도 되는 듯 자아 또는 개인은 신 앞에 아무런 가림막 없이 드러나 있다."라고 주장하는 경우처럼 말이다.[39] 개인의 공적 위상을 강하게 비판하는 개인주의가 역설적이게도 신 앞에선 개인이 공공연하게 드러난다고 가정하는 것은 모순 아닌가? 개인의 자아가 공공으로부터는 보이지 않게 감춰져 있는 반면 절대자에게는 완전히 공개적이라는 부조리한 주장은 결국 개인의 본질이 공적인 존재임을 인정하는 것이다. 또 개인주의가 암시하는 것처럼 먼저 개인이 있고 나서 개인과 개인의 관계가 있는 것이 아니다. 개인들 사이의 관계는 개인의 존재보다 부차적인 것이 아니다. 인간이라는 말은 관계의 차원이 개인 자체보다 근본적임을 직관적으로 표현한다. 와츠지는 한걸음 더 나아가 자족적

---

38 Tetsuro Watsuji, *Watsuji Tetsuro's Rinrigaku, Ethics in Japan*, trans. Yamamoto Seisaku and Robert E. Carter, Albany, NY: State University of New York Press, 1996, p. 9.

39 Tetsuro Watsuji, *A Climate: A Philosophical Study*, p. 146.

이고 독립된 존재라는 개념은 그 흔적까지도 모두 말끔히 지워내야 한다고 주장했다.[40] 와츠지는 이렇게 말한다.

> 인간은 공적인 존재이고, 개인은 오로지 공적 영역에서 살아간다. 따라서 인간은 '개인' 또는 '사회'만을 가리키지 않는다. 이 이중성은 인간이란 존재가 고유하며, 이 양자는 변증법적 통일을 이루고 있다는 사실을 보여준다. … 자신과 타인은 서로 완전히 분리되어 있지만, 공동의 현존에서는 하나이다. 인간은 이 두 대립항의 통일이다. 이 변증법적 구조를 염두에 두지 않으면 인간의 본질을 이해할 수 없다.[41]

와츠지가 대립항이 변증법적 통일을 이룬다고 하는 주장은 두 개의 차원으로 나누어 이해할 수 있다. 하나는 개인과 사회의 관계이고, 다른 하나는 개인과 개인의 관계이다.

먼저 개인과 사회는 상호부정mutual negation의 관계에 있다. 개인과 사회의 상호부정이라는 공식은 서구의 사회학 이론에서는 찾아볼 수 없다.[42] 가브리엘 타르드Gabriel Tarde(1843-1904), 게오르그 짐멜George Simmel(1858-1918) 같은 서구 사회학자들은 개인을 토대로 삼은 뒤 "원자

---

40 와츠지의 윤리적 사유를 대승불교의 공空 전통 안에 위치시킨 윌리엄 라플뢰르에 따르면, 이렇게 개인의 우선성을 거부해서 인간의 개인적 측면과 사회적, 관계적 측면의 변증법을 창조한 것은 '공동 의존적 발생'이라는 나가르주나의 개념에 토대를 둔 것이다.
William LaFleur, "Buddhist Emptiness in the Ethics and Aesthetics of Watsuji Tetsuro," *Religious Studies* 14 (2): 245-247; Tetsuro Watsuji, *Rinrigaku*, vol. 1, Tokyo: Iwanami shoten, 1963, p. 107(라플뢰르의 번역).

41 Tetsuro Watsuji, *Watsuji Tetsuro's Rinrigaku, Ethics in Japan*, p. 15.

42 와츠지는 아래와 같이 말한다.
> 사람과 사회 두 개념을 뚜렷이 구분해 정의하는 경우에는, 인간의 양면성−개인적 성격과 사회적 성격−을 이해하고 이러한 이중 차원에서 인간의 가장 깊은 본질을 발견하려는 논의가 아예 성립되지 않는다.

Tetsuro Watsuji, *Rinrigaku*, vol. 1, p. 16; William LaFleur, "Buddhist Emptiness in the Ethics and Aesthetics of Watsuji Tetsuro," p. 243.

같은 개인들"의 관계로서 사회를 출현시키거나,[43] 사회가 먼저 있은 뒤 그 사회의 규범에 따라 규정되는 존재로서 개인들을 출현시킨다. 와츠지가 보기에 두 경우 모두 개인 또는 사회를 선험적 존재로 본다는 문제가 있다. 이 전제가 그에겐 부조리하다. 개인과 사회는 상호의존한다.[44] 둘은 상호의존적으로 동시에 출현하며 어느 하나가 다른 것에 앞서 존재하지 않는다. 와츠지는 개인과 가족을 사례로 들며 관계의 동시성이 어떻게 작동하는지 설명한다. 개인은 가족 내 위치에 의해 규정된 역할을 통해 개인으로 존재한다. 하지만 다른 한편으로 개인은 부모형제와 함께 '가족'이라 불리는 관계 자체를 만들어내기도 한다. 따라서 이 관계는 상호의존적이다. 가족 내 관계는 부모와 아이, 형제간의 상대적 위치를 규정하지만, 동시에 부모와 자식 그리고 형제와 자매 사이에서 가족 관계 자체가 만들어진다. 이 관계들은 두말할 것 없는 상식이다. 자식이 없는 사람은 결코 '부모'라고 불리지 않으며, '부모'는 '자식의 부모'일 때만 가능한 것이다. 마찬가지로 '자식' 또한 '부모의 자식'일 때만 가능하다.[45]

전체는 스스로 존재하며 자기를 지탱할 수 없다. 부분들과 떨어져서 자족하고 독립적으로 존재하는 별도의 실체가 아니기 때문이다. 전체를 존재하게 하는 것은 부분들이다. 그와 동시에 개체는 홀로 존재하지 않는다. 개체를 개체로 만드는 것은 전체이며, 그 안에서 개체는 특정 역할을 수행함으로써 변별성을 갖게 된다. 따라서 개체와 전체는 "독자적으로 존재하는 것이

---

43 Tetsuro Watsuji, *Watsuji Tetsuro's Rinrigaku, Ethics in Japan*, p. 105.

44 와츠지는 아래와 같이 말한다.

> 개인과 사회는 상호부정의 관계를 통해 얽혀 있다. 즉 개인이 있고 난 후 개인들 간의 관계가 형성된다는 도식으로 인간존재를 설명할 수 없다. 또한 먼저 사회가 있고 난 후 그 사회로부터 개인이 출현한다고 보는 것 또한 오해이다. 개인이든 사회이든 '선재성'은 불가능하다. 개인과 사회의 상호부정성 그 자체가 인간의 존재구조인 것이다.

   Tetsuro Watsuji, *Rinrigaku*, vol. 1, p. 59, p. 107; William LaFleur, "Buddhist Emptiness in the Ethics and Aesthetics of Watsuji Tetsuro," pp. 244-245.

45 Tetsuro Watsuji, *Rinrigaku*, vol. 1, p. 59; William LaFleur, "Buddhist Emptiness in the Ethics and Aesthetics of Watsuji Tetsuro," pp. 243-244.

아니라 서로의 관계 속에" 존재한다.[46] 니시다의 비유를 빌리면, 전체는 일종의 장소적 특성을 갖는다. 개별적으로 대립하는 것들이 생기生起하고, 동시에 하나로 묶이는 바탕인 것이다.

다음으로 개인과 개인의 관계이다. 앞에서 암시했듯이 와츠지가 말하는 사회는, 아버지와 어머니, 부모와 자식, 오빠와 동생처럼 상반되는 것들이 대비되면서 결합하는 변증법적 구조를 띤다. 어머니가 없으면 아버지도 없고, 자식이 없으면 부모도 없다. 동생이 없으면 오빠도 없다. 한 사람이 그 자신인 것은 본래 그가 가진 실체적 속성 때문이 아니라 타인, 즉 대립항과의 상호 관계 때문이다. 자기와 타인은 상호의존 상태로 동시에 발생한다. 이 논리를 바탕으로 와츠지는 존재가 내적으로 완결되어 있다는 입장을 거부했다. 한 존재의 정체성은, 자신 안에 있다고 여겨지는 무언가가 아니라 대립항과의 변증법적 관계에 근거한다. 실체성이 자기 안에 있는 듯 보이는 까닭은 애초에 대립항이 외부에 있기 때문이다.

대립하면서 동시에 엮여있는 이 관계는 역대응의 원리로 움직인다. 즉 비대칭적인 것들이 균형을 맞추어 각자의 자리를 잡는 과정에서 보다 높은 차원의 조화를 추구하게 되는 것이다. 데이빗 딜워스David A. Dilworth에 따르면, 이러한 대치적 상호관계는 "~임과 동시에 ~이 아님(is and yet is not)"의 논리이다. "제3의 합으로 통합되려는 목표 없이 대립항들이 팽팽하게 마주하고 있는 동시성과 이중성"의 논리다.[47] 이 변증법적 논리는 두 대립항 사이의 중간을 지향하는 것도 아니고 '헤겔적 의미의 변증법'도 아니다. 다른 차원의 존재나 노에마적(노에마noema: 현상학에서 의식이 지향하는 대상적 측면-옮긴이) 통일을 가정하지도 않는다. 말하자면 이 논리는 흰색과 검은색을 섞어 회색을 만드는 식의 종합이 아니다. 그런 종합은 정적인 실체를 하나 더 만듦으로써, 서로 다르면서도 분리될 수 없는 관계에서 발생하는 창

---

46 Tetsuro Watsuji, *Watsuji Tetsuro's Rinrigaku, Ethics in Japan*, p. 101.

47 David A. Dilworth, Introduction and Postscript in Kitaro Nishida, *Last Writings: Nothingness and the Religious Worldview*, trans. David A. Dilworth, Honolulu: University of Hawaii Press, 1987, pp. 5–6, pp. 130-131.

조적 에너지를 잃게 만들 뿐이다. 그러나 와츠지의 논리는 대치하는 요소들 사이의 맞물림을 읽어내는 좀 더 깊은 차원의 직관을 토대로, 모순을 내포하는 통일을 만들어낸다.[48]

와츠지의 변증법적 논리는 개체들 간의 관계를 넘어 지역의 정체성을 논할 때에도 유효하다. 와츠지의 환경철학은 여러 풍토에 대한 자신의 직접적인 체험을 바탕으로 한다. 탈자적 지향성을 통해 대립항과의 관계 속에서 자타自他가 공동으로 발생하는 것처럼, 풍토의 정체성도 한 풍토의 바깥으로 나아가 다른 것과 대면할 때 발생한다. 자신이 놓인 지역과 그 풍토에 대한 자각은 유랑하는 여행자의 시점에서 가능하다. 한 지역의 풍토가 독특한 것은 그 내적 자족성 때문이 아니라 다른 풍토와의 관계를 통해서이다. 한 지역의 정체성을 파악하는 것도 대립항들의 변증법적 논리에 따른다. 풍토의 독특함은 홀로 확증되는 것이 아니라 다른 풍토와의 상호관계 속에서 생성되기 때문이다.

어떠한 문화, 나라, 민족, 영토 안에 있을 땐 정체성을 자각할 수 없다. 다른 문화, 나라, 민족, 영토와 마주치는 사건을 통해 자기와 타자를 동시에 인식할 경우에만 비로소 정체성을 깨달을 수 있다. 와츠지가 일본문화의 성격을 규정하기 위해 풍토적 특성에 주목한 까닭은 풍토와의 관계를 염두에

---

48 와츠지는 니시다 기타로가 이끄는 교토 학파에 속하였다고 볼 수는 없지만, 그가 생각한 상호의존성의 논리는 교토 학파의 독특한 성과 중 하나였다. 니시다는 그의 이론에서 '나'를 결코 의심할 수 없는 선험적a priori 범주로 보는 사고에 도전했다. 그리고 '비非-나'-때로는 '자기-없는-나'로 불린다-라는 개념을 도입하여 그로부터 주체인 '나'를 이끌어냈다. '비-나'는 절대적 '무'의 다른 이름이다. 그 영역에서는 상대적 '유'와 '무' 사이의 대립이 '상호의존적 발생'이라는 논리에 의해 초월적으로 승화된다. 니시다는 사물의 추상적 공통분모로서의 보편성 개념을 극복하면서, '무'를 구체적 보편성으로 제시하고 그로부터 개별적인 차이들이 완전한 특수성을 지닌 채 출현한다고 설명했다. 궁극적 에이도스eidos인 이 '무'는 존재가 출현하고 증발하는 장소topos다.
Kitaro Nishida, *Fundamental Problems of Philosophy, the World of Action and the Dialectical World*, trans. David A. Dilworth, Tokyo: Sophia University, 1970, p. 22; Kitaro Nishida, *Art and Morality*, trans. David A. Dilworth and Valdo H. Viglielmo, Honolulu: University of Hawaii Press, 1973, pp. 18–19; Kitaro Nishida, *Complete Works(Nishida Kitaro zenshu)*, Tokyo: Iwanami shoten, 1947, vol. 4, pp. 217-219, pp. 229-231.

둘 때, 내부를 비추는 외부의 거울을 상정할 수 있기 때문이다. 그리고 이 과정에서 어떠한 문화의 일관되고 독특한 정체성이나 내적 고유성이 아닌, 타자와 맞물림으로 인해 자기 자신이 명확해지는 변증법적 구조가 확증되기 때문이다.

'중간성in-between'의 문제로 돌아가 보자. 중간성은 서로 다른 개인들을 변증법적으로 한데 묶어주는 관계 자체를 말한다. 개인이 개인으로 존재하는 근거는 바로 이 관계에 있다. 중간성이 개체들을 서로 다름에도 불구하고 묶어주기 때문이다. 와츠지는 이 중간성이 도대체 어떻게 발생하는지 더 파고들었다. 그는 교토 학파의 전통을 빌어온다. 교토 학파의 대부인 니시다는 상대적인 것들을 발생시키는 진정한 절대자로서 '무nothingness' 개념을 설명했다. 나시다에게 진정한 '무'는 상대적인 것들을 객관적으로 초월하는 '무'가 아니라, 상대적인 것을 그 자신의 부정으로서 수용하는 '무'였다. 진정한 절대는 자기부정을 통해 상대적인 것들을 탄생시키고, 상호부정의 관계를 통해 상대적인 것들과 엮인다. 이런 절대는 상대를 내적으로 초월한다.[49] 따라서 개인의 심층에는 절대의 자기부정, 즉 '무'의 자기부정이 각인되어 있다. 개인의 존재는 절대적 존재가 자기를 부정한 결과이고-이를 니시다는 아가페agape라고 정의하였다-개인은 존재론적으로 절대를 향해 열려 있으며 오직 자기부정을 통해서만 절대에 다가갈 수 있다.[50] 와츠시는 니시다의 특

---

49 니시다는 절대가 자기부정을 통해 구체와 연관을 맺는 독창적인 술어의 논리를 전개했다. 술어는
    생산적인 벡터로서, 자기 자신의 부정을 통해 주어를 탄생시킨다. 하지만 곧 서술된 내용을 지움으로써
    절대는 자신의 존재를 확증한다. 절대의 자기 확증은 개별자의 소멸을 의미하지만, 이는 또 역설적으로
    개별자가 절대와 통일을 이루는 것을 의미하기도 한다. 니시다의 술어 논리는 절대적인 모순에 있는 이
    화해할 수 없는 두 방향을 하나로 합친다. 니시다에게는 이런 종류의 술어가 진정한 술어다. 개별자를
    내재적으로 초월하기 때문이고, 자기 부정을 통해 개별자와 맞물리기 때문이다. 만일 절대적인 것이
    상대적인 것을 객관적으로 초월한다면, 그것은 아무리 광범위하고 포괄적일지라도 단지 또 하나의
    상대적인 것이 되고 말 것이다. 진정으로 절대적인 것은 상대적인 것과 관련되고 연결되는 방법으로서 그
    자신 안에 자신의 부정을 포함하는 것이다.
    Kitaro Nishida, *Last Writings: Nothingness and the Religious Worldview*, Honolulu:
    University of Hawaii, 1987, pp. 72-78, p. 100.
50 로버트 카터Robert E. Carter는 절대적 존재의 자기부정이 인간존재의 진정한 토대라고 말하며 다음과

수-보편 관계의 개념에 아주 가까이 다가가면서 다음과 같이 말했다.

> 중간성을 향하는 존재의 부정적 구조는 '무', 즉 절대적 부정성이 그
> 자신의 부정을 통해 스스로에게 되돌아오는 운동이라고 이해할 수
> 있다. 이것이 인간의 근원적인 구조이다. 이 구조는 인간의 구석구석
> 에 이런저런 모양으로 각인되어 있다. 이 구조에 주의하지 않고 단지
> 개인이나 사회 자체의 관점으로만 생각한다면 인간의 일면만 비추는
> 추상 개념에 이르게 된다. 부정의 운동은 역동적으로 통합된 세 가지
> 순간으로 이루어진다. 근본적인 '무', 다음으로 개인의 존재 그리고 이
> 의 부정을 통해 발전하는 사회적 존재이다.[51]

우리는 절대적 부정성의 자기 회귀 운동, 즉 '절대적 부정성의 부정의 부정'
을 개인이 '무'와 합일하는 신비적 지양止揚Aufheben-어떤 사태에 대한 모
순이나 대립을 부정하고 더 높은 단계로 고양되어 그것을 긍정하는 것-으로
이해해선 안 된다. 그것은 개인이 절대자에게 몰입하는 신비한 경험을 의미
하지 않는다. 여기서 말하는 지양은 가족, 다른 집단 간 결합, 기업, 국가 등
다양한 방식으로 사회 윤리 전체에 참여하는 형태로 구현된다. 절대자의 자

같이 적고 있다.

> 진정한 진정성authenticity은 실존주의자들처럼 자신의 개인성을 주장하는 것이 아니라, 자기
> 자신을 무효화함으로써 타인과 하나로 통합되고 남들과 동일시되는 것이다. 그러면 오직 자비와
> 동정의 진정성, 다시 말해 인간의 '본성'만 남게 된다. … 우리 그리고 다른 모든 것들이 이미
> 얼굴이 없고, 차이가 없고, 실체가 없는 무無였으며, 그로부터 제각기 다른 만물이 출현했다는
> 것, 그리고 그것이 모든 차이의 근거이지만 그 자체는 차이가 없다는 것이다. 이것이 우리의
> '진정한 홈그라운드authentic homeground'다. … 부정의 운동이 절대적 부정성absolute
> negativity의 자기 활동이었던 것처럼, 시간성은 절대부정이 그 자신을 드러내는 방식이다. 다시
> 말해서, 중간성은 자기 자신과 타자의 비이원적 관계를 이야기하는 것이다. 무無를 기반으로 한
> 자타의 비이원성이 '나'가 등장하는 진정한 토대인 것이다.

Tetsuro Watsuji, *Watsuji Tetsuro's Rinrigaku, Ethics in Japan*, p. 187; Robert E. Carter,
"Interpretive Essay: Strands of Influence," p. 332.

51 Tetsuro Watsuji, *Watsuji Tetsuro's Rinrigaku, Ethics in Japan*, p. 117.

기 회귀 운동은 고정된 종착지에서 끝나는 것이 아니라 인간의 사회 윤리적 관계의 가능성을 향해 열려 있다. 이런 이유로 와츠지가 보기에 "절대적 부정성의 부정의 운동은 사실 사람 사이의 법, 즉 윤리"라고 할 수 있다.[52] 개인과 절대자의 관계는 직접적으로 맺어지는 것이 아니라, 개인이 사회 윤리적 전체에 속함으로써 이루어진다. 이런 점에서, 예수와 부처 같은 종교적 위인들은 절대자로 되돌아가는 길을 정확히 예시한다. 깨달음을 얻은 뒤 다른 사람들과 함께 일상적 삶에 머문 것이다. 따라서 '무'에 대한 깨달음은 다른 인간들에 대한 '연민'과 필연적으로 결부되고, 이러한 사랑을 통해 신에 대한 무조건적인 위탁을 실천한다. 연민으로 결합된 관계는 객체와 객체의 통일이 아니라 "소통이나 연합과 같은 행위적 연관行為的連関"을 가리키며, "그런 연관을 통해 개인들은 주체로서 서로에게 관심"을 갖게 된다.[53] 와츠지가 신비주의나 소승불교에 대해 비판적이었던 이유는 절대자로 회귀하는 것이 다른 인간을 향한 연민과 결부되지 않고 개인의 문제로 귀착된다는 점 때문이었다.

풍토적 한계를 넘어서는 개인과 '간풍토성間風土性'

와츠지가 전개한 전체성의 윤리는 인간의 사회성에 관한 새로운 시야를 열어주지만, 한편으론 신중하게 받아들일 필요도 있다. 와츠지는 대립적 상호

---

52 Tetsuro Watsuji, *Watsuji Tetsuro's Rinrigaku, Ethics in Japan*, p. 117.

53 와츠지는 개인과 개인의 상호의존적 대립의 논리를 바탕으로 윤리론을 펼친다. 와츠지는 이 대목에서 자신과 하이데거의 입장이 다르다고 보았다. 하이데거의 현존재는 지향성 개념을 인간과 도구의 관계로 옮기고, 주관적 의식을 벗어나 세계를 향해 나아간다. 하지만 와츠지는-하이데거가 부정했음에도 불구하고- 하이데거가 인간과 도구의 관계를 제시하는 과정에서 사람과 사람의 기본적인 관계를 가렸다고 보았다. 하이데거의 제자 칼 뢰비트Karl Löwith는 세계의 의미는 개인의 차원이 아닌, 사람과 사람의 관계를 다루는 차원에서 드러난다고 명확히 하였다. 와츠지는 "여기서 사람은 '타인과 함께하는' 개인이고, 세계는 공존 세계mit-Welt, 즉 공공의 영역이며, 세계 내 존재함은 '타인과 관계함'을 의미한다."라고 했다.
    Tetsuro Watsuji, *Watsuji Tetsuro's Rinrigaku, Ethics in Japan*, pp. 17–18.

의존의 논리에 기초하여 인간관계를 해석했다. 가족 차원에서 보면 각 구성원들은 대립항을 이루며 서로에게 의존한다. 와츠지가 주장하듯 한쪽이 있는 것은 상대 쪽이 있기 때문이다. 상대 쪽 없이 스스로 자립하는 한쪽은 와츠지에게는 존재하지 않는다. 필자는 앞서 1949년판 그의 윤리학 저서에서 몇 부분을 인용했는데, 모두 개인과 사회 사이의 상호부정에 의한 대립적 공존을 강조하는 내용이었다.

하지만 이런 와츠지의 사회성에 관한 고찰이 인간의 개인성을 무효화하는 정도로까지 전체를 절대화했다는 의문도 있다. 『풍토』에서 와츠지는 이렇게 말했다. "가정에서 본 효라는 미덕이 국가의 관점에선 충이 된다. 그래서 효와 충은 근본적으로 동일하고, 이 가치는 전체의 이익에 따르도록 개인을 규정한다."[54] 앞서 소개했듯이 그는 또한 "전체로서의 가족이 그 구성원들보다 우선권을 갖는다는 사실을 가장 극명하게 보여주는 [증거]"로 일본의 가정을 제시했다.[55] 위험하게도 가정에 비유해서 제국주의를 조장하고, 자신의 변증법적 논리를 변형하여 전체를 위해 개인을 희생시키는 전체주의의 지점까지 다가간 것이다.

와츠지는 효도를 천황과 황실에 대한 충성과 동일시했다. 개인성에 대한 균형을 상실할 때, 개인의 존재는 도전 불가능한 아버지로 여겨지는 천황의 뜻을 이루기 위한 수단으로 전락한다. 차이를 갖는 개체들의 합으로서 존재하는 전체는 사라지고 하위의 개체를 지배하는 상위의 절대자로서 전체가 그 자리를 대신한다. 천황이 백성을, 스승이 제자를, 부모가 자식을, 형이 동생을 관장하고 더 나아가 지배하는 것처럼 말이다. 이 지점에서 와츠지의 논리는 유교의 이원론적 위계 구조에 가까워진다. 와츠지의 철학에 감춰진 이 전체성의 논리는 와츠지가 암암리에 천황제를 지지했다는 점에서 특히 문제가 된다. 베르크는 그의 전체성 논리를 니시다 같은 주요 일본 사상가들의 특징인 술어predicate의 논리와 연결 짓는다. 주어가 서술어에 포섭되는

---

54   Tetsuro Watsuji, *A Climate: A Philosophical Study*, p. 148.
55   Tetsuro Watsuji, *A Climate: A Philosophical Study*, p. 141.

과정에서 주어의 특수성은 완전히 배제되고 술어는 절대화된다고 베르크는 주장한다.[56]

　와츠지가 활동하던 당시의 역사적 상황을 보면 그의 철학이 국수주의적이라는 비판은 더 힘을 얻는다. 그가 가정의 효孝로 시작해서 국가의 충忠으로 완결되는 논의를 펼치던 시점은 일본에서 군국주의적 분위기가 한창 무르익을 때였다. 그러고 보면 딜타이의 오리엔탈리즘에 대항해 풍토론에서 일본 예술의 세련미와 우아함을 주장하던 대목에도 국수주의적인 색채가 배어난다. 국수주의적 태도가 강했던 문예운동 '일본 낭만파'와 궤를 같이하는 것처럼 보이기도 한다.

　일본 낭만파는 야스다 요주로保田與重郎(1910-1981)의 주도 하에 1930년대부터 제2차 세계대전이 끝날 때까지 활동했다. 이 운동은 일본 문화를 발굴하고 서양 문화와 비교하며 일본의 고유성과 우월성을 확증하려는 경향이 짙었다. 역으로 서양 고전의 반열에 오를 만한 일본의 고전을 정립하려는 의도도 있었다. 예를 들어, "세속의 근심에서 벗어나 조용하고 한가하게 삶을 음미하라고 가르치는 [다도茶道의] 미적·도덕적 원리"[57]로 재조명된 와비侘び는, 『차 이야기The Book of Tea』(1906), 『동양의 이상The Ideals of the East』(1903), 『일본의 각성The Awakening of Japan』(1904)을 쓴 오카쿠라 카쿠조岡倉覚三(1862-1913)와 같은 작가들 손에서 아름답게 묘사되었다. 마쓰오 바쇼松尾芭蕉(1644-1694)가 '하이쿠俳句'라는 문학 형식을 통해 발전시킨 중세의 두 미적 개념, '사비寂び'와 '수사비すさび' 역시 여러 작가와 비평가가 재발견하고 고전적 규범으로 승화시킨 결과물이었다. 야스다를 비롯해, 『풍아론-사비 연구風雅論-さびの研究』(1940)의 저자인 오니시 요시노리大西克礼(1888-1959), 『미의 전통美の伝統』(1940)의 저자인 오카자키 요시에岡崎義恵(1892-1982)가 대표적이다. 다니자키 준이치로谷崎

56　베르크의 술어의 논리에 관한 비판은 다음 저서를 참고할 것.
　　Nobuo Kioka, *Fudo no ronri: chiri tetsugaku eno michi*, pp. 13-15.
57　Kodansha International Ltd., *Egodehanasunihonnokokoro*, Kodansha International, 1996, p. 41.

潤一郎는『음예예찬陰翳礼讃』(1933)에서 어둠을 뜻하는 '야미闇/やみ'의 미학을 묘사했다. 이렇듯 일본 낭만파는 중세와 에도 시대의 문학예술의 특성을 발굴하여 일본 문화의 고유한 특징들로 자리매김하려 했다. 1930년대와 1940년대에 와츠지가 일본 전통을 긍정적이고 심지어 자랑스럽게 평가한 것은, 어느 정도 일본 낭만파의 영향을 받은 것으로 보아야 한다.

하지만 와츠지를 야스다 같은 인물과 똑같은 맥락에 놓고 민족주의자라고 비난하는 건 부적절하다. 대표작『풍토』를 비롯한 전전 시대의 저작들에서 와츠지가 일본 문화와 다른 문화를 비교한 방식은 불공평하지 않았다. 와츠지의 비교 방식은 일본 낭만파가 채택한 비교 방식과 달랐다. 일본 낭만파가 그들 자신의 논지를 펴나가는 데 비교법을 채택한 것은 일본 문화의 우수성을 입증하려는 의도였다. 야스다가 일본과 서양의 다리를 비교한 것이 그 예이다. 야스다는 고전 문학에 묘사된 일본의 다리를 연구했는데, 대니얼 C. 스트랙Daniel C. Strack은 그의 연구가 균형을 잃었다고 지적한다. 야스다의 광범위한 연구서『일본의 다리Bridges of Japan』는 비교 연구처럼 보이지만, "외국의 다리는 조금밖에 언급하지 않고, 특히 문학적 맥락에선 서양 다리의 예시는 단 하나도" 등장하지 않는다.[58] 야스다는 로마인이 건설한 무거운 석조 다리와 나폴레옹 시대에 건설된 철교들을 예로 삼아 서구 문화가 조잡하고 군국주의적 속성을 띠고 있다고 주장하고, 반대로 평화를 사랑하는 이미지와 함께 일본의 섬세하고 정교한 예술 감각을 강조했다.

야스다는 이처럼 부당하게 선정된 서구의 사례를 희생양으로 삼아 인위적으로 일본문화의 특별함을 조작해내고 더 나아가 이를 일본 문화의 비교 우위를 주장하는 근거로 삼았다. 야스다의 글은 국수주의와 유미주의의 굳건한 연대 속에서 탄생했다. 19세기 말 서구에서 미학이 도입된 후 20세기 전반을 관통한 일본 미학의 이데올로기적 성향을 다시 확인시켜 주는 사례이다. 문학에 묘사된 일본의 다리라는 주제는 표면적으로 낭만적이고 고결

---

58 Daniel C. Strack, "Nihon no hashi to sekai no hashi: Yasuda Yojuro to Yanakita Kunio ni okeru 'hashi' no isou," *Kitakyushu University Faculty of Humanities Journal*, vol. 61, 2001, p. 1–15.

하다. 하지만 이는 군국주의적 역사의 물길을 돌리지 못해 무력감을 느끼는 지식인이 도피처로 찾아낸 순수함 그 자체의 영역이 아니었다.[59] 또한 이데올로기의 기만적인 자화상이 되어버린 예술을 논박하고 거부하기 위한 순수 형식의 실험도 아니었다.[60] 야스다의 에세이는 다리 그 자체를 국가라는 경계를 넘어 모든 문화에 존재하는 가치 있는 축조물로 다루지 않고, 실은 교묘하게 '일본의 다리'만을 다루었다. 그의 글은 처음부터 바깥의 것을 의도적으

59 전전 시대의 일본은 극단적 민족주의가 지배하는 사회였다. 여기서 필자는 한 사회의 예술과 지배 이데올로기의 관계를 고찰하는 것이 유용하다고 생각한다. 이 주제는 페터 뷔르거Peter Burger와 클레멘트 그린버그Clement Greenberg를 비롯한 많은 예술 평론가가 다룬 바 있다. 뷔르거는, 예술이 한 사회의 이데올로기를 선전하는 도구가 됐을 땐, 이를 비판하고 그 이데올로기에 반대되는 가치를 실험하기 위해 다른 형태의 예술이 출현한다고 주장했다. 이와 마찬가지로 그린버그 역시, 아방가르드 운동은 이데올로기적인 혼란과 문화 산업의 한가운데서 예술이 자기 가치를 보존하기 위한 본능이 반영된 것이라고 말했다. 아방가르드의 임무는 '부르주아 사회에 반대하여 그 사회를 표현하는 새롭고 적절한 문화 형식을 찾는 일'이라고 그린버그는 말했다. 따라서 아방가르드 예술의 자율성은 예술이 부르주아 사회로부터 완전히 이탈함으로써 성취된다. 아방가르드 예술가들은 자유분방한 사회가 지배 이데올로기로부터 벗어난 성스러운 장소라고 간주한다. 아방가르드와 사회의 지배 이데올로기의 이 복잡한 관계는 일본에서 극단적 민족주의가 지배하던 시기에 예술가의 역할과 입장이 어떠했는가에 대한 논의와 관련이 있다. 그 역할과 입장에 대한 정확한 평가는 이 연구서의 범위를 넘어서는 것이지만, 이 문제는 예술가가 지배 이데올로기로부터 스스로 거리를 두었는지 아니면 작품을 통해 의식적으로나 무의식적으로 그에 봉사했는지에 달려 있을 것이다.

Peter Burger, *Theory of the Avant-Garde*, trans. Michael Shaw, Minneapolis: University of Minnesota Press, 1984, pp. 47-49; Clement Greenberg, "Towards a Newer Laocoon," in *Clement Greenberg: The Collected Essays and Criticism*, ed. John O'Brian, Chicago: University of Chicago Press, 1986, pp. 23–37; T.J. Clark, "Clement Greenberg's Theory of Art," *Critical Inquiry*, vol. 9, n. 1, Sept 1982, pp. 139-156.

60 그린버그의 견해에 따르면, 예술은 부르주아 사회에서 번성하는 이데올로기적 혼란과 문화 산업으로부터 초연하고자 형식적 실험을 시도한다. 주제 또는 내용은 부르주아 사회의 삶의 영역에서 빌려온 것으로, 예술의 본질과는 무관한 것이기 때문이다. 반면에 형식은 아방가르드 예술가들에게 예술의 순수성과 자율성 그리고 절대성을 확증할 것으로 받아들여졌다. 그린버그는 "내용을 완전히 해체하여 예술작품이나 문학작품의 전체 또는 일부라도 외적인 것으로 환원되도록 두어서는 안 된다."라고 말했다. 작품 형식에 대한 예술가의 관심은 이제 매체, 즉 예술의 유물론적 기초에 대한 관심으로 발전한다.

Clement Greenberg, "Towards a Newer Laocoon," p. 39; Clement Greenberg, "Avant-Garde and Kitsch," in *Clement Greenberg: The Collected Essays and Criticism*, ed. John O'Brian, Chicago: University of Chicago Press, 1986, pp. 5–22.

로 선별하고 이를 내부의 우위를 확증하는 증거로 삼는 국수주의에 물들어 있었던 것이다.

그렇다면 와츠지의 비교는 어떻게 달랐을까? 키오카의 해석을 소개하면 도움이 될 것 같다. 그는 와츠지의 풍토와 문화적 특성에 관한 연구가 유랑적인 성격을 띤다고 주장했다.(도 1.2~4) 와츠지 풍토론의 유랑적 성격은 풍토와 민족적 특성의 관계를 맞대고 비교하는 유비 형식으로 표현하게 한다. 이처럼 서로 다른 풍토를 오가며 서로 간 관계를 읽어내는 유목적 주체를 키오카는 "간풍토성間風土性inter-fudos"의 주체라고 명명했다.[61] 풍토와 풍토 사이에 선, 즉 틈새에 선 주체라는 뜻이다. 이런 주체에게 '나는 누구인가?'에 대한 자각은 타인과 마주치는 순간에 이루어진다. 아라비아 사막에서 와츠지는 그때까지 한 번도 느껴보지 못한 비非사막적 특성, 즉 몬순성을 자신에게서 발견한다. 이런 맥락에서 유비적 공식 하나가 출현한다.

몬순: 유순하고 인내심이 강함 = 사막: 대립적이고 완강함

이 유비 관계에서는 한 풍토를 절대적인 것으로 보고 또 그 문화적 표현 또한 절대화할 가능성이 사라진다. 게다가 이 유비 관계는 닫힌 것이 아니라 열려 있는 것으로, 새로운 풍토와 인간성이 짝을 지어 추가될 수 있다. 예를 들어보자.

몬순: 유순하고 인내심이 강함 = 사막: 대립적이고 완강함 = 초원: 합리적이고 규칙적임

이 열린 유비적 관계에서는 어느 한쪽의 풍토가 중심의 자리를 차지하는 것이 아니라, 나와 타자가 똑같이 상대적 입장이 되는 '특수화의 논리'를 따라 움직인다. 간풍토성의 주체는 중심도 아니고 주변도 아니며, 여기에 반영된

---

61 Nobuo Kioka, *Fudo no ronri: chiri tetsugaku eno* michi, pp. 319-323.

유비적 공식은 특수성 위에 보편성이 있다고 가정하는 대신, 또는 특수성에서 보편성으로 움직여가는 대신, 특수성에서 또 다른 특수성으로 이동한다. 타자와의 대면 속에서 일어나는 감정이입empathy에는 여전히 특권적 중심이 전제되어있다. 자신의 주관적 의식을 중심에 두고, 그 안의 무언가를 타자의 내면으로 투사하여 타자를 이해하는 것이다. 이것은 자기를 항상 중심에 놓는 근대 이후 서구적 사유의 편견 속에 있으며, 자기 안에 있는 것을 가지고 타자를 재단하는 닫힌 고리의 순환이다.

반면에 와츠지의 논리는 풍토의 맥락에서 타자를 발견하고, 그 타자를 거울로 삼아 나 자신을 비춰봄으로써 자기 자신을 발견한다. 이는, 나는 누구인가와 그는 누구인가를 상호발견하는 논리다. 키오카는 와츠지가 제국주의를 지지했음을 인정한다. 하지만 그와 동시에 와츠지의 이론에서 특수화의 논리를 발굴했다. 와츠지의 논리는 단지 타자를 재단하고 자기를 확증하는 것이 아니다. 오히려 자기중심성을 극복하고 타자를 통해 자기를 발견하는 탈중심화의 윤리론이다. 근대 유럽이 자신을 중심에 놓고 세계의 다른 지역을 주변에 놓은 뒤 이들을 정복해 나갔다는 사실을 상기해보면, 와츠지의 논리는 이런 식민시대의 논리가 아니라 오히려 탈식민시대의 논리라는 것을 알 수 있다. 그의 탈중심화의 논리는 특수에서 특수로 움직이며, 개체들 사이의 대립적인, 그러나 균형 잡힌 상호관계를 떠받치는 것이다.[62]

와츠지의 풍토가 가진 의미를 확장하면서 키오카는 공동체와 공공의 차원을 구분한다. 공동체는 기본적으로 우리가 어딘가 같은 장소에서 태어났다는 사실과, 우리는 다른 이들과 함께 그곳에 삶의 뿌리를 내리고 있다는 사실에 토대를 둔다. 공동체의 전형은 마을이다. 이 공동사회Gemeinschaft는 사실 기후학 연구의 주된 주제였다. 이런 사회는 대지와 산업, 음식, 문화 사이에 밀접한 관계가 있음을 확증한다고 보았기 때문이다. 공동체는 내부의 위계적인 규칙에 의해 운영되며, 개인보다는 가족, 주민보다는 마을, 즉 전체를 우선시한다. 반면에 공공성은 사람이 땅과 그 땅에 뿌리 내린 공동체를

---

62 Nobuo Kioka, *Fudo no ronri: chiri tetsugaku eno michi*, pp. 319-320.

도 1.2 몬순의 풍경

이탈해 다른 어딘가로 이동하려고 할 때 발생한다. 한 풍토에 속함을 부정하고 풍토와 풍토를 조망할 수 있는 사이로 이동하는 것이다. 와츠지의 간풍토성의 주체는 바로 이처럼 공공의 영역에 서 있는 주체다. 그는 타인이 아닌 자신을 부정함으로써 지평을 확장한다. 인간 의지의 가장 지고한 형식인 자기부정이 그를 특정 영토의 바깥, 즉 공공의 영역으로 이끌어 주는 것이다. 이 공공의 영역을 키오카는 '무nothingness'의 장소라 부른다. 그곳은 텅 빈 외로움의 장소가 아니라, 풍토를 떠나온 이가 다른 풍토를 발견하고 또 그 풍토와 짝을 이루는 인간성의 양태를 발견하는 곳이다. 이 대면을 통해 그는 드디어 자기 자신이 속해 있던 풍토와 더불어 자기가 누구인가라는 자기 이해에 이르게 된다. 탈중심화된 자각이 펼쳐지는 장소이자 자타가 상호 동시발생하는 생동의 장소이다.

　내가 누구인가를 발견하는 만큼 타자가 누구인가를 발견하는 것 또한 중요하다. 몬순성과 사막성, 이렇게 서로 다른 인간성이 만나 펼칠 다자 간

도 1.3 사막의 풍경

도 1.4 지중해성 초원 풍경

관계의 드라마는 어떤 모습일까? 이 이항관계는 자폐적이 아니라 다항관계를 향해 열려 있다. 몬순성, 사막성 그리고 초원성이 서로 조우할 때 펼쳐질 다자 간 드라마는 더더욱 미답의 지평이다. 타자는 아직 내가 되어보지 못한 나의 가능성 그 자체이기도 하다. 따라서 몬순성은 사막성과 초원성을 자기의 새로운 가능성으로 발견하게 된다. 이처럼 간풍토성의 영역은 서로 다른 차이들이 상호생기하고 이 차이들이 엮이며 만들어 낼 가능성과 잠재성을 실험하는 공간이다. 특수에서 특수로 이동하며 탈중심화를 구현하고, 자각의 계기이자 다자 간 관계의 가능성을 열어주는 간풍토성을 조명한 것은 와츠지 환경철학의 가장 중요한 공헌인 것이다.

2

개방성과 풍토: 일본 전통 가옥에서 재발견한 지속가능성의 의미

개방성과 풍토: 일본 전통 가옥에서 재발견한 지속가능성의 의미

그렇다면 와츠지 테츠로의 풍토 개념을 구현하는 건축물은 구체적으로 어떤 모습일까? 그의 글에서 이에 대한 단초를 발견할 수 있다. 와츠지는 풍토의 의미, '우리는 누구인가'와의 관계, 그리고 다자 간 윤리의 문제에 대해 숙고하는 것은 물론, 일본 전통 가옥의 공간구조를 풍토와 연관 지어 고찰했다. 그의 통찰력 있는 설명은 일본 가옥에 대한 서구 및 일본 건축가들의 평가와 뚜렷한 대조를 이룬다. 전통적인 일본 가옥 구조에 비판적이었던 건축가들은 개인주의 이데올로기를 신봉하며 프라이버시를 강조했다. 이들은 동선과 기능의 명료함을 구현하는 공간구조로 거침없이 나아갔다. 이들과 같은 시대에 살았지만, 와츠지의 입장은 거의 정반대였다. 그는 개인주의와 그 공간성을 비판하면서 풍토와 다자 간 윤리성이라는 관점으로 일본 가옥의 공간구조가 가진 의미를 새롭게 조명했다.

일본 전통 가옥에 대한 비판

일본 전통 가옥을 어떻게 개량할 것인가에 관한 논의는 서양에서 공부한 일본인들과 일본에 거주하던 외국인들이 주도했다. 1898년에 「시사신보」(1882년 창간)는 '주택을 어떻게 개량할 것인가'라는 주제로 29회에 걸쳐 관련 기사를 연재했다.(도 2.1) 여기서 일본 전통 가옥을 비판하는 이유는 크게 세 가지다. 첫째는 소음에 취약하고, 둘째는 각 방의 기능적 구분이 불명확하

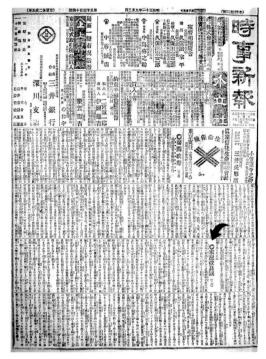

도 2.1 「가옥개량담」, 시사신보, 1898년 9월 2일자

며, 마지막으로는 프라이버시의 침해가 심각하다는 것이다.[1] 이런 평가에는 복도와 방들이 명확히 구분된 서구의 조적식 가옥을 해답으로 보는 입장이 깔려 있다. 서구식 가옥은 벽이 두껍고, 단단하고, 고정되어 있는 덕분에 소음 문제로 고통받지 않는다. 방도 주방, 식당, 침실 등 기능별로 명확하게 나뉘어 있다. 각 방마다 복도로 통하는 문이 하나씩 있어, 다른 방을 거치지 않고 원하는 방에 도달할 수 있다. 반면 일본 전통 가옥은 불합리한 부분이 많았다. 방과 방을 구분하는 칸막이는 너무 얇고 방음도 잘 되지 않았다. 각 방은 여러 가지 용도로 애매모호하게 쓰이다 보니 실명도 없었다. 그리고 복도 없이 방과 방이 바로 이어져 있어 프라이버시를 확보하는 것은 원천적으

1 Seijou Uchida, Mitsuo Ookawa and Youetsu Hujiya, eds, *Kindainihonjuutakushi*, Tokyo, Japan: Kajima, 2008, pp. 36-37.

로 불가능했다.

일본 가옥의 변화는 이 세 가지 측면을 수정하는 방향으로 전개되었다. 기능의 불명확성과 관련하여 건축가들은 식사와 그 외의 활동이 같은 방에서 이루어진다는 점을 집중적으로 비판하며 별도의 식사 공간이 있어야 한다고 주장했다. 그에 힘입어 식사를 제외한 여타 가족 활동이 이루어질 수 있는 방, 즉 거실의 지위가 공고해졌다. 다다미를 까는 대신 서구적 생활방식에 따라 소파, 의자, 낮은 탁자, 난로를 놓도록 설계된 이 방은 가정생활의 새로운 중심 공간으로 떠올랐다. 겉보기에 거실 중심의 주택은 반듯한 공동공간을 확보하였기에 가족지향적으로 보인다. 하지만 과연 그런가는 의문이다. 거실을 지정한 의도는 사실 기능의 분리와 함께 프라이버시를 선결의 과제로 삼은 결과이기 때문이다. 즉 가족 공동공간을 마련하는 것은 프라이버시를 확보한 후에 제시되는 일종의 타협책이다. 프라이버시 문제를 해결하기 위해 추가로 각각의 방은 독립된 영역으로 구획이 되고 다른 방과의 경계는 고정벽으로 차단되었다. 기능의 분리-거실, 주방, 식당, 부모와 자녀의 방-역시 혼란스럽게 교차되는 동선을 일목요연하게 정리하고 각 방의 프라이버시를 확보하는 데 도움을 준다.

하지만 프라이버시 확보에 가장 중요한 장치는 역시 복도였다. 복도에 관한 논의를 이끈 사람은 타나베 준키치田辺淳吉(1879-1926)이다. 그는 호주식 방갈로 모델을 참고해 일본 가옥의 공간구조를 개조해야 한다고 주장하면서 두 가지를 강조했다.(도 2.2) 첫째는 주택 전면과 후면에 자리한 지붕이 있는 베란다이고, 둘째는 양쪽으로 늘어선 방들을 관통하는 복도였다. 타나베는 지붕이 있는 베란다가 일본 가옥의 엔가와綠側에 해당한다고 주장했다. 엔가와는 방들과 정원 사이에 있는 일본식 툇마루로, 덥고 습한 여름을 나는 데 필수적이다. 일본 가옥과 호주 가옥의 이 유사성을 지적한 뒤 타나베는 일본 가옥 안에 중앙복도를 새로 도입할 것을 주장했다. 그렇게 하면 이동할 때 다른 방들을 일일이 거쳐야 하는 문제가 해결되어 각 방의 독립성이 확보된다는 것이다.[2]

이로 인해 일본에서는 중앙에 복도를 도입하는 변화의 바람이 일었다.

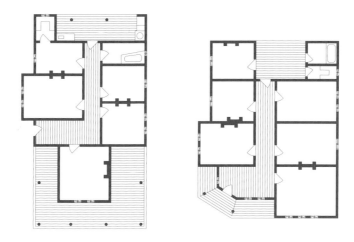

도 2.2 타나베 준키치, 서양의 호주식 방갈로, 평면도

몇 년 후 국민신문사가 개최한 가정박람회에서 엔도 아라타遠藤新(1889-1951)는 중산층 주택을 제안했다. 설계의 주안점은 현관에 들어선 사람이 집 안 어느 곳으로든 막힘없이 갈 수 있도록 중앙복도 시스템을 공식화하는 것이었다. 전체를 관통하는 복도를 놓아 독립적으로 각 방에 접근할 수 있도록 한 점이 두드러진다.(도 2.3) 다른 특징들도 눈에 띄었다. 일본식 방들 사이에 가변형 파티션 대신 고정벽이 세워졌고, 현관 근처에는 응접실과 서재 기능을 하는 서구식 방들이 도입되었다.

개인주의와 복도의 등장

일본인들이 서양 가옥의 전형이라고 여긴 중앙복도식 집은 사실 근대의 산물이다. 복도를 중심으로 방들이 달라붙어 있는 개인 주택은 17세기에 유럽과 식민지 뉴잉글랜드에서 생겨났다. 이런 구조는 유럽의 부르주아와 미국의 중산층에 맞춰 설계된 것으로, 특정 계급이 성장하며 주거공간의 구조가 개편되었다는 정치적 의미를 띤다. 예를 들어 중세의 도시 가옥은 "가정뿐

---

2 Seijou Uchida, Mitsuo Ookawa and Youetsu Hujiya, eds, *Kindainihonjuutakushi*, p. 40.

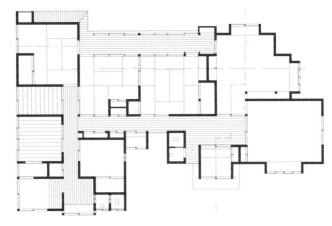

도 2.3 엔도 아라타, 중산층 주택의 제안

아니라 수공업 공방이나 회계 사무소, 또는 가게나 상점"으로 쓰이도록 개발
되었다.[3] 그곳은 소유자와 그 가족의 집인 동시에 친척, 종업원, 도제, 손님의
거처였다. 개별적인 활동을 위해 방을 분리하는 일은 드물었고, 거주자들은
탁 트인 큰 홀에서 먹고 자고 생활했으며, 주로 가구 재배치를 통해 공간을
다양한 용도로 사용했다. 르네상스 시대에는 심지어 귀족들까지도 중세 스
타일의 홀을 계속 선호했다. 공공의 장소이기도 하고 가정사가 벌어지는 장
소이기도 한 혼재 양상이 점차 자취를 감추기 시작한 때는 17세기 초였다.[4]

　　매너리즘부터 20세기 초에 이르기까지 회화작품에 나타난 인물 묘사와
건축 평면도 사이의 조응관계를 다룬 로빈 에반스Robin Evans(1944-1993)
의 연구가 여기서 특히 빛을 발한다. 「임판나타의 성모Madonna dell'
Impannata」(1514)를 비롯하여 라파엘로Raffaello Sanzio(1483-1520)가 후
기에 그린 그림들을 보면, 묘사된 인물들은 단절된 구획에 갇혀 있지 않고,
기하학적으로 지정된 자리에 뻣뻣하게 서 있지 않으며, 서로 어우러져 있다.
그들이 "서로의 몸을 움켜쥐고 포옹하고 붙잡고 어루만지는 모양을 보면 마

3　Terence Riley, *Un-Private House*, New York: Museum of Modern Art, 1999, pp. 10–11.
4　Terence Riley, *Un-Private House*, pp. 10-11.

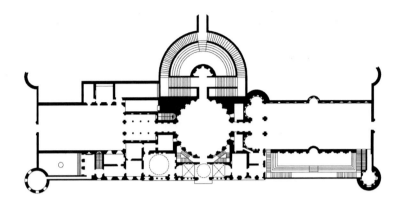

도 2.4 라파엘로, 빌라 마다마, 로마, 이탈리아, 1525

치 서로를 대할 때 시각보다는 촉각에 더 의지하는" 것만 같다.[5] 붙잡고 어루
만지며 포옹하는 자세와 제스처들이 연결된 이 관계망은 라파엘로가 자신의
건축에 적용한 원리이기도 했다. 대표적인 예가 「빌라 마다마Villa Madama」
(1525)이다.

현존하는 최초의 설계도(도 2.4)에는 두 개의 상반된 태도가 엿보인다.
하나는 정원이 내려다보이는 그랜드 로지아grand loggia와 둥근 중정을 축
선을 따라 배치한 부분이다. 하지만 세부구성은 자유롭다. 축선을 따르지도
않고 위계에 의해 제어되지 않는 이런저런 크기와 형태의 방들이 자리 잡고
있다. 어떤 방도 다른 방과 형태나 크기가 동일하지 않다. 한 방이 다른 방과
이어지는 방식에도 어떤 명확한 논리가 있어 보이지 않는다. 어디가 복도이
고 어디가 방인지도 불분명하다. 따라서 이 건물을 횡단한다는 건 여러 개
의 방을 통과한다는 뜻이 된다.

전체적으로 이 집은 벽으로 둘러싸인 공간들의 집적이자, 분리되었지만
동시에 서로 긴밀하게 연결된 방들의 매트릭스이다. 방이 다른 방과 직접 연

5   Robin Evans, *Translations from Drawing to Building*, Cambridge, MA: MIT Press, 1997, p.
    59.

결된다. 즉 옆에 방이 하나씩 달라붙을 때마다 문을 내준다. 중정에서 정원 쪽으로 이동할 때는 축을 따라 반듯하게 행진하게 되지만, 바로 벽 너머 안쪽에서는 이리저리 빙글빙글 돌게 되고, 다른 사람들이 움직이는 경로와 심심찮게 맞부딪치게 된다. 이런 구성은 기하학적인 컴포지션의 명료함을 추구하는 대신 가족 구성원, 손님, 심지어 하인까지 서로 뒤섞이는 생활양식에 기초를 둔 것이다. 스스럼없이 가까이 어울리며 우연한 만남을 선호하는 삶의 방식을 구현하는 것이다.[6]

에반스에 따르면, 둘 이상의 문을 가진 방이 잘못된 설계로 여겨지기 시작한 것은 19세기 초이다. 그런 방들로 이루어진 집이 어느덧 불편하게 다가왔다. 방 안에 혼자 조용히 있을 때 누군가 다른 방에 가려고 뒷문을 열고 쓱 들어올 수도 있으니 말이다.[7] 문 하나짜리 방이 규칙으로 자리 잡으면서 같이 맞물려 발전한 것이 있는데, 바로 복도였다. 이로써 머무르는 공간과 통로가 확실히 구분되었다.[8] 에반스의 연구에 의하면 영국에서 복도는 1597년 처음 나타났다가 17세기 후반에 이르러 현대의 복도와 유사한 형태로 발전했다.(도 2.5) 복도를 고안한 최초의 동기는 계급과 관련이 있다. 복도는 귀족들의 공간에 하인들이 불쑥 나타나 휘젓고 돌아다니는 것을 방지하기 위한 장치였다. 하인들이 복도로 다니며 방에 필요한 것을 공급하고 다시 복도로

---

6 르네상스 초기에도 이런 종류의 구조가 실제로 권장되었다. 에반스는 레온 바티스타 알베르티Leon Battista Alberti(1404-1472)를 인용했다. 알베르티는 로마 건축에 기초하여, "건물에서 가능한 한 여러 곳으로 갈 수 있게끔 문을 설치하는 것 역시 편리하다"고 썼다.
   Robin Evans, *Translations from Drawing to Building*, p. 63.

7 로버트 커Robert Kerr(1823-1904)는 대안으로, 축의 말단에 거주자가 집의 나머지 부분과의 연결을 조절할 수 있도록 방문이 하나만 있는 끝방을 둘 것을 추천했다. 방 하나에 여러 개의 문을 내는 것은 분명 편리한 면이 있었기에, 역으로 필요한 지점에 문이 하나뿐인 방을 두도록 제안한 것이다. 거주가 집단성 대신 개인적 은둔을 추구하는 것으로 변했음을 반영한다.
   Robin Evans, *Translations from Drawing to Building*, pp. 59-62.

8 「빌라 마다마」에도 계단과 통로가 없진 않다. 하지만 동선을 모으고 분배하는 역할을 고려할 때 독립된 통행로라기보다는 다른 방과 연결된 방에 더 가깝다.
   Robin Evans, *Translations from Drawing to Building*, pp. 59-62.

슬며시 사라지도록 고안한 것이다.[9]

하지만 복도로 통하는 문만 나 있고 혼자 있을 수 있는 방이 출현하자 새로운 의미가 추가되기 시작했다. 개인별로 숨어들 수 있게 구획된 방이 '자기 자신에게 갑옷을 입혀 음탕한 세계를 차단하라'는 청교도의 신조와 맞아떨어진 것이다. 고립된 방에 혼자 있는 것은 일종의 영적인 방패를 두르는 것으로, 바깥세상의 유혹과 방해를 얼마간 차단하고 영혼의 고결함을 지킬 수 있는 길로 이해되었다. 에반스는 이렇게 말했다.

> 이와 함께 확실히 근대적이라고 할 수 있는 프라이버시의 정의가 탄생했다. 기능적 편리함을 도모한 결과로 나타난 것이라기보다는 새롭게 싹이 튼 심리상태의 결과로 보는 것이 타당하다. 타인과의 접촉이 가져올 자아의 노출을 꺼리는 것 말이다. 남들 앞에 자아를 노출하는 것은 위험할 뿐만 아니라 실제로 영혼의 해를 입을 수 있다고 느끼는 심리상태를 말한다.[10]

타인의 존재 자체에 반감을 갖고 접촉하는 것을 꺼리며 사방이 막힌 은신처를 찾으려는 성향은 프라이버시를 절대적 가치로 여기는 오늘날의 생활방식과 공간구조를 예고했다. 18세기와 19세기를 지나는 동안 '복도를 통한 프라이버시의 전면적인 실현'이 마침내 표준으로 자리 잡았다. 이제 방들은 접근 동선의 길이만 다를 뿐, 동일한 위상을 갖는 요소로 취급되어 균질하게 배치

---

9 복도를 두기 시작한 것은 애초에 계급 구분을 위해서였다. 한 면에 있는 방들은 내부적으로 연결되어 있었다. 하지만 내부 연결로와 평행하게 중앙복도가 건물을 관통한다. 이 장치는 하인들의 출현과 이동을 효과적으로 통제했다. 가령 시중을 든 뒤 중앙복도를 통해 즉시 사라지도록 한 것이다. 중앙복도는 돌음계단을 통해 지하나 저층부의 키친과 연결되었다. 가족과 손님의 동선은 방과 방을 바로 이어주는 내부연결로를 통해 이루어졌다. 다른 방의 프라이버시를 깨지 않고 목적지로 곧장 이동할 수 있도록 고안된 중앙복도가 하인용이었다면, 방에서 방으로 바로 이동하도록 고안된 내부연결로는 가족과 손님 전용이었던 것이다.
Robin Evans, *Translations from Drawing to Building*, pp. 71-73.

10 Robin Evans, *Translations from Drawing to Building*, p. 75.

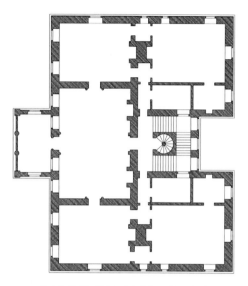

도 2.5 존 웹, 에임스버리 하우스, 윌트셔, 영국, 1661

되었다. 한 방에서 출발할 때 바로 옆방이나 가장 멀리 있는 방도 척추처럼 관통하는 복도를 통해 똑같이 접근할 수 있게 되었다. 구획된 개별성과 균등한 접근성이라는 두 원리가 서로 결합된 것이다.[11] 척추처럼 자리 잡은 복도와 균질하게 병치된 방은 이후 프라이버시를 중시하는 역사적 흐름과 맞물려 공간구조의 불문율이 되었다.

에반스의 연구는 복도와 구획된 방들로 이루어진 공간구조를 찬미하는 일본의 근대 주거건축 담론을 평가하는 데 큰 도움이 된다. 방과 방이 바로 맞닿은 일본의 가옥구조를 비판했던 일본 내 지식인들과 유럽인들은 특정 시점과 지역의 건축을 마치 절대선인 양 부각시키는 오류를 범했다. 척추 같은 통로와 병치된 방이 대세가 된 19세기 유럽을 기준으로 놓고 일본의 주거건축을 비판했던 것이다. 만약 이들이 19세기의 울타리를 벗어나, 복도와 병치된 방이라는 공간구조가 생긴 역사적 기원과 변천, 그리고 계급과 개인주의라는 이데올로기의 역할을 이해했다면 새로운 시야를 가질 수 있었을 것

11 Robin Evans, *Translations from Drawing to Building*, p. 78.

이다. 그랬다면 자신들의 주거를 미개한 것인 양 부끄러워하고 비판을 퍼붓는 대신, 방과 방이 맞닿은 공간구조 역시 대안적 삶의 방식을 구현하며 계급구분 및 개인주의와는 다른 가치를 담는다는 생각에 이르렀을 것이다. 이후에 언급할 와츠지의 입장처럼 풍토적 차이와 윤리성이라는 관점에서 방과 방이 맞닿은 공간구조의 의의를 논할 수도 있었을 것이다. 이동의 문제만 놓고 보더라도 사실 이 두 구조 중 무엇이 절대적으로 우위에 있는지 불분명하다. 복도와 방으로 구분된 구조가 이동에 합리적이라면 방과 방이 바로 맞닿은 구조 또한 합리적인 것 아닌가? 르네상스의 영예로운 건축가 알베르티가 『건축론De re aedificatoria』(1452)에서 한 이야기처럼 말이다.[12]

결론적으로는 서양 건축사에서 16세기부터 19세기 초에 걸쳐 일어났다고 에반스가 묘사한 그 변화가, 19세기 말부터 20세기 초에 이르는 짧은 기간에 일본에서 일어났다. 유럽과 달리 일본은 계급 구분보다 개인주의 및 프라이버시가 복도의 필요성을 일깨우고 굳건하게 자리 잡게 한 이유다. 1868년 메이지 유신으로 중세의 봉건제와 신분제가 공식적으로 폐지되고, 자유의지에 따라 살 곳을 선택할 권리가 허용되었다. 일본 가옥을 개혁하자는 이야기가 나온 것은 메이지 유신으로부터 약 30년이 지난 후였다. 전통적인 봉건 제도가 해체되면서 집단주의 대신 가정과 사회 내에서 개인의 권리를 주장하는 목소리가 높아졌다. 이 같은 논의는 초기에 서양인들에게 문호를 열어 신분제가 가장 확실하게 해체된 도쿄와 항구도시들에서 집중적으로 나타났다.

이 권리를 유달리 강조한 인물이 메이지유신의 기틀을 세운 후쿠자와 유키치福澤諭吉(1835-1901)이다. 프랑스와 영국의 정치, 경제, 문화를 직접 체험한 그는 서양이 동아시아보다 진보한 요인을 찾는 데 골몰하다가 두 가지를 제시한다. 하나는 자연과학의 발달이고 또 하나는 평등사상이다. 서구 기술을 받아들여 문명의 진보에 박차를 가하려는 일본의 입장에서 자연과

---

12 Leon Battista Alberti, *The Ten Books of Architecture*, trans. James Leoni, ed. Joseph Rykwert, London: Alec Tiranti, 1955, book i, ch. xii.

학을 수용하고 발전시키는 것만큼 중요하게 생각해야 할 것이 바로 그간 봉건제와 신분제가 억압해온 독립적이고 자립적인 개인상의 회복이었다. 후쿠자와는 『학문을 권함學問のすすめ』의 첫 장을 다음과 같은 주장으로 시작한다.

> 하늘이 사람을 낳으매 사람 위에 사람 없고 사람 밑에 사람 없다. … 태어나는 순간에는 부자와 빈자 그리고 귀천의 구별이 없으니 사람을 구분 짓는 유일한 요인은 배움이다. 세상사가 어떻게 작동하는지를 열심히 배운 자는 고귀하고 부유해지나 배움에 노력을 쏟지 않은 자는 천하고 가난해진다.[13]

평등을 중시하는 관점에서 후쿠자와는 가족도 새롭게 정의했다. 남편을 가장 높은 곳에 놓는 유교적 위계 대신 경제적, 도덕적, 사회적 책임을 똑같이 지는 독립된 두 사람의 결합이 가정의 출발이라고 보았다. 가족에 대한 새로운 정의는 자연히 주거공간의 구조에 대한 관심으로 이어졌다. '주택을 어떻게 개량할 것인가'란 특집 기사를 연재한 「시사신보」를 창간한 이가 후쿠자와라는 사실은 우연의 일치가 아니다.

고정벽과 환풍구

1920-1930년대 일본의 건축가들은 프라이버시 보호, 소음 방지 그리고 기능적 명료함을 보장하는 벽이나 방과 방을 나누는 고정된 실내 칸막이를 거부감 없이 받아들였다. 서구의 기준을 비판 없이 수용한 결과, 일본식 목구조와 서양의 건축 스타일을 어떻게 결합하느냐, 경골구조balloon frame로 지어진 실내를 어떻게 일본적인 느낌이 나는 방으로 조정하느냐 등이 창의

---

13 Yukichi Fukuzawa, *Kakumon no susume*, Tokyo: Iwanamishoten, 1942, pp. 11-12(저자 번역).

성의 기준이 되었다. 예를 들어, 야마모토 세츠로山本拙郎(1890-1944)는 일본식 목구조를 활용해 서구식 외관을 만들어내는 실험을 했다.[14] 일본식 목구조를 쓰되 가파르게 솟은 경사지붕, 일정한 수직 비례에 따라 반복되는 창문, 판재로 마감한 1층과 석회로 마감한 2층 등 외관은 서구주택을 모방하였다. 요시다 이소야吉田五十八(1894-1974)는 또 다른 조합법을 제시했다. 그는 실내에서 보면 기둥이 사라지고 없는 서구의 경골구조를 채택하면서도 선택적으로 목조 부재를 드러내 일본풍의 실내를 디자인했다.(도 2.6) 요시다는 일본 다실茶室의 소박하고 우아함을 연상시킬 만큼 한층 단순해진 실내가 등장했다고 주장하였다.[15]

하지만 야마모토와 요시다, 두 사람 모두 실내 공간에서 개방성과 융통성을 제거하는 것이 환경적, 문화적으로 어떤 의미를 내포하는지는 깊이 생각하지 않았다. 일본식 구조와 서양풍 양식을 조합하는 문제 그리고 서양식 구조에 일본풍의 양식적 효과를 도입하는 문제에만 집중한 그들의 논의는 순진했던 것이다. 구조와 이미지의 미학 사이를 오가며 이들의 조합에 대해 고민하는 동안 고정된 방과 복도의 도입이 가져올 근본적인 문제를 간파하지 못했다. 거주자와 풍토의 관계 그리고 이 관계가 내포하는 윤리적 차원인 인간관계의 변화를 놓친 것이다.

주거공간에 도입된 고정벽은 프라이버시를 보호해주었지만 예기치 않은 환경문제를 일으켰다. 방에서 바람이 사라진 것이다. 집 전체를 관통하는 맞통풍이 사라진 탓에 한여름이면 방의 온도와 습도가 최고치로 올라 불쾌감이 극에 달했다. 바람기 한 점 없는 방 안에서 등골에 땀이 찐득하게 배어

---

14 경골구조를 활용한 서구식 주택의 실내를 판재로 마감하는 것은 샛기둥과 같은 수직부재가 사라지는 시각적 결과를 낳았다. 오르내리창과 함께 기둥이 사라진 실내는 서양풍 주택의 기본적인 특징으로 간주되었다. 야마모토는 이런 접근법을 거부했다. 그는 기둥을 확실히 드러내고 기둥 사이를 판재나 미닫이문으로 채우는 일본식 방법을 채택했다. 또한 오르내리창을 미닫이창으로 대체하고, 각 방은 입식생활에 적합하도록 디자인하였다. 벽난로가 갖춰진 거실, 주방, 식당, 침실, 서재 등을 효과적으로 연결하는 복도를 도입한 것 또한 야마모토 설계안의 특징이었다.
Seijou Uchida, Mitsuo Ookawa and Youetsu Hujiya, eds, *Kindainihonjuutakushi*, p. 95.
15 Seijou Uchida, Mitsuo Ookawa and Youetsu Hujiya, eds, *Kindainihonjuutakushi*, p. 99.

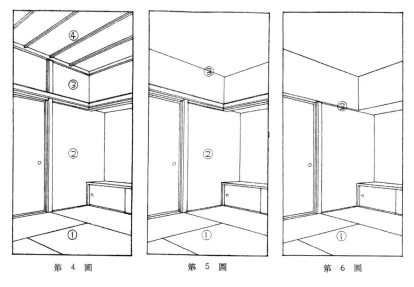

第 4 圖　　　　　第 5 圖　　　　　第 6 圖

도 2.6 요시다 이소야, 목조부재 노출 및 은폐에 따른 실내의장 효과

나오는 경험은 고문에 가까울 정도로 괴로웠다. 복도와 방의 단절로 생긴 이 문제를 풀 기술적인 해결책이 등장했다. 바로 선풍기의 도입이다. 선풍기는 메이지 시대 초기에 수입된 것으로, 서구에서 들어온 최초의 가전제품 중 하나이다.

　일본은 19세기 말부터 선풍기를 자체 생산하려 노력하기 시작했다. 여름이면 열기와 결합한 습기가 기승을 부리는 일본 기후의 특성상 선풍기의 대량 수요는 불을 보듯 뻔했다. 이에 상품성을 인지한 시바우라전자-현재의 도시바-에서 1890년대 중반부터 개발하기 시작해 1916년부터 대량생산에 들어갔다. 검은색, 네 쪽의 날개, 안전망, 헤드 회전식이라는 네 가지 요소가 일본 선풍기의 특징으로 자리 잡은 것은 이때부터이다. 흥미로운 것은 서구에서는 천장에 부착하는 실링팬이 인기 있었던 반면 일본에서는 바닥이나 탁상 위에 놓는 선풍기가 유행했다는 점이다. 그 이유는 일본 가옥의 구조에 있다. 천장이 대체로 낮고 평평해서 팬을 설치하기가 부적합했기 때문이다. 하지만 더 근본적인 이유는 일본의 독특한 기후와 관련이 있다. 미국과 유럽 대부분의 지역에서 여름은 덥지만 습하지 않다. 반면 일본의 여름은 덥고 습하다. 폭염과 습기의 조합 때문에 피부에 직접 바람을 쐬어 냉각 및 제습 효과를 즉각 체감하는 것이 절실했다. 따라서 바람이 피부에 즉시 와 닿지 않는 실링팬보다 살갗을 바로 쓸어 주는 탁상팬이 훨씬 적합했던 것이다.

고정벽으로 인해 집 안에서 통풍이 사라지자, 선풍기를 지척에 두고 직접 바람을 만들어 쐬는 방식이 일상생활에 자리 잡았다. 주택의 공간구조 재편과 더불어 선풍기는 단박에 일본 사람들이 가장 갖고 싶어 하는 가전제품이 되었다. 선풍기를 갖고 있다는 것은 비싼 전기료를 납부할 수 있다는 의미였기에 경제적 지위를 상징하는 수단으로 인식되기도 했다.[16] 일본의 주거사에서 고정벽과 선풍기가 서로 단짝이 되는 때가 바로 이 무렵이다.

이런 흐름과 관련하여 주목을 받아야 할 건축가가 바로 후지이 코지藤井厚二(1888-1938)다. 그는 단절된 방과 중앙복도를 함께 받아들이면서도 환기 방식을 실험했다는 점에서 다른 건축가들과 차별화된다. 와츠지처럼 후지이 역시 일본의 풍토에 깊은 관심을 갖고 있었다. 하지만 둘의 방향은 달랐다. 와츠지는 풍토를 자연과학의 주제로 보지 않고 공동의 자아, 즉 '우리는 누구인가?'가 발현되는 매개체로 보았다. 조율, 조작, 창작을 통한 기후에 대한 대응은, 이 공동의 자아에 기반을 둔다. '나'와는 소통이 불가능한 '남'이라는 타자성이 극복되고 모두 하나가 되어 공동으로 대응하게 되는 것이다. 자각에 기초한 공동의 대응은 의미심장하다. 와츠지의 풍토론은 단순히 과학기술을 활용한 물질문명의 실천을 논하는 차원이 아니다. 풍토적 현상, 공동의 자각 그리고 공동체적 실천을 묶어내어 '문화'가 무엇인지를 밝히는 차원의 담론인 것이다.

반면에 후지이의 접근법은 상당히 과학적이었다. 그의 관심사는 쾌적함을 좌우하는 습기와 온도 같은 요인들을 수치화하는 것이었다. 그래서 일본

---

16 Hirano Kiyoshi and Ishimura Shinichi, "The Development of Electric Fan in Meiji and Taisho Early Days-Historic Analysis on a Design of Electric Fan (1)," *Bulletin of JSSD*, vol. 54, no. 3, 2007, p. 56.

에서 쾌적한 온도와 습도의 기준에 관한 연구가 아직 이뤄지지 않았다는 사실을 아쉬워하기도 했다. 대신 그는 레너드 힐Leonard Hill(1866-1952)과 막스 루브너Max Rubner(1854-1932) 같은 서구 학자들이 열역학과 물질대사에 기초하여 이뤄낸 연구 성과를 언급하며, 이상적인 온도는 섭씨 17.78, 이상적인 습도는 65퍼센트라고 결론지었다. 후지이는 더 나아가 온도, 습도, 환기 등의 관점에서 풍토가 일본과 서구의 전통 건축에 미친 영향을 분석했다. 그가 볼 때 서양 주택의 공간구조를 여과 없이 받아들이는 추세는 경솔했다. 일본의 환경 특징을 고려하지 않았기 때문이다. 서양 주택을 받아들이되 일본의 기후, 특히 덥고 습한 여름에 맞춰 이를 다시 조정해야 한다는 것이다.

후지이의 다섯 번째 주택작품인 「초치쿠쿄聽竹居」(1928)(도 2.7~8)는 무더운 여름을 견딜 수 있도록 환경적 전략을 짜고 여러 장치를 집약시킨 종합적인 실험의 결과였다. 이 주택은 남동쪽 전면에 거실과 엔가와, 독서실, 응접실, 식당, 화장실 등을 배치하고, 중앙복도를 따라 주방, 방, 수납공간, 화장실을 추가로 배치했다. 북서쪽에는 후지이의 사적 공간인 별채가 자리 잡고 있다.(도 2.9) 거실의 모퉁이는 북서쪽으로 뻗은 복도와 연결되어 있다. 건물 입면은 전체적으로 칸막이가 아닌 고정된 벽과 창문으로 처리되어 있다. 동시에 안과 밖을 중재하며 중간 영역을 형성하는 일본식 베란다인 엔가와는 최소화되었다. 사실 남동쪽 면에 엔가와가 놓이긴 했지만 동절기 추위를 고려하여 내실로 변형되었다. 중앙복도를 따라 다다미방들이 자리 잡고 있음에도 위와 같은 특징들 때문에 이 주택은 대단히 서구적이었다. 서양식 주택의 특징들-소음 제거, 기능적 구분, 프라이버시-도 모두 만족시켰다.

형태와 공간구조는 서구식이었지만 후지이는 풍토를 의식했다. 대지의 지형상 건물이 들어설 수 있는 부분은 대체로 남동과 북서 방향을 장축으로 한 장방형의 윤곽을 갖게 되었다. 후지이는 이 축을 따라 집을 배치하면서, 난방과 조명 등에 유리하도록 남쪽 부분에 주요 실들을 배치했다. 하지만 실내 환기 문제를 푸는 데에는 서구식 공간구조가 걸림돌로 다가왔다. 특히 거실이 문제였다. 거실은 가족이 모여 생활하기에 가장 이상적인 환경이어야 하지만, 실내화된 엔가와, 독서실, 응접실, 다이닝, 현관홀 등으로 둘러

도 2.7 후지이 코지, 초치쿠쿄의 외관, 오야마자키, 일본, 1928

도 2.8 후지이 코지, 초치쿠쿄의 거실, 오야마자키, 일본, 1928

도 2.9 후지이 코지, 초치쿠쿄의 평면도, 오야마자키, 일본, 1928

싸이며 외부와 직접 면하지 못하는 일종의 고립무원 상태가 되어버렸다. 북서쪽으로 뻗어가는 중앙복도 역시 끝부분에 문이 하나 난 것을 제외하고는 사방이 꽉 막힌 공간이 되어버렸다. 따라서 후지이의 과제는 거실과 중앙복도에 바람을 들이는 것이었다.

후지이는 환기를 위해 다양한 장치를 개발했다. 천장에 환기구를 설치하기도 하고, 바닥 하부 공간crawl space의 시원한 공기를 실내로 끌어들이고자 마룻바닥에 정사각형 개구부를 뚫기도 했다.(도 2.10~11) 아마도 가장 흥미로운 장치는 거실로 바람을 들이기 위한 통풍관이 아닐까 싶다. 통풍관의 입구는 부지의 서측 경사면에 자리 잡고 있다.(도 2.12) 통풍관은 먼저 땅밑을 통과한 후 다다미 넉 장 반과 석 장 반짜리 방 밑을 지나는 짧지 않은 거리를 달려 거실에 도달한다. 후지이는 거실의 바닥면을 이 두 방보다 약 12인치(30.5센티미터) 낮게 잡아 통풍관의 출구를 거실에 노출시켰다.(도 2.13) 이런 식으로 그는 거실 안쪽에 바람을 들이면서도 다른 방들의 프라이버시를 침해하지 않게 했다. 만일 이 주택을 전통적인 공간구조로 설계했다면 통풍관은 당연히 없어도 됐을 것이다. 전통 가옥이라면 외벽, 다다미 넉 장 반짜리 방과 석 장 반짜리 방 그리고 거실을 구분하는 것은 고정벽이 아니라 가변적인 칸막이이기에 모두 활짝 열어젖히면 맞통풍이 발생한다. 하지만 후지이의 주택에서 경계는 기둥과 그 사이를 메우는 칸막이의 조합이 아니라 고정된 벽과 창문으로 처리되어 있다. 그뿐 아니라 방들과 거실을 관통하는 맞통풍의 가능성은 다다미 넉 장 반짜리 방의 붙박이 벽장으로 인해 출발점에서부터 막히고 만다. 이런 후지이의 작업을 어떻게 이해해야 할까? 통풍관이 과연 삼복증염에 시달리는 거실의 온도와 습도를 낮추는 데 얼마나 효과적이었는지는 의문이 들긴 한다. 한 가지 분명한 것은 방의 독립적인 프라이버시를 보장하면서도 동시에 환기문제를 풀려고 했던 그가 고심 끝에 내놓은 방책이 바로 땅속과 방바닥 밑을 가로질러 거실까지 달려온 이 통풍관이었다는 사실이다.

도 2.10 후지이 코지, 초치쿠쿄 바닥 밑 공간의 환기구, 오야마자키, 일본, 1928

도 2.11 후지이 코지, 초치쿠쿄 바닥에 난 환기구, 오야마자키, 일본, 1928

도 2.12 후지이 코지, 초치쿠쿄 통풍관 입구, 오야마자키, 일본, 1928

도 2.13 후지이 코지, 초치쿠쿄 실내에 설치된 통풍관 출구, 오야마자키, 일본, 1928

일본 전통 가옥의 개방성

일본 전통 가옥의 특성과 의의에 대해 와츠지는 위에서 언급한 세 건축가와 다른 입장을 고수했다. 그의 초점은 서구의 기준에 따라 전통 건축을 변형하는 것이 아니라, 풍토와 다자 간 윤리의 관점에서 전통 건축의 의미를 재발견하고 새롭게 조명하는 데 맞춰져 있었다. 앞에서 논의한 것처럼 와츠지에게는 순수하게 독립적 존재로 간주되는 개인이란 존재하지 않는다. 개인으로 이해된다는 것은 '우리'라는 전체가 전제되어 있다는 뜻이다. 와츠지가 주장하는 인간은 결코 자립적이거나 고독한 순수 개인이 아니라, '우리'라는 집합성 안에 필연적으로 놓여 있다. 오직 이 조건 위에서만 '개인'을 논할 수 있는 것이다.

사람은 개인적인 동시에 사회적이며, 이 두 차원은 변증법적으로 결합되어 있어서 한 차원이 다른 차원을 끊임없이 부정한다. '우리'의 한 형태인 가족은 남녀의 관계를 뛰어넘어 남편과 아내, 부모와 자식, 손위와 손아래 같은 다양한 관계들로 이루어진다. 이 관계는 역동적, 변증법적, 대립적이면서도 서로 상대편이 부재할 경우 존재할 수 없는 운명적 관계로 묶여 있다. 와츠지에 따르면, 유럽에선 "근대 자본주의는 인간을 독립된 개인으로 보려 하고, 가족 역시 경제적 이익을 위해 모인 개인들의 집단"이라고 해석한다.[17] 하지만 일본에서 집은 개인이 혼자 거주하는 곳이 아니라 가족이 모여 사는 곳의 의미가 우선하며, 따라서 개인과 가족이라는 대립쌍을 인정하지 않으면 작동하지 않는다.

일본의 집은 동시대를 살아가는 가족의 거주지라는 의미를 넘어 서로 다른 시대를 잇는 역사성 또한 중요하다. '이에いえ'로 표기되는 집家은 가족이 함께 사는 곳이기 이전에 선조로부터 후손에 이르는 가문의 연속성을 상징하기 때문이다. 가장은 선조들의 뒤를 잇는 연속성 속에서 권위를 획득하

---

17 Tetsuro Watsuji, *A Climate: A Philosophical Study*, trans. Geoffrey Bownas, Ministry of Education Printing Bureau, 1961, p. 144.

고, 현재의 가족은 그 집의 명예로운 이름을 지켜야 한다는 역사적 책임을 안고 살아간다. 따라서 '집'은 혈연에 의한 생물학적 집단이나 규칙을 따르려는 도덕적 개인의 우연한 합으로만 이해될 수 없다. 역사 속에서 축적된 전체로서의 '가족'을 선행적으로 이해하고 그 안에서 현재를 살아가는 개별적 구성원이라는 사실을 이해해야 '집'의 의미를 제대로 파악할 수 있게 되는 것이다.

가족과 집에 대한 유럽과 일본의 이 개념 차이는 도시 구조에도 반영된다. 와츠지는 먼저 전형적인 유럽식 주거건축의 공간구조를 언급했다. 수직 이동을 위한 계단, 수평 이동을 위한 중앙복도, 마지막으로 개별적인 주거 단위들로 이루어진 아파트를 염두에 둔 듯하다. 와츠지는 실내의 복도가 바깥에 있는 거리의 연장이라고 지적했다. 복도는 거리이고, 거리는 복도다. 더욱 흥미로운 것은, 개별 주거로 들어서고자 문을 열면 또 다른 복도가 나타나고 방들이 줄을 지어 배치되어 있다는 사실이다. 다시 말해, 바깥의 거리가 개별 주거의 내부로 확장되어 들어온 것이다. 주거 내부에 있는 각 방은 "손만 한 번 움직이면 독립적이고 폐쇄적인 집"이 될 수 있다.[18] 만일 어떤 사람이 방 한칸에 세 들어 산다면 우체부는 건물의 복도를 지나고 나서 다시 주거의 내부 복도를 지난 후 방문을 두드리고 우편물을 전달할 수 있다. 따라서 거리, 건물 내부의 복도, 개별 주거 내부의 복도는 완전히 개방적이며, 얇은 문 안쪽에 자리한 불가침의 사적 영역과 극명한 대조를 이룬다.

이와 대조적으로 일본에서는 우선 주거 형태로 아파트를 선호하지 않는다. 일본에서 어떤 곳을 집이라 부를 때 그곳은 다른 집들과 복도를 공유하는 건물의 유니트를 의미하지 않는다. 그 대신 다른 집들과 명확하게 분리된 독립된 영역 안에 별개의 대문을 가진 곳을 의미한다. 일본 도시에서 볼 수 있는, 외곽으로 제멋대로 뻗어나가는 듯한 주거지 확장세의 이면에는 이처럼 개별 영역을 확보할 수 있는 단독주택에 대한 선호가 깊게 자리 잡고 있다. 사실 이런 수평적 확장은 여러 가지로 비효율적이다. 상하수도관, 전선, 가

18 Tetsuro Watsuji, *A Climate: A Philosophical Study*, p. 162.

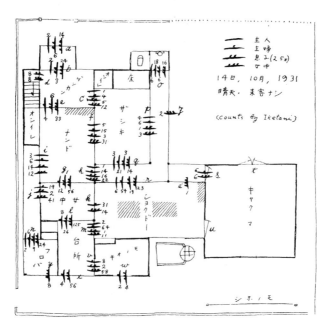

도 2.14 남편, 아내, 아들, 가사도우미로 구성된 중산층 가족의 이동 횟수를 평면에
표기한 연구(콘 와지로와 그의 조교 이케다니 사다오가 1931년 10월 14일 조사).

스관, 도로망, 철로 등 모든 면에서 과도한 설비투자가 필요하기 때문이다. 출
퇴근하는 데도 더 많은 시간과 에너지가 소요된다는 점은 언급할 필요도 없
다. 그럼에도 불구하고 일본에서는 가족만을 위한 단독주택에 대한 선호가
주거건축의 근저에 자리 잡고 있다. 집은 '안內/うち'이고 세계는 '바깥外/そ
と'이라는 분명한 구분에서도 단독주택에 대한 선호를 다시금 확인할 수 있
다. 집에 들어갈 때 신발을 벗는 관습은 내외의 구분을 행동으로 보여주는
가장 두드러진 예일 것이다. 집의 내부가 순수함, 청결, 안전, 친밀함과 연결
되고, 외부가 불순함, 더러움, 위험, 낯섦과 연결되는 것도 이런 구분에서 나
온다.[19]

---

19 Ritsuko Ozaki, "Boundaries and the Meaning of Social Space: Study of Japanese House
Plans," *Environmental and Planning D: Society and Space*, vol. 24, no.1, 2006, p. 93;
Joy Hendry, *Understanding Japanese Society*, London; New York: Routledge, 2003, pp.

유럽인들에게 길거리의 커피숍과 레스토랑은 낯선 이와 거리낌 없이 이야기를 나눌 수 있는 친근한 장소이다. 반면 일본인에게 집 바깥의 카페와 레스토랑은 낯설고 이질적인 곳이다. 길가의 카페와 레스토랑은 집 안의 식당이나 거실과 질적으로 전혀 다르다. 거리가 낯선 이와 대면해야 하는 이질적인 공공의 영역이라면 "집 안은 공공성이라고는 조금도 스며들지 않는, 또는 공공성을 완벽하게 제거한 지극히 내밀하고 사적인 영역"이다.[20]

신기한 점은 일단 집 안에 들어가면 완전한 개방성이 공간을 지배한다는 사실이다. 가족 구성원들은 물이 흐르듯 자유롭게 이 방 저 방을 돌아다닐 수 있다.(도 2.14) 방들이 서로 맞닿아 있어서 이 방에서 저 방으로 직접 이동한다. 담장을 통해 바깥의 거리와 명확하게 배타적으로 구분되는 반면에, 안에서는 각 방의 독립성을 찾아볼 수 없다.[21] 불투명한 미닫이문인 '후스마襖/ふすま'와 반투명한 미닫이문인 '쇼지障子/しょうじ'가 방을 구획하긴 하지만, 이 문은 "열쇠를 돌려 자물쇠를 잠그는 것과 같은 적대적 또는 방어적 분리를 추구하지 않으며, 실제로 그런 기능"도 없다.[22] 그 구분은 분리 욕구의 표시가 아니라 서로 신뢰하는 통일체 안에서의 분리이다. 칸막이를 닫는 것은 구성원들 사이에 원만하지 않은 상황이 생겼다거나 잠시 어떤 내밀한 일이 벌어진다는–옷을 갈아입는 것과 같은–암시이다. 하지만 칸막이가 다시 스르르 열릴 때 완전히 탁 트인 평정平靜의 개방감이 펼쳐진다.(도 2.15) 자기 영역이라곤 전혀 없이 개방된 이곳에서 분리된 방들을 연결하는 좁은 통로, 즉 복도가 설 자리는 없다. 도해상으로 일본 가옥은 몇 개의 방들과 복도로 이루어진 집이 아니라, 몇 개의 방들이 모여 큰 방을 이루거나, 또는 큰 방이 복도 없이 작은 방들로 세분된 형태라고 할 수 있다. 와츠지는 다음과 같이 말한다.

47-48; Emiko Ohnuki-Tierney, *Illness and Culture in Contemporary Japan,* Cambridge: Cambridge University Press, 1984, pp. 21–31.

20 Tetsuro Watsuji, *A Climate: A Philosophical Study*, p. 164.

21 Tetsuro Watsuji, *A Climate: A Philosophical Study,* p. 164.

22 Tetsuro Watsuji, *A Climate: A Philosophical Study,* p. 164.

도 2.15 일본 주택의 개방성

후스마와 쇼지, 이 두 칸막이는 그걸 열고 싶은 사람의 욕구를 거부할 힘이 전혀 없다. 굳건히 닫힌 문을 대체하는 이 칸막이들은 내부 구성원들이 항상 서로를 신뢰한다는 사실을 보여준다. 후스마와 쇼지가 닫혀 있으면 누군가 일시적인 분리를 원한다는 의사표시로써 존중한다. '집' 안에서 일본인들은 다른 사람으로부터 자기 자신을 보호할 필요 또는 자기 자신을 가족 구성원과 구별할 필요를 느끼지 않는다. 열쇠가 타인으로부터 분리되고자 하는 욕구를 표현하는 것이라면, 후스마와 쇼지는 잠시 방을 분할하는 수단에 불과하며, 오히려 각자의 욕망을 통일하여 하나가 되고자 하는 바람의 표현이다. ··· 드넓은 세상의 한편에 이처럼 자그마한 통합의 공간이 존재한다는 것이 신비로울 뿐이다.[23]

---

23   Tetsuro Watsuji, *A Climate: A Philosophical Study*, pp. 164-165.

가족 윤리에 바탕을 둔 시각으로 와츠지가 전개하는 가옥의 공간구조에 대한 해석은 특별하다. 그는 고정된 벽과 창이 아니라 바닥과 천장, 칸막이에 더 집중한다. 이런 의미에서 일본의 공간성에 대한 그의 해석에는 일본 가옥을 일종의 무대, 즉 "사라진 벽을 통해 자연이라는 배경이 눈에 전면적으로 들어오는 야외극장"[24]으로 본 브루노 타우트Bruno Taut(1880-1938)의 견해와 상통한다. 모더니즘의 맥락에서 타우트의 묘사는 정확하고 인상적이다. 고정벽이 거의 없는 일본 주택의 개방성을 포착했기 때문이다. 하지만 타우트의 해석은 그 뒤에 놓인 윤리적 배경을 고찰하지 않고 건축 형식의 개방성 그리고 정원과의 미학적 관계에 더 치중했다. 반면에 와츠지는 자기自己만의 영역에 대한 집착을 벗어버리고, 구획된 방의 칸막이를 열어젖혀 다른 방들과 연결되며 더 큰 앙상블을 이루는 개방성, 그 윤리적 측면에 집중했다.

근대성과 안팎의 이원성

소란스럽고 위험하고 불순한 바깥 세계와는 대조적으로, 장벽이라고는 하나도 없는 내밀한 전통 주거공간을 묘사하는 와츠지의 논의는 일본의 근대화 경험과 관련이 있다. 와츠지가 『풍토』를 쓸 당시 일본은 1868년 메이지유신 이래로 급속한 근대화 과정을 겪고 있었다. 정치, 법률, 교육, 의료에서부터 미터법을 기준으로 한 도량형의 개편까지 사회의 전 분야에 변화의 바람이 맹렬하게 일었다. 도시의 기반 시설도 예외가 아니었다. 자동차와 전차가 들어왔다. 도로를 넓히고 포장해야 했다. 전차 궤도가 놓이고 전기로 밝히는 가로등이 설치되었다. 새로 철도가 깔리면서 도시의 기존 구조가 허물어지고, 새로운 교통 요충지가 등장하고, 상업지구와 오락지구도 따라 들어섰다.
　　독일로 떠나기 전 와츠지는 근대화로 인해 도시 경관이 급속히 바뀌는 것을 목도하면서도 그다지 특별한 일이 아니라고 생각했다.(도 2.16) 하지만

24　Bruno Taut, *Houses and People of Japan*, Tokyo: Sanseido, 1937, p. 191.

유럽에서 돌아오고 나니 달랐다. 갑자기 일본의 도시 경관이 아주 기이하게 느껴졌다. 특히 전차와 자동차 같은 교통수단과 주택의 관계가 그러했다. 유럽에선 교통수단이 집들보다 왜소하고, 커다란 아파트 건물을 배경으로 조화를 이루고 있었다. 하지만 일본에서는 교통수단이 이상하리만치 커 보였다. 전차가 집을 가로막는 통에 길 반대편에서 보면 하늘밖에 드러나지 않았다. 자동차도 더 크게 다가왔다. 마치 "운하 속의 고래"처럼 거리를 누볐으며, "집보다 더 높고 어딘가 더 우람해" 보인 것이다.[25] 또 전차와 차량이 달리는 모양은 매우 거칠었다. 특히 전차는 들판에서 사납게 돌진하는 야생 멧돼지와 흡사하다는 생각마저 들었다.[26] 이런 전차 앞에서 판잣집은 초라하고 무기력해 보일 뿐이다. 와츠지는 이렇게 말한다.

> 전차는 단층집보다 높고, 폭도 더 넓고 아주 튼튼하게 만들어져 있다. 폭주하는 전차가 만일 궤도를 이탈해 달려든다면 얇은 판잣집은 그야말로 산산조각이 날 것 같은 인상을 받는다.[27]

동일한 자동차와 전차라 해도 어디에 놓여 있는가에 따라 완전히 다르게 보인다. 유럽에서는 도시 경관과 비례가 잘 맞는 듯 보였지만, 일본에서는 어긋나 보였다. 와츠지는 도시 기반 시설과 주택 사이의 이 불균형을 일본 근대화의 특징으로 보았다. 너무도 노골적이고, 적나라하고, 거칠고, 우스꽝스러우리만치 이상한 조건 속에서 근대화가 소란스럽게 진행되고 있었다. 와츠지에게 일본 도시 경관의 진면모를 보여주는 이 균형의 부재는 오랫동안 근대 문명의 발달과정을 옭아맨 혼란과 무질서의 한 단면이었다. 일본의 근대화 과정의 특성에는 전차, 자동차, 가로등이 '원시적이고 야만적인' 매력을 발산하는 서구식 도시 경관과 전통 주거건축의 실내에서 볼 수 있는 미묘하고 세

---

25 Tetsuro Watsuji, *A Climate: A Philosophical Study*, p. 158.
26 Tetsuro Watsuji, *A Climate: A Philosophical Study*, p. 158.
27 Tetsuro Watsuji, *A Climate: A Philosophical Study*, p. 158.

Great Sight of Ginza.　　　　　　　新橋ノ上空ヨリ銀座方面ノ盛観

도 2.16 근대화 시대 일본의 도시 풍경

련되고 내밀한 공간성 사이의 기이한 병치가 드러나 있는 것이다.

　균형의 부재와 기이한 병치가 내포하는 일본 근대화 과정의 특성에 추가로 고려할 사항이 있다. 그것은 내부로서의 집과 그 너머 외부로서의 세계, 이 둘 사이를 분리시키는 정서가 훨씬 강화된다는 사실이다. 외부의 소란이 이 분리 욕구를 자극한다. 온갖 형태의 서구화가 벌어지고 있는 바깥 거리는 빵빵거리는 자동차, 경적을 울리는 전차, 번쩍이는 네온사인에 점령되어 시끄럽고 불안하고 혼란스러웠다. 이 기계들은 물질문명의 진보를 실현하는 수단이었지만, 매우 거칠고 투박하고 원시적이었다. 황량한 원시주의의 이면을 드러낸 서구화의 물결이 강렬한 만큼, 역으로 안전하고 아늑한 거처를 마련하려는 경향이 강해질 것이라고 와츠지는 보았다. 문명화의 소란이 거칠고, 조잡하고, 투박하게 표출되는 한, 내향적이고 내밀하고 세련된 공간을 가진 집의 역할은 점점 더 중요해질 것이라고 예측했다. 서구의 물질문명을 좇는 사회변혁이 이루어지는 것은 피할 수 없었다. 하지만 풍토, 정서 그리고 주거건축의 공간감은 서로 짝을 이루어 중요한 문화적 기제로 계속 살아남을 것이라고 확신했다. 서구화되어 가는 도시의 사막 같은 황량함을 상쇄해 줄 완벽한 개방감을 구현하는 내밀한 집에서만 "(일본인들은) 편안함을 느낄 수 있다"고 믿었기 때문이다.[28]

공동 대응과 공간의 구조

일본 가옥이 가진 실내의 개방성에 다시 주목해 보자. 가족 구성원들은 개방성 덕분에 습기, 더위, 추위와 같은 기후 현상에 공동으로 대처할 수 있었다. 개방성은 특히 습하고 무더운 여름에 큰 효과를 발했다. 일본 가옥이 숨막힐 듯 찐득찐득한 습기에 어떻게 대응했는지는 많은 학자의 연구 주제였다. 예를 들어, 칸자키 노리타케神崎宣武는 기후학적 분석을 통해 일본의 여름과 위도 30~50도 사이에 위치한 다른 도시들의 여름을 비교했다. 도쿄의 평균 습도는 66퍼센트로, 7월이 되면 77퍼센트까지 치솟고 5월이 되면 38퍼센트까지 떨어진다. 이 수치는 유럽 도시들의 습도-로마(78퍼센트), 파리(79퍼센트), 런던(84퍼센트)-에 비하면 높아 보이지 않는다. 하지만 도쿄의 체감 습도는 객관적인 수치보다 더 높다. 로마, 파리, 런던 같은 도시에서 습도가 높은 달은 겨울철에 해당하는 10월에서 2월 사이에 몰려 있다. 따라서 습기는 높아도 열기가 낮으니 그곳의 여름은 견딜 만하다. 도쿄는 얘기기 다르다. 습도가 높은 달이 6월부터 9월까지다. 이 기간에 습도가 75퍼센트를 넘는다. 이 높은 습도에 더위가 겹친다. 이 기간에는 기온이 섭씨 25도를 넘는다. 일본의 여름이 참기 힘든 것은 습기와 더위의 이 조합 때문이다. 이 현상은 도쿄에만 국한되지 않는다. 더운 공기를 품은 해류가 홋카이도를 제외하고 일본 열도를 지배하기 때문이다.[29]

도쿄는 비도 많이 내린다. 연평균 강수량을 보면 로마는 735밀리미터,

28 Tetsuro Watsuji, *A Climate: A Philosophical Study*, p. 164.
29 Noritake Kanazaki, *Shikki no nihon bunka*, Tokyo: Nihonkeijaishinbunsha, 1992, pp. 8–12.

파리는 614밀리미터, 런던은 759밀리미터를 기록한다. 반면에 도쿄의 강수량은 1400밀리미터에 달한다. 이렇게 강수량이 높은 것 역시 일본 전역에 걸친 현상이다. 일본의 강수량은 동남아시아나 남미의 열대우림과 맞먹는다. 다른 점은 일본은 강수량이 연중에 걸쳐 고루 분포한다는 점이다. 여름에 태풍이 몰아칠 때를 제외하곤 스콜처럼 짧고 강하게 퍼붓는 경우는 드물다. 따라서 일본의 기후는 겨울의 폭설과 여름의 무더운 날씨로 요약된다. 단, 태평양 연안은 겨울보다 여름에 비가 더 많이 오고, 그 반대쪽은 겨울에 눈이 더 많이 온다. 이처럼 무덥고 비가 많은 일본의 여름은 "인도 대륙과 동남아시아 지역에서 5월과 9월 사이에 남서쪽에서 불어와 비를 뿌리는 계절풍"[30]인 몬순의 영향력 하에 있는 것이기에 열대나 아열대로 분류하여도 무방하다.

칸자키에 따르면 일본 건축은 이 기후 조건에 다양한 전략으로 대응한다. 폭우와 높은 습도에 대응하여 일본인은 단을 높이고 그 위에 목구조를 세운다. 물론 이 방법은 겨울 추위에는 부적합하다. 하지만 벽을 세워 추위를 막는 것보다는 환기가 잘 이루어지도록 하여 여름의 더위와 습기에 대처하는 것이 더 중요했다. 실제로 일본은 이웃 나라들보다 난방 시스템이 뒤처진 편이다. 예를 들어 한국은 온돌이라는 바닥 난방 시스템을 가지고 있다.(도 2.17) 온돌은 돌판으로 바닥을 만든 후 진흙을 깔고 기름 먹인 종이로 마감한다. 열원은 부엌의 조리용 불이다. 이 불을 활용하여 덥힌 공기가 돌판 밑으로 흘러 들어가며 방바닥을 데운 후 반대편에 설치된 굴뚝으로 빠져나간다. 이 독특한 난방 시스템과 대조적으로 일본 가옥의 바닥은 항상 목구조 위에 틀을 짠 후 판재를 깔거나 다다미를 깔아 마무리한다. 난방은 히바치火鉢(도 2.18)나 코타츠火燵 같은 이동식 도구를 통해 국소적으로 이뤄진다. 과장해서 말하면 일본 사람은 추위에 대해 얼어 죽지만 않으면 괜찮다는 태도이다.[31] 추위에 대한 이 같은 인내심은 일본의 여름 무더

---

30 Oxford Dictionary of English.
31 Noritake Kanazaki, *Shikki no nihon bunka*, p. 19.

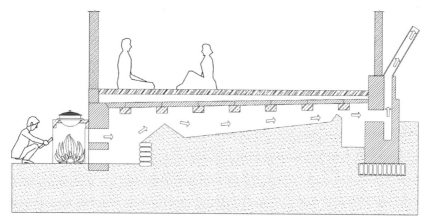

도 2.17 한국 난방 시스템인 온돌의 단면도

도 2.18 이동식 화로 히바치

위와 습기가 얼마나 참기 어려운 것인지를 반증한다. 일본을 방문하는 외국인들은 자연스레 일본 집이 춥다고 불평한다. 에드워드 모스Edward S. Morse(1838~1925)는 일본 집에서 살아본 뒤 다음과 같이 적었다.

일본 사람은 우리만큼 추위를 타지 않는다. … 그들이 추위를 대수롭

게 여기지 않는 것은 겨울철 모임이 있을 때 방문을 활짝 열어젖힌다
는 사실에서 알 수 있다. 심지어 첫눈이 내려 정원이 눈꽃으로 뒤덮였
을 때에도.[32]

일본 건축은 눅눅함을 막기 위해 집을 지면에서 떨어뜨리는 건축 방식과 더
불어, 재료를 고를 때도 습기에 얼마나 강한지를 먼저 고려한다. 무덥고 습한
기후 덕분에 일본의 산에는 편백나무, 삼나무, 소나무, 느티나무가 가득하며,
유명한 3대 미림美林-키소지의 편백나무 숲, 아키타의 삼나무 숲, 아오모리
의 히바나무 숲-이 탄생했다. (히바는 일본 고유의 편백나무 종이다.) 타우
트가 말했듯이, 그리스에서는 건물을 돌로 짓고 일본에서는 나무로 짓는 게
당연하다.[33] 특히 일본의 편백나무는 욕조를 만들 정도로 습기에 잘 견디는
재질 덕분에 가장 가치 있는 목재로 여겨진다. 소나무는 부패 방지를 위해
벵가라-벵골에서 들여온 붉은 안료-와 함께 쓰인다. 밤나무는 습기와 부패
에 대한 저항력이 높아 하부 골조로 쓰인다. 일본 삼나무는 습기를 흡수하
고 배출하는 능력이 뛰어나며, 그 기름에는 방부 효과가 있다. 판자는 벽과
천장의 재료로 쓰이고, 잔가지나 둥치는 도코노마床の間(일본 건축에서 방
안에 인형이나 꽃꽂이로 장식하고 붓글씨를 걸어 놓는 움푹 팬 공간을 말한
다.-옮긴이)의 장식 기둥으로도 쓰인다.[34]

　　다시 와츠지로 돌아가보자. 더위와 습기가 결합한 여름에 일본인들이
어떻게 대응하는지 구조, 재료 그리고 재료의 취급법이라는 관점에서 논하
는 것은 흥미롭다. 이는 건축가가 아닌 와츠지가 다루지 못한 부분이기도 하
다. 하지만 와츠지는 구조와 재료에 매인 건축가의 시야를 뛰어넘는 새로운
시각으로 일본 가옥의 대응방안을 밝혀준다. 그는 가옥의 개방성에 주목한

32　Edward S. Morse, *Japanese Homes and Their Surroundings*, New York: Dover
　　Publications, 1961, p. 119.

33　Bruno Taut, *Fundamentals of Japanese Architecture*, Tokyo: Kokusai Bunka Shinkokai,
　　1936, p. 15.

34　Noritake Kanazaki, *Shikki no nihon bunka*, pp. 24-30.

다. 그것이 가져오는 환경적 이점이 다자 간 윤리에 기초를 두고 있음을 보여준다. 공간의 개방성은 풍토에 대한 대응인 동시에 가족 구성원들 간의 애정 표현이다. 무더운 여름에 방을 구획하는 구조에 융통성이 있으면 칸막이를 열어 통풍을 원활하게 할 수 있다. 드리워진 발을 통해(도 2.19) 거리에서 바람이 들어와 방들을 차례로 거친 뒤 마지막에는 중앙에 있는 작은 안뜰에 도달한다. 그러는 동안 바람은 습기를 실어 날라 대기로 배출한다.(도 2.20~21) 이 구조가 가능하려면 프라이버시를 '자발적으로' 양보해야 하는데, 이는 가족 구성원들 사이에 존재하는 사랑의 한 형태다. 다른 말로 하면 맞통풍은 자연발생적으로 일어나는 것이 아니라 조율된 사람의 관계가 만들어내는 현상이라는 것이다. 겨울에도 융통성 있는 공간 덕분에 가족들은 집 한가운데로 쉽게 이동할 수 있다. 이곳에 가면 내장형 난로인 이로리居炉裏나 숯불을 담은 이동식 난로 히바치火鉢에서 온기가 뿜어져 나온다. 가족은 열원을 중심으로 동그랗게 둘러앉는다. 가족 구성원들이 온기의 감촉을 공유하는 것은 일본 토속 건축의 중요한 특징으로, 어느 저자는 이를 다음과 같이 묘사했다.

> 추운 겨울 저녁에 히바치 주위로 바짝 모여든다. 히바치를 감싸는 누비이불 한 장으로 모두의 무릎을 덮는다. 서로의 손이 닿고 상대방 몸의 온기가 전해진다. 온 가족이 온기를 함께 느끼는 순간, 바로 이것이 진짜 일본이다.[35]

이런 식으로 와츠지는 기후와 가족 구성원 간의 애정 표현이라는 관점에서 공간적 유연성이 갖는 의미를 새롭게 해석했다. 알려진 바와 같이 모더니즘은 일본 건축의 융통성을 기능성과 경제성의 관점에서 바라보았다. 또한 공간미학적 관점에서도, 칸막이들을 직선축을 따라서가 아닌 비스듬한 대각선 방향으로 열어젖힐 때 나타나는 시각적 경험을 높이 평가했다. 그러나 이

---

35 Edward T. Hall, *The Hidden Dimension*, New York: Doubleday Garden City, 1966, p. 140.

러한 해석에 빠진 것이 있다. 공간적 융통성은 프라이버시를 중요시하는 오늘날과는 다른 가족관계의 기초 위에서 구현된 환경적 대응이라는 점이다. 한겨울의 추위 속에서 같은 열원을 공유하는 것, 또는 반대로 한여름 날 칸막이를 열어젖혀 옆방과 트고 맞바람을 불러일으키는 것, 이처럼 사람과 사람의 결속을 통해 한정된 자원을 균형 있게 활용하는 모습 속에 와츠지 풍토론의 핵심이 담겨 있다. 풍토는 단순히 문명의 안락을 추구하는 과정에서 한 개인이 각종 기술을 동원해 극복해야 할 대상이 아니다. 오히려 다른 이와 연합을 촉진하는 계기이고, 공동의 대응을 낳는 계기이다. 즉 다자 간 관계를 활성화하는 계기로 작동하는 것이다. 이 공동의 대응 속에서 아주 춥거나 덥고 습한 날이 많은 풍토의 불균형을 능동적으로 조율할 수 있다. 이렇기에 겨울날 한 방에 모인 사람들이 나누는 물리적 온기는, 이들 사이의 관계를 규정하는 정서적 의미의 온기와 반향을 불러일으킨다. 차가움이나 시원함도 마찬가지이다.

도 2.19 다양한 발이 쳐진 마치야町屋의 정면

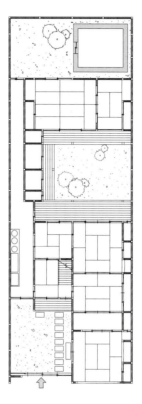

도 2.20 마치야의 평면도

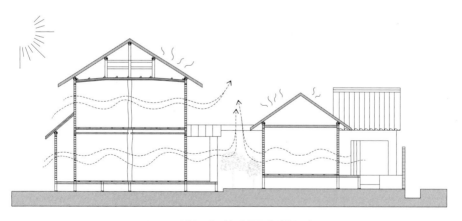

도 2.21 일본 토속 건축의 통풍에 대한 분석

와츠지가 일본 토속 건축의 공간 구조를 풍토 그리고 인간관계와 함께 논한 것은 생태학의 사회적 차원을 구체적으로 보여주는 전형적인 사례이다. 생태학은 인간과 가용 자원의 관계뿐 아니라 인간과 인간의 관계를 고찰한다. 와츠지가 보기에 생태학의 기저에는, 개인의 불완전함을 자각한 이들이 '더 큰 나,' 즉 '우리'로 탈바꿈하는, 존재의 초월적 상승이 자리 잡고 있다. 그러므로 그에게 부족함과 결핍은 다자 간의 균형 잡힌 결합을 촉진하는 매개인 것이다.

여기서 위에서 언급한 '자발적'이란 말의 의미에 주의해야 한다. 에고이즘egoism의 전통에서 볼 때 '자발성'은 자아가 그 자신의 사적 관심사를 부정하는 영웅적인 행위가 되겠지만, 여기에서는 그런 뜻이 아니다. 와츠지의 풍토론은 다른 기반 위에 서 있다. '우리'의 초월성과 자기를 비우는 '무아無我no-ego'라는 전통이다. 앞에서 논의한 '탈자적 존재'란 개념을 다시 상기해 보자. 풍토 현상 앞에서 우리는 에고이즘egoism의 오류를 매일 체험한다. 나 자신이 더위나 습기, 또는 추위를 '느끼겠다'고 작정해서 느껴지는 게 아니라 그 전에 이미 더위, 습기, 그리고 추위는 내 몸 안에 파고들어 나를 물들이고 있다. 즉 '나'가 먼저 있고 경험이 있는 것이 아니라, 경험이 있고 나서야 발견된 '나'가 있는 것이다.

이런 기후 현상은 나에게만 해당되는 것이 아니다. 같은 곳에 선 모든 이의 몸을 동일한 기운이 파고든다. 우리 모두는 똑같은 기운에 물든 나가 된다. 그러기에 아침에 학교를 가다가 친구를 만나면 아무런 거리낌 없이 '오늘 너무 춥네!' 하고 인사를 건넬 수 있는 것이다. 구석구석에 스며든 기후 현상 앞에서 혼자 고립된 개인 같은 건 없으며, 나는 항상 다른 사람과 더불어 동일한 기운의 장 속에서 존재한다. 나를 물들인 추위의 기운은 차고 넘치는 탓에 필연적으로 그런 상황에 대처할 수 있는 것을 찾기 위해 바깥을 향하게 된다. 자기를 초월하는 이 순간이 무언가를 향한 인간의 움직임과 창조, 생산의 기초가 되는 것이다. 와츠지는 이렇게 말한다.

이런 경험을 할 때 우리는 '나 자신'에 눈을 돌리지 않는다. 추위를 느낄 때 우리는 몸을 움츠리거나, 따뜻한 옷을 입거나, 난로 곁으로 다가간다. 아니면 걱정스러운 나머지 아이에게 옷을 입히거나 노인이 난로 근처에 있는지를 확인한다. 더 많은 옷과 숯을 살 돈을 벌기 위해 열심히 일한다. 숯가마에서는 숯을 만들고, 직물 공장에서는 천을 만든다. … 우리가 벚꽃을 즐길 때도 마찬가지이다. 벚꽃은 우리의 관심을 끈다. 벚꽃에 끌려 놀이를 하자고 친구들을 부르거나 벚나무 아래서 함께 춤을 춘다.[36]

자기 자신의 내적 완결성 또는 내적 충만함은 풍토 현상 앞에서 일순간에 전복된다. 이러한 풍토 현상이 확증하는 것은 나와 우리를 감싸는 세계의 선재성과, 세계를 향한 자아의 태생적인 개방성이다. 이 결과로 나는 단독적이고 자폐적인 존재가 아니라 처음부터 서로 다른 나와 함께 존재하는 나인 것이다. 풍토 현상 앞에서 나타나는 이런 근본적 개방성은, 내가 나의 의지로써 세계를 지향하는 것과 달리, 지향성의 근저에 존재하는 보다 근본적이고 깊은 차원의 지향성, 즉 '지향성의 지향성'이라고 볼 수 있다. 이 '지향성의 지향성'이란 '서로 다른 나들의 연합'이라는 관계 그 자체이다. 바로 와츠지가 말한 '공동의 대응'이 형성되는 조건인 것이다. 와츠지는 다음과 같이 적고 있다.

여름의 더위 혹은 태풍이나 홍수 같은 재난도 마찬가지다. 우리는 폭압적인 자연과의 관계 속에서 자신을 보호하고자 서로 연합하고 공동의 대응에 몰두한다. 폭압적 기후가 관계를 맺어주는 계기가 되는 것이다. 풍토를 통한 자기 이해라고 하는 것은 바로 이 공동의 대응을 통해 그 모습을 드러내는 것으로, 개인에 대한 자폐적인 이해가 아니다.[37]

36 Tetsuro Watsuji, *A Climate: A Philosophical Study*, pp. 5-6.
37 Tetsuro Watsuji, *A Climate: A Philosophical Study*, p. 6.

이 공동의 대응은 축적되므로 일시적인 것이 아니라 역사성을 지닌다. 단지 폭력적인 기후 현상에 대응해야 하는 지금 이 순간만의 문제가 아니다. 과거에도 유사한 기후 현상에 대해 사람들이 공동으로 대응했고, 그들이 채택하거나 창조한 방법을 후대에게 물려주었다. 공동의 대응으로 귀착되는 풍토를 통한 이러한 자각은 시간에 따라 축적된다. 우리와 기후 현상 사이에 전형성을 만들어내고, 이 전형성이 양식, 관습, 규범, 습관을 형성하는 토대가 된다. 이런 면에서 집이라는 것 역시 공동의 대응이 역사적으로 축적된 산물임을 새삼 인식할 필요가 있다.

그러므로 생물학적 요인으로 서로 우연히 모인 독립적 개인들이 규율을 만들고 경제적 공동체를 이루며 살아가는 공간 정도로 파악해서는 집의 의의가 제대로 드러나지 않는다. 살갗을 파고드는 전방위적인 추위 앞에 한 방으로 모여들어 히바치를 감싼 누비이불 아래로 다 같이 무릎을 집어넣고 서로의 온기를 느끼는 순간에 가족이 존재한다. 칸막이를 열어 하나의 열원을 공유하는 공동의 대응과, 필연적으로 맞부딪히는 어깨와 어깨, 발과 발을 통해 서로의 온기를 느끼는 것은 역사 속에서 전승되어온 '집'에서 벌어지는 상황의 전형성과 이 실천에 동반된 분위기를 만들어낸다. 생물학적 혈연관계나 경제적 공동체라도 여전히 서먹서먹한 타자성은 존재한다. 그러나 풍토를 계기로 이 타자성을 극복하고 동일한 '나'로 변모한 공동의 자각이 역사 속에 쌓여 집이라는 산물을 낳았다. 우연한 인연에서 비롯된 생물학적 연대 그리고 규율에 의한 경제적 연대가 풍토를 통한 자각에 기초해서 자기초월적 연대로 다시 태어나는 곳, 이것이 바로 집이다.

공동성에서 프라이버시로

와츠지는 공동성을 구현한 개방감과 융통성을 갖춘 공간 배치가 살아남으리라 확신했지만, 그의 예상과는 달리 전후의 일본 건축을 보면 서구의 프라이버시 개념에 기초해서 집을 설계하는 것이 관례로 정착했다. 사실 일본에서 프라이버시는 흥미로운 사회문화적 역사를 가진 말이다. 근대화가 시작

되기 이전 일본의 전통 사회에는 영어의 'privacy'에 해당하는 용어가 없었다. 가장 가까운 단어로는 '우치うち'-사전적으로 안, 내부, 속, 집안 등을 뜻한다-가 있는데, 이는 방과 방 사이에 만들어지는 경계가 아니라 집과 가로의 경계 또는 집과 집의 경계를 가리키는 말이었다. 즉 집 안에서 벽으로 구획된 개인의 방 안을 가리키는 것이 아니라, 담장 바깥과는 구분되는 집 전체의 내부를 의미했다. 따라서 가족의 공동성, 즉 배타적 구분이 없는 관계를 내포하고 있었다. 이와 대조적으로 현대의 일본어 사전에는 프라이버시의 일본 발음인 '푸라이바시プライバシー'가 등재되어 있다. 푸라이바시는 개인이 자신의 문제에 관해 다른 누구에게 침범당하거나 방해받지 않을 권리를 가리킨다. 서구의 프라이버시 개념이 수용되기까지는 일련의 사회문화적 사건들이 있었다. 1947년에는 개인의 권리를 명시한 새로운 민법이 제정되었고, 어느 전직 외무성 장관이 "자신의 이혼을 자세히 기술한 책의 출간을 반대하는 공개석에서 '푸라이바시'라는 단어를 써서 개인사를 방어하려 했던" 일도 한몫했다.[38] 오늘날 프라이버시는 가족 구성원들 간에도 효력을 발하면서 가족을 평등한 개인들의 연합체로 규정한다.

현대 일본의 전형적인 주택의 공간구조는 와츠지가 서양 주거건축의 특징이라 여겼을 법한 방식을 따른다.(도 2.22~23) 주목할 만한 점은 대개 안에서 잠글 수 있는 독립된 방들로 나뉘어 있다는 사실이다. 현대 주택에서는 고정된 콘크리트 벽이나 경골 목구조를 판재로 마감한 벽체가 칸막이를 대신한다. 각 방은 환경적으로 통제될 뿐 아니라 다른 방과 소통하며 더 큰 연합을 지향할 필요성도 사라졌다. 이런 공간이 가능해진 건 공조 시스템 덕분이다. 20세기 전반에 자리 잡은 고정된 실내 벽과 외벽을 가진 주택이 선풍기를 활용해 밀폐된 내부에 바람을 만들어냈다면, 20세기 후반의 주택은 에어컨의 발전을 논의하지 않고는 설명되지 않는다.

1935년 시바우라전자는 제너럴일렉트릭GE사의 룸에어컨을 처음 수입

38 Ritsuko Ozaki, "Boundaries and the Meaning of Social Space: Study of Japanese House Plans," p. 95.

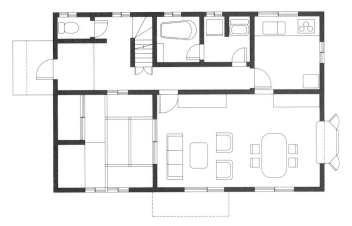

도 2.22 전형적인 현대 주택의 1층 평면도

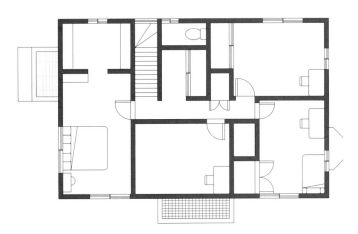

도 2.23 전형적인 현대 주택의 2층 평면도

했다. 하지만 높은 가격 때문에 상대적으로 저가인 선풍기에 밀려 널리 보급
되지 못했다. 전쟁이 끝난 뒤인 1952년에는 한 일본 회사가 EW-50이라는
룸에어컨을 최초로 만들어 출시했다. 이 모델은 '냉각기cooler'라고도 불렸
는데, 이는 열을 식히는 기능만 있다는 걸 의미했다. 또한 실내기와 실외기
구분이 없어 창문에 직접 설치해야 했다. 그러던 중 1961년에 도시바가 벽에

거는 형태의 에어컨을 고안했다. 실내기CLU-71와 실외기CLA-7H로 분리된 이 모델은 창문형의 소음 문제를 해결했을 뿐 아니라 사라졌던 조망을 다시 돌려주었다. 이로써 창문은 한 장의 그림을 담아내는 캔버스의 프레임과 흡사해졌다. 창을 열고 밖에서 신선한 공기를 들여와 방 안을 식히고 습기를 제거할 필요가 없어졌기 때문이다. 어차피 바람을 받아들여도 공기 흐름이 원활하진 않았을 것이다. 방과 방 사이를 막아선 벽들과 복도 때문에 바람은 겨우 방 안에서만 맴돌았을 테니 말이다. 바람이 방에서 방으로 흘러가며 집 전체를 관통한 후 대기 중으로 빠져나가는 것은 애초에 기대할 수 없는 일이었다. 이런 공간구조에서 거주자는 벽걸이 에어컨 덕에 쾌적한 상태로 프라이버시를 만끽했을 것이다. 외딴 방에 틀어박혀 자유를 누린 것이다.

전통 가옥, 특히 연립하여 들어서는 마치야町家 또는 나가야長屋의 경우, 집과 가로의 경계는 다양한 형태의 발로 처리되었다. 고정된 바닥과 지붕이 영구적으로 공간을 정의했다면, 목재 틀에 끼워진 칸막이는 조작이 가능해서 내부의 방들의 관계를 자유롭게 재구성할 수 있었다. 무더운 여름날 전면의 발과 미닫이문, 방과 방 사이의 칸막이를 조작하면 거리에서 바람을 한껏 끌어들여 내부를 관통하게 한 후 츠보니와坪庭라 불리는 작은 안뜰로 빠져나가게 할 수 있었다. 또한 추운 겨울날에는 칸막이를 밀어 난로가 있는 방으로 건너가 가족과 함께 온기를 공유할 수 있었다. 다시 한번 강조하지만 와츠지에게 풍토의 의의는 단지 물리적, 환경적인 차원에 머무르는 것이 아니라 집단의 공동체적 윤리에 관한 차원을 담고 있다. 풍토는 다자 간의 관계가 구체적으로 표현되고 실천되는 계기이다. 추상적이고 막연한 존재로서의 인간이 아니라, 비 오는 날 우산을 챙겨주는 아버지, 빨래를 성급히 걷어내는 어머니, 젖은 옷을 빨리 벗으라고 재촉하는 누나, 우산을 같이 나누어쓸 동생 등으로 인식된다는 것이다. 풍토에 대한 대응을 계기로 가족 구성원 하나하나가 구체적이고 실질적으로 드러난다.

개별적으로 구획된 방들로 인해 공동의 대응이 필요 없어진 주택은 순차적으로 풍토의 발현, 자각 그리고 다자 간 연합의 기회를 앗아간다. 그로써 인간관계의 구체적인 표현도 사라지게 한다. 풍토를 외면한 건축은 에너지를 많이 소진한다는 점에서만 위험한 게 아니다. 그것은 인간관계가 작동하고 구체화되는 중요한 계기를 제거해 버린다. 풍토가 사라진 건축 속에서는 비 오는 날 우산을 챙겨주던 아버지도, 빨래를 성급히 걷어내는 어머니도, 젖은 옷을 빨리 벗으라고 재촉하는 누나도, 우산을 같이 나누어 쓸 동생도 그저 똑같이 추상적인 개별 인간일 뿐이다. 부모와 자식, 형제와 자매, 친우, 사제, 연인 등 다양한 다자 관계를 표출하는 중요한 계기가 근본부터 흔들리게 되는 것이다.

풍토성과 현대주택

오늘날은 프라이버시를 중시하며 풍토와 멀어진 주택이 대다수이지만, 현대일본 건축을 살펴보면 와츠지의 문화기후학과 관련된 공동성의 윤리를 얼마간이라도 확증하는 사례를 볼 수 있다. 일례로 안도 다다오安藤忠雄가 오사카에 설계한 「아즈마 하우스東邸」(1976)가 있다. 실제로 안도는 「히메지 시립 문학관姫路文学館」(1991)을 설계하여 와츠지에게 헌정하기도 했다.(도 2.24~25)

풍토의 관점에서 「아즈마 하우스」의 가장 큰 특징은 안마당에 있다.(도 2.26~29) 그 규모를 보면 전통적인 연립주택의 안뜰인 츠보니와가 떠오른다. 물론 다른 점이 있다. 덥고 습한 여름철에 츠보니와는 맞통풍을 만들어내는 필수 요소이다. 전면에 친 다양한 종류의 발들이 집안 내부의 내밀함을 해치지 않으면서도 바람을 받아들인다. 바람은 서로 연결된 방들을 통과하면서 덥고 습한 공기를 제거한 뒤 츠보니와에 도달한다. 이와 반대로 「아즈마 하우스」의 전면은 일체식 콘크리트 벽과 구멍처럼 뚫린 출입문으로 이루어져 있다. 이 형태는 내밀함과 개방성이 미묘한 균형을 이루며 산들바람을 맞아들이는 전통 가옥의 전면과 뚜렷이 대비된다. 이런 이유로 들어올 수 있는 바람의 양이 크게 줄고, 설사 들어온다 하더라도 집 중앙에 있는 안마당까지 도달하지 못한다. 통풍의 관점에서 보면 안도의 안마당은 전통 가옥보다 비효율적이다.

도 2.24 안도 다다오, 히메지 시립 문학관의 외관, 히메지, 일본, 1991

　그럼에도 불구하고 안마당이 존재하는 이유는 와츠지의 풍토 관점에서 비로소 설명이 된다. 우선 이 주택의 구조를 보면 모든 방을 연결하는 주복도가 없다. 그보다는 서로 연결된 세 개의 작은 방으로 나뉜 하나의 큰 방이라 볼 수 있다. 이 세 개의 방 중 가운데 방을 비워 하늘로 열린 마당을 만드는 것은 경제적 관점으로는 설명이 안 된다. 땅값이 비싼 오사카에서 대지를 최대한 건물로 꽉꽉 채우는 것이 일반적 접근일 텐데, 대지의 3분의 1을 비워 두었으니 쓸데없는 낭비라고 비난받을 만한 일이다. 전면의 방은 가족 공간으로 쓰이고, 반대편 방은 식당, 주방, 욕실 기능을 한다. 2층의 두 침실 역시 안마당에 의해 나뉘어 있고, 다리를 통해 연결되어 있다. 사실 이 안마당은 골칫거리다. 2층 침실에 거주하는 사람이 차가운 겨울밤에 생리현상을 해결해야 한다고 상상해보라. 잠결에 일어나 문을 열었더니 폭우가 쏟아지고 있다면 여간 난감한 일이 아니다. 급히 우산을 찾아 펴들고, 다리를 건너 계단을 내려간 후, 식당 뒤편의 화장실에 가서 일을 보고, 다시 우산을 쓰고 왔던 길을 되돌아와야 하는 험난한 여정이다. 아마도 잠옷이 쫄딱 젖어 다

도 2.25 안도 다다오, 히메지 시립 문학관의 외관, 히메지, 일본, 1991

시 단잠을 청하기가 어려울지도 모른다. 기이한 구성에 혹자는 건축가의 폭력이라고 탓할 정도다. 하지만 안도는 이 안마당이야말로 사람과 자연물의 관계가 일상의 맥락에서 항상 새로워질 수 있는 장소라고 주장했다.[39] 안도의 말을 빌리자면, 츠보니와처럼 이 안마당도 "빛, 바람, 빗물 같은 자연의 요소들, 다시 말해 오늘날 도시 생활에서 사라진 것들을 끌어들여 풍토적 감각"을 되살아나게 한다.[40] 안마당에서 "사람과 자연물의 관계"가 복원되면 "삶

39 Tadao Ando, "New Relations between the Space and the Person," *The Japan Architect*, November and December 1977, p. 44.

40 Tadao Ando, "Sumiyoshi no nagaya kara kujo no machiya e(From the Sumiyoshi House

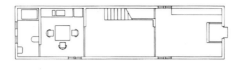

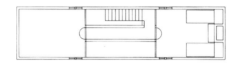

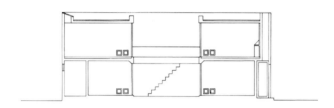

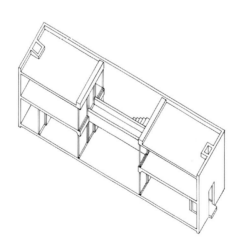

도 2.26 안도 다다오, 아즈마 하우스의 평면·단면·입체 투영도, 오사카, 일본, 1976

도 2.27 안도 다다오, 아즈마 하우스의 외관, 오사카, 일본, 1976

의 감각"과 "실존의 느낌"도 회복된다는 것이다.[41]

여기서 안도가 자연이란 말을 어떻게 사용했는지에 특별히 주목할 필요가 있다. 그가 말한 자연은 과학의 대상인 '순수한 자연'이나 '자연 그 자체 (물자체)'가 아니다. 다시 말해, 우리의 일상생활에서 나타나는 자연에 대한 경험을 추상화한 이론상의 개념이 아니다. 그의 관심은 인간과 자연현상 사이의 관계를 향해 있다. 이 관계가 바로 풍토이자, 삶의 상황 속에서 드러나는 자연의 가장 구체적인 모습이다. 예를 들어, 잠옷을 쫄딱 젖게 했던 비는 일산화 이수소H_2O 분자로 구성된 순수한 화학물질이 아니다. 그보다는 계

to the Townhouse at Kujo)," *Shinkenchiku*, 58, July 1983, p. 173(저자 번역).

41 Tadao Ando, "New Relations between the Space and the Person," p. 44.

도 2.28 안도 다다오, 식당에서 본 아즈마 하우스의 안마당, 오사카, 일본, 1976

도 2.29 안도 다다오, 아즈마 하우스의 식당, 오사카, 일본, 1976

절과 대기의 성질, 그리고 인간적 정취가 가득 스며든 비이다. 여름에 맑은 하늘에서 내리는 우아하고 세련된 소나기 '하쿠白雨', 대지를 식히는 먹구름이 어둠을 드리운 뒤에 쏟아지는 여름 저녁의 강한 소나기 '류다치夕立',[42] 6월부터 7월 초 우기에 끊임없이 내리는 폭우인 '사미다레伍月雨', 멜랑콜리한 가을비 '슈린秋霖'처럼 말이다.

「아즈마 하우스」의 안마당은 일종의 무대이다. 와츠지의 표현대로 "계절적인 순환과 돌발적인 사태"가 늘 교차하고, 습기와 태양 빛이 뒤섞이며 만들어내는 "다양하고 뚜렷한 분위기의 차이"가 가감 없이 드러나는 풍토의 무대이다.[43] 와츠지가 주장했듯이 풍토적 현상에 노출되는 것은 무감한 관찰자가 객관적인 지표로 날씨를 이해하려는 것과 질적으로 다르다. 풍토는 내가 누구인가를 비추는 거울로 자아를 발견하는 계기이다. 또 우리가 누구인가를 발견하는 계기, 즉 공동 자각의 계기이다. 그러기에 풍토가 현현하는 안마당의 역할은 일본의 정서-때로 불쑥 표출되는 뜨거운 감정과 인내하는 마음의 상반된 결합, 또는 미묘한 분위기 변화를 포착하는 민감함과 항상 변함없는 평정심 사이의 상반된 결합-를 확인하고 유지하고 북돋우는 장소인 것이다. 따라서 안도의 관점에서 「아즈마 하우스」의 거주자를 일본인으로 만드는 건 안마당이다. 이 집에는 에어컨이 구비된 방들이 효율적인 복도를 따라 이어진 인습적인 주택이 지니는 안락함은 없지만, 온 가족이 공유하는 이 안마당이 있기에 그들은 자신들이 누구인가를 이해하게 된다. 바로 이런 맥락에서 안마당은 오늘날 "사람들이 잃어버리고 있는 자기에 대한 이해"를 거주자에게 되돌려주는 곳이라고 안도는 주장했다.[44]

42   Tetsuro Watsuji, *A Climate: A Philosophical Study*, p. 200.

43   Tetsuro Watsuji, *A Climate: A Philosophical Study*, p. 199.

44   Tadao Ando, "New Relations between the Space and the Person," p. 44.

3

연대와 '온기'의 생태학:
리처드 노이트라의 생태 건축

연대와 '온기'의 생태학:
리처드 노이트라의 생태 건축

프랭크 로이드 라이트와 리처드 노이트라는 사제지간이지만 자연에 대해선 상당히 다른 입장을 개진했다. 라이트가 이상적인 낭만주의적 태도를 취했다면, 노이트라는 스승의 생각을 동화 속의 이야기 같다고 비판했다. 물론 노이트라가 자연이 불완전하다고 못 박아 말한 것은 아니지만, 그에게 자연은 모든 것을 제공하는 그런 존재가 아니다. 오히려 모종의 불균형 상태, 즉 특정 기운은 넘치지만, 다른 기운은 부족한 상태가 불안정하게 지속되는 것이었다. 그렇기에 노이트라에게는 인간이 창작 활동을 통해 자연에 개입해 불균형을 조율하는 것이 전혀 이상하지 않았다. 이 경우 인간은 자연과 자원을 도구적으로 전유하기 위해 개입하는 것이 아니다. 거주의 상황에 맞추어 각기 다른 기운들-차가움, 더움, 습함, 메마름 등-간에 적절한 비례관계를 설정하고 균형을 회복하려 하는 것이다.

이러한 노이트라의 생태적 접근에는 중요한 점이 있다. 기운들 사이에 적절한 관계를 확립하는 것은 거주 공간 안에서 펼쳐지는 여러 상황을 적절히 담아내기 위해 꼭 필요한 일이라는 점이다. 삼복증염의 하절기에는 서늘한 그늘을 기대하고, 동지섣달의 한파에는 몸을 녹여주는 온기를 기대한다. 노이트라의 균형 잡기는 여기에서 끝나는 것이 아니다. 불균형의 와중에 확보된 균형잡힌 오아시스는 특별한 장소가 되어 사람들 간의 관계를 더 끈끈하게 묶어준다. 서늘한 곳에 같이 들어앉아 수박을 나눠 먹으면 더 맛있고, 불 주위에 모여들어 이야기 나누며 밤을 지새우면 더 재미가 나듯이 말이다.

노이트라는 항상 기운의 조율과 다자 간 관계라는 윤리적 차원, 이 둘 사이의 관계에 대한 전망을 잃지 않았다. 자연의 불균형에 대한 대응과 다자 간 차원의 역학관계를 별개의 것으로 보지도 않았다. 전자가 후자를 활성화 하는 매개였기 때문이다. 이런 관점에서 개인과 자연 또는 개인과 자원 사이 의 관계에만 집착하는 것은 중요한 점을 놓치고 있는 것이다. 추상적 개인, 추상적 자연 그리고 이 둘 사이의 관계를 논하기 전에, 다자 간의 구체적인 연합과 이 연합을 통한 공유의 차원을 이해하는 것이 선행되어야 한다. 일상 에서 느끼는 결핍은 구성원들 간의 균형 잡힌 결합을 유도하는 매개이다. 밥 한 그릇을 놓고 아이와 어른이 나누어 먹으려고 할 때처럼 말이다. 아이는 성장해야 하니 어른보다 더 먹어야 할까? 아니면 아이는 어른보다 식사량이 적으니 덜 먹어도 될까? 만약 아이와 어른이 서로에게 낯선 이가 아니라 부 자 관계라면 상황은 또 어떻게 극적으로 반전될까? 거주하는 환경이 생태적 이라는 것은 결핍의 상황 속에서 단순히 자원의 소비를 줄이거나 기계적으 로 등분한다는 뜻이 아니다. 공동으로 대처하는 인간관계의 균형 잡힌 조율 이 환경의 생태성을 담보하는 중요한 요소이다.

　　노이트라가 주장한 환경 개념 그리고 환경과 관련된 창조의 중요성을 더 깊이 이해하고자 한다면, 그가 일본 전통 건축에 내포된 온기에 관해, 그리 고 온기와 사람 사이의 관계에 관해 이야기한 대목에 주목해야 한다. 노이트 라가 일본 문화에 깊은 관심을 갖고 있었다는 사실은 두말할 필요가 없다. 그는 일본 문화를 높이 평가했으며, 1930년대와 1950년대 초에 일본에서 강 의를 하고 일본 문화에 관한 글도 썼다.[1] 이 같은 역사적 사실들이 노이트라

1　노이트라가 일본 문화의 가치를 인지한 것은 그가 빈에서 공부하던 시절로 거슬러 올라간다. 빈은 19세기 말과 20세기 초에 일본풍을 선호하는 자포니즘이 유행한 유럽 도시 중 하나였다. 노이트라가 일본 문화를 다시 접하게 된 것은 탈리에신 웨스트에서 종종 일본 목판화와 문화에 대해 강연했던 라이트의 제자로 있을 때였다. 1930년에 노이트라를 일본에 초빙해서 두 차례 강연을 하게 한 사람도 탈리에신 웨스트에서 만난 일본인 동료였다. 노이트라는 제3차 근대건축 국제회의(CIAM)에 미국 대표로 참석하기 위해 브뤼셀로 가는 길에 일본을 들렀다. 그는 요코하마항에 도착한 순간 마치 고향에 온 것 같았다고 회고했다. 노이트라가 일본 건축에 큰 흥미를 느끼게 된 것은 세 가지 측면에서였다. 첫째, 주거건축물의 시공과정이 표준화되어 있으면서도 동시에 개별적인 차이를 허용하는 것, 둘째, 공간과 거주dwelling를 통합하는 것, 셋째, 거주자의 삶의 질을 풍부하게 하고 내부와 외부의 상호관입을 활성화하고자 정원을 중요하게

의 건축을 와츠지의 풍토론과 결합하려는 필자의 시도에 어느 정도 정당성을 준다. 하지만 그보다 더 주목해야 할 점은 양쪽의 이론적 관련성이다. 와츠지와 마찬가지로 노이트라는 주어진 환경이 우리 눈에 드러나진 않지만, 구체적이고 실질적인 기운들로 이루어져 있음을 간파했다. 노이트라에게 창조란 눈에 보이는 어떤 이미지나 코드를 다루는 문제가 아니었다. 눈에 보이지 않는 기운들을 어떻게 조정하는가의 문제였다. 특히 불, 바람, 물의 관계 또는 온기, 메마름, 습기의 관계를 정립한 방식, 나아가 이런 우주의 기본 기운들이 만들어내는 변증법적인 앙상블을 일상적인 공간과 결합시킨 방식이 흥미를 끈다. 노이트라가 펼치는 풍토론과 다자 간 윤리적 관계에 관한 견해를 뒷받침하기 위해 필자는 와츠지의 풍토론을 활용할 것이다. 특히 자기를 초월한 지각의 탈자적 속성, 그리고 공동의 자각에 기초한 탈주체적 소통의 개념을 소개할 것이다.

정신분석학과 실증주의를 넘어서

그동안 노이트라의 건축은 주로 정신분석학적으로 해석되었다. 하지만 필자는 이 장에서 노이트라의 건축과 철학에 나타난 환경적 특성을 밝히며 부가적으로 정신분석학적 해석의 한계를 지적하고자 한다. 노이트라의 건축을 정신분석학적으로 해석하는 토대는 둘로 나뉜다. 하나는 지그문트 프로이트Sigmund Freud(1856-1939)의 입장이다. 그는 인간의 공간 만들기란 어머니의 자궁을 대신하는 장소를 만드는 행위라고 주장했다. 다른 하나는 프로이트의 도전적인 제자였던 오토 랑크Otto Rank(1884-1939)의 입장이다.

생각하는 것이다. 노이트라는 1950년과 1951년에 다시 일본을 방문하여, '일본의 동료 건축가들에게'와 '자연으로 돌아가라'라는 제목으로 두 차례 강연을 했다. 이 강연에서 노이트라는 1930년 '새로운 건축의 중요성'과 '국제 건축'이란 제목으로 강연하던 때의 훈시적인 태도를 버렸다. 대신에 그는 일본 건축에 대한 감탄을 솔직하게 드러내고, 일본 건축이 그의 건축 설계에 있어 기본 지표 중 하나가 되었음을 인정했다. Hiroyuki Tamada, "Richard Neutra's Architectural Thought and Japan('Richard Neutra' no kenchikukan to nihon)," *Journal of Architectural Planning*, 2006, pp. 223-228.

그는 자궁을 뚫고 나오는 태아가 경험하는 트라우마를 논하고, 누군가 또는 어딘가와 분리될 때 수반되는 불안의 근원은 이 근원적 트라우마와 관련되어 있다고 주장했다. 그러므로 집짓기는 출생 트라우마를 이겨낼 전이체轉移體를 정성껏 만드는 행위이다. 한편 프로이트의 관점에서 보면, 아기가 모태를 벗어나 바깥으로 나오는 것은, 즉 안락한 내부를 타파하고 미지의 외부로 향하는 것은 완전히 자율적이고 독립적인 존재가 되겠다는 영웅적 의지를 재확인하는 행위이기도 하다.

　　이 대목에서 노이트라가 공간을 다루는 방식에 주목할 필요가 있다. 사실 노이트라만큼 안과 밖의 공간적 연속성을 섬세하게 구현한 건축가도 보기 힘들다. 그의 건물은 집이 오브제로서 갖는 독립성과 머나먼 수평선을 향해 내달리는 외부 공간과의 연속성, 이 양자의 차이를 사라지게 하는 건축으로 볼 수 있다. 모더니즘의 교리이기도 한 자유로운 평면free-plan의 한 정점을 실현하는 노이트라의 건축은 공간과 오브제 사이의 전통적인 구분을 지워내고 매끄럽게 한다. 그래서 그의 접근방법은 "형태와 공간에 대한 신조라기보다는 일종의 치료법"으로 평가되었다.[2]

　　이 같은 평가가 어느 정도 타당하다는 걸 인정하면서도, 노이트라 자신은 정작 정신분석학적 전통과는 거리를 두고자 했다는 점을 지적할 필요가 있다. 특히 '자아'를 에고ego에 기초하여 설명하는 관점을 멀리했으며, 그럼으로써 아주 다른 해석이 적용될 이론적 공간을 열어두었다. 이 장에서 필자는 에고에 기반을 둔 자아개념의 한계를 지적하고, 대안으로 무아無我 self-less-ness의 철학적 전통을 소개하면서 이를 노이트라의 글과 건축의 해석에 도입하고자 한다. 필자는 출생 이후의 삶과 공간의 구축을 다른 각도에서 파악하려고 한다. 즉 에고를 확증하고자 모태를 뚫고 바깥으로 나온 아기가 다시 한번 강건한 의지로 자신의 자율성을 확증하기 위해, 모더니즘의 도그마인 공간적인 연속성을 구현하려 애썼다고 보진 않는다. 모태공간

2　Sylvia Lavin, "The Avant-Garde Is Not at Home," in R.E. Somol, ed., *Autonomy and Ideology: Positioning an Avant-Garde in America*, New York: Monacelli, 1997, pp. 185-189.

을 깨고 나오는 것은 오히려 생물학적 차원을 넘어 타자의 발견과 대면을 향한 몸부림이다. 아기는 생물학적 본능의 지배를 넘어서는 사회적, 역사적 존재로 재탄생하는 것이다. 따라서 출생은 부모, 자식, 친구, 연인, 사제, 지인 그리고 심지어 적에 이르기까지 다양한 형태의 다자 간 관계가 개시되는 시점인 것이다.

이런 관점에서 보면 출생 이후에 발달하는 직립 자세를 두고 벌이는 해석도 달라진다. 생식기 부위가 노출되자 이를 가리기 위해 등장한 것이 패션이라는 식의 이야기를 하는 쪽이 정신분석학이다.[3] 노이트라는 다른 관점에서 바라보았다. 직립 자세의 발달은 '대면' 또는 '마주하기'와 관계가 있는 것으로, 타인의 선재성을 발견하고 난 후 그와의 소통을 향한 실천이자 상징으로 이해했다. 에고를 기반으로 한 철학을 놓고 노이트라가 불만족을 표했던 대목이 또 있다. 노이트라는 서구의 대표적인 소통이론인 감정이입을 기껏해야 반쪽짜리 이론이라고 비판했다.

감정이입은 '나'라는 존재를 선재적으로 먼저 설정한다. '나'를 부인할 수 없는 확실성의 근거로 삼았던 데카르트 이후 서구철학의 습성이 여전히 반복되는 것이다. 나의 감정을 적절히 투사할 경우, 상대방 또는 앞에 벌어지는 현상과 소통이 이루어진다고 설명한다. 노이트라는 이런 설명에 만족할 수가 없었다. 뒤에서 살펴보겠지만 그건 우리가 실제로 소통하는 양상과 들어맞지 않는 이론적 가설일 뿐이다. 이러한 이유로 노이트라의 건축을 해석할 때 에고를 기반으로 한 지적 전통, 특히 정신분석학적 전통을 근간으로 삼는 접근법은 한계가 있다. 최소한 다른 지적 전통 위에서 노이트라의 건축을 살펴보고, 정신분석학적 해석이 놓친-심지어 왜곡한-미답의 의미를 밝혀내야 한다. 이런 관점에서 탈자적 지각과 자각 그리고 공동의 자각에 기초한 소통을 논하는 와츠지의 철학이 새로운 지평을 열어 줄 수 있다는 기대가 생겨난다.

---

3 Sigmund Freud, *Civilization and Its Discontents*, trans. James Strachey, New York and London: W. W. Norton & Company, 1961, p. 54.

와츠지의 철학을 토대로 노이트라의 건축에 나타나는 환경적 교훈에 주목하면서 아울러 필자가 제기하려는 학문적 이슈가 한 가지 더 있다. 그것은 작금의 생태 위기에 대한 실증주의적 접근보다 더 적합하고 섬세한 환경윤리적 접근법을 새로이 정립하고자 하는 것이다. 환경 파괴를 멈추고 새로운 에너지원, 특히 태양광, 바람, 빗물 등과 같은 재생에너지를 찾아 활용하는 것이 우리의 긴급한 과제인 건 사실이다. 재생에너지의 활용을 위해 일사차폐시설, 지능형 파사드, 광전지 패널 같은 혁신적인 기술을 개발하고 도입하자는 홍보 또한 대대적으로 전개되고 있다. 하지만 조금 의아한 부분이 있다. 화석연료의 고갈 속에 대안을 찾는 우리의 자세는 여전히 자연을 물적 착취의 대상으로, 즉 뽑아서 쓸 원자재들이 가득한 저장소 정도로 바라보고 있는 것 아닌가? 이 과정에서 우리와 태양빛, 바람, 빗물과의 근본적인 관계가 어느덧 에너지원이라는 시각에 의해 그 의미가 편협하게 축소되어 일면적이고 일방적으로 재조정되고 있는 것은 아닐까? 아니면 '달빛'이라도 재생에너지 목록에서 삭제해준 누군가에게 그나마 감사해야 하는 지경일까? 나무가 빼곡한 숲을 지나 벼랑 끝에 월명암月明庵을 짓고 달빛을 벗 삼던 이의 시정詩情은 이제 옛이야기일 뿐인가? 우리가 패권적이고 도구적 시각으로 자연을 대하는 태도는 근본적으로 바뀌지 않았다. 오히려 새로운 자연물로 확대되었다고 보는 것이 타당할 정도다. 각종 재생 에너지 관련 기술과 홍보물을 접하다 보면 환경 위기가 역으로 일부 첨단 기업에게 새로운 글로벌 사업을 펼칠 기회로 활용되는 듯 보인다. 이런 기회들은 에너지 절약에 기여하면서 동시에 독점적 경제적 이익을 확보할 수 있다는 특징이 있다. 실증주의적인 접근은 물론 즉각적인 효과를 낼 것이다. 하지만 일면적이고 단차원적인 환경에 대한 접근이 다면적이고 장기적 관점의 효율성, 즉 진정한 지속가능성을 답보할 수 있을지는 의문이다.

　　이 장에서 필자는 햇빛, 바람, 물, 공기와 같은 자연물을 개별적인 에너지원으로만 바라보는 것이 아니라, 그들 사이의 균형을 적절히 조율해내어 최적의 거주환경을 구축하려는 한 건축가의 모습에 주목하고자 한다. 어떤 공간의 설정이 과연 경제적인가 아닌가는 상황의 적합성에 부합하느냐 아니냐의 문제이다. 종교 건축의 어둡고 침침한 공간을 두고, 자연광을 활용하지 못해 실패한 사례라고 규정할 수는 없다. 자연광을 더 받아들였으면 어두운 공간을 밝히느라 등을 켜지 않아도 되니 전기세를 아꼈을 것이라고 말할 수 없는 것이다. 마찬가지로 카페테리아의 개방적이고 밝은 기운을 두고 자연광을 성공적으로 활용한 경우라며, 두루 적용해야 할 규범처럼 말할 수도 없다. 여러 특성이 잘 조율된 환경과 분위기 그리고 거기서 전개되는 일상적 상황에는 어떤 전형성이나 모종의 기대가 항상 자리 잡고 있다. 물론 새로운 창작의 돌파구를 열어 보고자 실험적으로 이들 사이의 관계를 역전시키는 것도 가능하다. 카페테리아 같은 분위기를 가진 교회처럼 말이다.

주거에서도 마찬가지이다. 노이트라가 의도적으로 가까이 배치한 벽난로, 창, 반사연못은 불, 공기, 물, 그리고 열기, 메마름, 습기 사이의 만남을 매개하는 장치들이다. 이들 사이에 놓인 데이베드daybed는 균형 잡힌 조율의 정점에 배치된 것으로 사람을 불러 모은다. 난로의 불을 쬐는 벤치, 먹을 것을 잠시 올려놓는 탁자, 둘러앉아 카드게임을 하는 돗자리, 사랑을 나누는 침대 등 다양한 역할과 상황을 데이베드는 연출해 낼 것이다. 건축가가 의도하거나 기대했던 상황이 발생하기도 하고, 의도나 기대를 전복시키는 드라마가 데이베드 주변으로 펼쳐지기도 한다. 노이트라가 전개한 균형 잡기의 최종 목표는 바로 이 다자 간의 다양한 관계를 활성화하는 것이다. 우주의 기운을 에너지원으로 바라보는 태도에서 벗어나 기운의 조율, 상황과의 적합성, 그리고 다자 간의 대면이라는 윤리적 차원을 활성화하는 것이다. 노이트라의 생태학적 틀은 실증주의의 단차원적 시각을 넘어 지속가능성의 의미에 대한 새로운 논의의 장을 열어준다.

다양한 기운과 조화로운 균형

노이트라는 일본문화에 대해 자주 글을 썼다. 데이빗 엥겔David H. Engel의 책 『오늘날의 일본 정원Japanese Gardens for Today』(1959)에 붙인 서문이 좋은 예이다. 이 글에서 노이트라는 일본 정원을 "소리, 냄새, 색깔"의

"다감각적인 호소"와 "그늘, 햇빛, 공기 흐름이 만들어내는 온도 변화"가 살아 숨 쉬는 곳으로 묘사했다.[4] 일본 정원의 특징에 대한 노이트라의 반응을 보고 있자면 일본 풍토의 미묘한 성격에 대한 와츠지의 언급이 자연스레 떠오른다. 와츠지는 일본의 기후를 유럽의 기후와 대비시켜 일본 예술의 본질을 규명하고자 했다. 영국과 독일은 안개 낀 흐린 날이 여러 날 계속된다. 이탈리아와 그리스에선 맑은 날이 대부분이다. 유럽 기후가 이렇게 단조롭다는 사실-혹자는 와츠지가 유럽의 기후를 지나치게 단순화했다고 생각할 것이다-을 통해 와츠지는 일본의 기후 조건이 얼마나 다양한지 깨달았다. "서늘한 여름밤, 상쾌한 아침, 가을날 해 질 녘의 싸늘함, 추위를 몰고 와 몸서리치게 하는 겨울 이른 아침의 오싹한 추위, 그리고 인디언 서머의 훈훈한 오후."[5] 앞 장에서 살펴봤듯이 와츠지의 요점은 일본 문화의 세련미를 입증하는 것이었으며, 이 목적은 동양 예술의 특징을 원시적 활력과 반半야만성으로 본 빌헬름 딜타이에 대응하기 위해서였다.

한편 와츠지는 일본 정원을 특징짓는 또 다른 점을 지적했다. 이 부분은 노이트라가 글에서 직접 언급한 적은 없지만, 자신의 건축 설계에 적극적으로 적용했던 부분이다. 와츠지의 이야기를 먼저 들어보자. 그는 일본과 유럽의 정원 디자인의 특징을 언급하면서 자연과 인공의 관계에 초점을 맞췄다. 그리스와 이탈리아에서 사이프러스와 소나무는 정원사가 개입하지 않아도 완벽하게 수직으로 자란다. 그곳은 질서가 자연에 내재되어 있는 듯하다. 반면에 일본 정원에서는 질서가 다르게 감지된다. 일본 정원의 원리는 풍토적 특성에 대응한다. 습기를 머금은 열기는 여름만 되면 숲을 정글로 바꾼다. 몬순 지역의 기본적인 특성이다. 이 조건 때문에 일본에서는 자연을 내버려두면 난잡하고 혼란스러운 무질서가 지배하게 된다. 이런 풍토에서 발전한 일본 예술은 그리스의 예술과 사뭇 다르다. 그리스의 극장건축에서 확인할

4   Richard Neutra, Foreword, in David H. Engel, *Japanese Gardens for Today*, Tokyo and Rutland, Vermont: Charles E. Tuttle Company, 1959, p. viii.
5   Tetsuro Watsuji, *A Climate: A Philosophical Study*, trans. Geoffrey Bownas, Ministry of Education Printing Bureau, 1961, p. 200.

수 있듯이 그리스인들은 자연미에 대한 사랑을 고양시켜 그 아름다움을 이상화하고자 하는 충동을 느끼지 않았다. 일본 예술은 또한 인공적이고 기하학적으로 정확한 예술을 발전시킨 로마인의 문화와도 다르다. 예를 들어 티볼리에 있는 에스테 별장Villa d'Este의 정원은 "기하학적인 일직선이나 원형 보행로를 따라 땅이나 식물을 조각품"처럼 다듬어 놓았다.[6] 하지만 그런 정원은 자연미를 이상화했다기보다는 인공적으로 꾸민 성격이 더 강하다고 와츠지는 주장했다. 일본 예술은 이에 반해 자연적인 것과 인공적인 것의 상호 관계를 받아들이고 자연에 숨어 있는 질서를 이상화하여 바깥으로 표출해내고자 했다. 일본의 정원 설계자들은 "인공적인 것이 자연적인 것을 따르게 한다"[7]와 "인공적인 것으로 자연적인 것을 돌본다"[8]와 같은 원리를 따랐다. 와츠지는 다음과 같이 말한다.

> 예컨대, 잔디밭을 생각해 보자. 그리스에서는 가만히 내버려 두어도 잡풀이 자라는 법이 없다. 여름에는 습도가 낮고 겨울에는 우기이나 온도가 낮으니 잡초가 자라더라도 잔디를 잠식할 듯 거칠고 모질게 번식하는 생명력을 갖고 있지 않다. 그러다 보니 정원사가 필요 없을 지경이다. 가만히 내버려 두어도 삼라만상이 각자 자리를 잡고 조화롭게 공존하며 알아서 질서를 표출하는 것이다. … 일본에서는 다르다. 가만히 놓아두면 잡초가 잠식하고 만다. 열기와 습기를 등에 업고 잡초는 왕성한 생명력을 한껏 발휘한다. 하지만 거추장스럽거나 아무런 쓸모도 없는 잡풀을 제거하고 나면 자연은 자신의 질서를 서서히 그리고 명징하게 드러낸다. 이런 식으로 일본인은 자연의 무질서와 야생 속에서도 자연의 숨은 형식을 발견했다. 이것을 재현한 것이 바로 정원이다. 이런 의미에서 일본의 정원은 자연을 다듬고 이상화한 결과물이다.[9]

6 Tetsuro Watsuji, *A Climate: A Philosophical Study*, p. 189.
7 Tetsuro Watsuji, *A Climate: A Philosophical Study*, p. 191.
8 Tetsuro Watsuji, *A Climate: A Philosophical Study*, p. 191.
9 Tetsuro Watsuji, *A Climate: A Philosophical Study*. p. 191.

와츠지는 "인공적인 것으로 자연적인 것을 돌본다"는 원리를 통해 질서가 어떤 모습을 갖추고 드러나는지를 설명했다. 불필요한 것을 제거함으로써 드러나는 질서는 굉장히 독특하다. 요소들의 형태, 촉감, 상호 간 배열은 로마의 정원처럼 어떤 기하학적 법칙으로 규정되는 것이 아니었다. 규칙에 종속되는 형태적 통일성을 따르는 것도 아니었다. 그것은 기하학적이고 형태적 통일성을 초월한 다른 종류의 조화로운 앙상블로 나타났다. 여러 요소들 사이의 대조적인 균형을 통한 상생의 관계를 이루어냄으로써 각각의 요소에 생명을 부여하는 것을 의미했다. 와츠지는 다음과 같이 말한다.

> 소박한 정원이라면, 이끼가 덮인 평지 위에 자리 잡은 소나무 한 그루나 아니면 대여섯 개의 디딤돌 말고는 아무것도 없을 것이다. … 여기에는 통일을 이루려고 애쓸 만큼 다양한 요소들이 있는 것처럼 보이진 않는다. 그저 아주 단순할 뿐이다. 하지만 자연 상태에서 이끼는 표면 전체를 덮을 때까지 알아서 자라지 않는다. 보살핌을 통해 그 상태에 이르렀다는 점에서 그건 인공적이다. 게다가 이끼는 기계를 사용해 일률적인 높이로 깎고 다듬어 놓은 잔디처럼 평평하지는 않다. 초록의 부드러운 이끼는 아래쪽에서 미묘하게 솟아오르는 기복이 있기 때문이다. 이 기복은 인간의 손길이 닿지 않은 자연의 것이지만, 인간은 이 미묘한 자연의 너울거림에 진정한 아름다움이 있다는 것을 깨닫고 그것을 보살핌으로써 거기에 생명을 부여했다. 그리고 정원사들은 이 부드러운 물결 모양의 초록빛 이끼와 단단한 돌의 관계에도 세심한 주의를 기울인다. 돌을 자르는 방식, 형태, 배치에 공력을 들인다. 표면이 평평해야 할지 또는 형태가 사각형이어야 할지를 결정하는 것은 대칭이라든가 기하학적 통일성을 따르는 것이 아니다. 이끼의 부드러움과 기복을 생각하며 이 특질들과의 대비를 통한 통일감을 추구한다. … 이러한 통일은 기하학적인 비례에 의해서가 아니라 감정에 호소하는 힘들의 균형을 통해서 성취된 것으로, 일종의 정신의 만남과 같은 것이다. … 이 '정신의 만남'에 도달하기 위해 모든 노

력을 기울여 기하학적 정연함을 피하는 것이다.[10]

일본의 정원 예술가는 요소를 배치할 때 각각의 고유한 성질이 서로 대비를 이루며 어울리는 균형을 추구한다. 이런 "균형감을 갖춘 연결, 그리고 정신의 만남"[11]을 통해 생명력을 포착하고자 한다. 이는 대칭이나 기하학적 일관성처럼 고정된 미적 원리에 따라 구현할 수 있는 것이 아니다. 생명력은 존재와 존재의 부정, 이 양자 사이의 변증법적 조우를 통해 일구어진다. 어떤 것이 생명력을 갖고 존재할 수 있는 이유는 홀로 완결적이라서가 아니라, 바깥에 있는 대립자의 존재를 인정하고 조응하기 때문이다. 이끼의 부드러움이 생명력을 획득하는 것은 디딤돌의 거칠고 딱딱한 성질과 마주치는 순간이 아닌가? 결과적으로 정원이 구현하는 것은 기하학적 조작에 기초한 형식적 대칭이 아니라, 대조적인 힘들 사이의 상보적 조화, 즉 형식을 초월한 고차원의 대칭이다. '비대칭의 대칭'이라고 부를 만하다.

여기서 앞서 소개한 몬순의 특질을 보여주는 풍경 하나를 떠올려 보면 도움이 된다. 눈 덮인 대나무의 풍경! 열대의 나무와 한대의 눈이 짝을 이루어 포개진 이 장면은 대비되는 두 힘, 즉 열기와 한기가 마주하면서 균형을 이룬다. 이 조응의 결과가 바로 가냘픈 가지와 이파리 위에 눈꽃을 싣고 우아하게 휘어진 대나무의 모습이다. 눈으로 완벽하게 덮인 겨울 들판을 배경으로 선 줄기와 가지, 푸른 이파리, 그 위에 내려 핀 눈꽃처럼 싱싱한 생명력을 극대화하는 것은 드물다. '대조를 통한 조응', '비대칭의 대칭' 그리고 '불연속의 연속성' 등 대립적인 기운들의 극명한 대비와 균형을 통한 생명력의 포착은 자연 속의 숨은 질서를 이상화했던 정원사의 꿈이었다.

10 Tetsuro Watsuji, *A Climate: A Philosophical Study*, pp. 191-192.
11 Tetsuro Watsuji, *A Climate: A Philosophical Study*, p. 193.

정박과 기운의 조율

이처럼 와츠지는 일본 정원이 차이의 대비를 통한 질적 균형의 원리로 조성된다고 보았다. 노이트라가 와츠지의 글을 직접 접할 기회는 없었을 것이다. 그러나 노이트라의 건축 작업에는 이런 원리가 나타나 있다. 그의 주요 작품에는 서로 다른 상반된 특질들 사이의 관계를 조율하는 순간들이 자주 포착된다. 그는 다양한 힘들 사이에 균형을 맞추는 일이 질서라고 보았고 이를 구현하는 건축물을 창조했다. 이 점을 설명하기 위해 필자는 먼저 노이트라의 건축에서 정박anchorage, 즉 대지 위에 어떻게 건물을 앉혀 뿌리를 내리게 하는지 살펴보고자 한다.

노이트라는 부지에 건물을 정박시키는 것이 무엇보다도 중요하다고 강조했다. 어떤 장소에 거처를 정하는 것을 영혼이 쉴 곳을 확보하는 행위로 보았다. 노이트라는 이렇게 말한다.

> 또 다른 기분에 젖어 사색에 잠길 수 있는 집이란 영혼이 정박하는 곳, 심신을 맡겨둘 수 있는 곳이다. 산호 군락부터 쇠뜨기풀과 소나무 그리고 인간에 이르기까지 고도의 유기적 체계를 가진 생명체들은 모두 이런 장소를 구축하려 한다. 가을바람을 타고 굴러다니는 회전초 *tumble weeds*, 산란을 위해 이동하는 물고기, 알을 낳기 위해 이동하는 새는 결코 집이 없거나 지리에 무관심한 것이 아니다. 오히려 정반대로 그들은 장소에 아주 민감하다.[12]

대지에 건축을 정박시키려는 노이트라의 전략은 라이트의 전략과 일정 부분 유사하다. 라이트와 마찬가지로 노이트라에게도 벽난로는 중요하다. 노이트라는 또한 라이트가 시도한 건물의 코너 처리방식에 고무되었다. 「카우프만

---

12 Richard Neutra, "World and Dwelling," UCLA Department of Special Collections Charles E. Young Research Library, Box 155, AAL 119, p. 2.

하우스Kaufmann House」(1935) 같은 작품에서 라이트는 모퉁이를 개방함으로써, 거칠게 다듬은 석재로 구축한 벽난로의 강력한 중심성과 집 주변의 숲으로 전망을 열어주는 모서리창의 외향성을 대비시키며 변증법적 관계를 고안했다. 어떤 의미에서 라이트의 공간에는 서로 보완적인 두 개의 시각적 초점이 존재한다. 안에서 밖으로 또는 밖에서 안으로 흐르는 일방향성을 고집하지 않았다. 그보다는 일종의 원심력과 구심력이 상호 공존하도록 배려한 것이다.

노이트라는 기둥을 없애고 그 자리에 유리창을 둔 라이트의 모퉁이 처리법에 매혹되었다. 그런 모퉁이가 "시각적 개방감"을 제공하면서도 "모퉁이에서 강해지기 마련인 공기의 흐름을 조절할 수 있도록 도와준다"고 말했다.[13] 코너에 대한 그의 관심은 다음과 같은 언급에서도 드러난다.

> 막힘이 없는 널따란 대지에서든 제한된 부지에서든, 주변 환경의 매력적인 조건들은 건물을 대각으로 배치하도록 요구할 때가 있다. 이는 실제로 건물을 대각선 방향으로 앉힌다는 의미가 아니다. 오히려 내부의 모퉁이에 개구부를 뚫어 주변의 매력적인 요소들을 포착하는 대각 방향의 관계를 만들어내는 것이다.[14]

노이트라는 라이트의 모퉁이 처리를 더 발전시켜 실내와 실외를 극적인 방식으로 조응시켰다. 아울러 대각 방향으로 전개되는 '여기'와 '저기' 사이의 조응에 관하여 추가적으로 이렇게 기술한다.

> 때로는 실내와 외부 공간 사이에 매혹적인 조응관계를 만들어낼 수 있다. 실내에서 볼 때 외부 공간이 '전면에' 있지만 동시에 살짝 옆으

---

13 Richard Neutra, "Corners of Glass," UCLA Department of Special Collections Charles E. Young Research Library, AAL 121, paged as 362 of.
14 Richard Neutra, "Corners of Glass," paged as 362 of.

로 틀어져 있을 때이다. 때로는 비스듬한 전망이 더없이 매력적이고 중요하게 다가온다. 그런 전망은 거실로 들어가는 현관, 실내의 방, 또는 조망을 위해 특별히 마련된 공간으로부터 갑자기 눈길을 끌며 대각 방향으로 펼쳐져 뻗어나간다. 그것은 침대에서 눈을 떴을 때 보게 되는 연못, 호수, 바다 위에 뜬 구름의 색조를 변화시키며 떠오르는 아침 햇살의 광경일 수도 있고, 영혼을 맑게 해주는 특별한 모양의 나무 또는 꽃들이 활짝 핀 나무의 광경일 수도 있다.[15]

캘리포니아주 팜스프링스에 있는 「밀러 하우스Miller House」(1937)는 벽난로의 중심성과 주변부를 향한 모퉁이의 개방성이 공존하는 대표적인 사례다. 노이트라는 거실의 전면 중앙에 벽난로를 두고 동남쪽 모퉁이에 커다란 창을 뚫었다.(도 3.1~2) 그런 뒤 그 모퉁이에 침대 겸 소파인 데이베드를 배치했다. 매우 전략적인 위치였다. 그곳은 닻을 내리고 정박한 벽난로와 먼 지평선까지 펼쳐진 경관을 동시에 끌어모은다. 벽난로를 중심으로 하는 강력한 내향성과 먼발치의 지평선이 끊임없이 바깥으로 시야를 유혹하는 외향성, 이 극단 사이의 상호공존을 경험할 수 있는 장소였다. 노이트라는 이런 공존을 일종의 콜라주로 보았다. "반대되는 양쪽에서 시각적으로 경험한 것을 뇌가 역동적으로 재구성할 수 있도록 노력한"[16] 파블로 피카소Pablo Picasso(1881-1973)처럼, 자신 역시 건축을 통해 서로 상반되는 것을 덧대어 잇는 동적 구성을 구현하였다.

하지만 노이트라의 관심은 가까이 있는 것과 멀리 있는 것을 시각적으로 결합하는 데 그치지 않는다. 모퉁이를 무엇보다 일상적 삶이 펼쳐지는 현장으로 만들려고 노력했다. 특이한 시각적 경험을 제공하는 미학적 목표를 넘어 일상의 상황이 오롯이 전개되는 실천적, 윤리적 목표를 지향한 것이다.

---

15 Richard Neutra, "Corners of Glass," paged as 362 of.

16 Richard Neutra, "Reflecting Surfaces," UCLA Department of Special Collections Charles E. Young Research Library, AAL 121, paged as 362ah.

도 3.1 리처드 노이트라, 밀러 하우스의 거실, 팜 스프링스, 미국, 1936

「밀러 하우스」의 모퉁이를 외부에서 보면 지붕이 외벽 바깥으로 더 확장되어 나간다.(도 3.3) 이 확장된 부분으로 인해 안에서 바깥을 볼 때 시각적 경험이 강화된다. 사막의 경관에 틀을 둘러주기 때문이다. 아울러 이 장치는 모퉁이와 데이베드가 있는 주변부에 그늘을 드리운다. 코너로 눈부신 태양이 파고드는 것을 차단해 데이베드 주변으로 아늑함과 서늘함을 선사한다. 외부로 연장된 지붕의 아래쪽 바닥에는 작은 반사연못을 두었다. 이 못과 지붕 안쪽의 천장은 직사광이 아닌 부드러운 반사광을 실내로 들여보낸다. 모서리창 남쪽에는 방충망이 쳐진 베란다를 설치해 실내 주거 활동이 외부로 확장되게 했다. 모서리창 디자인도 같은 맥락이다.(도 3.2) 창문은 위아래 두 부분으로 나뉘는데 아래쪽은 유리 한 판으로 된 고정창이다. 위쪽 부분은 수직으로 길게 삼등분되어 있으며, 그중 모서리에 가까운 두 부분은 여닫을 수 있다. 이러한 디자인은 코너를 머무름의 장소로 만들기 위한 세심한 배려의 결과이다. 거주자가 데이베드에 있을 때 하단의 고정창은 바람을 막아주고, 상단의 개폐창은 바람을 간접적으로 들여보낸다. 특히 하단 창은 노이트

라가 사막의 맹풍violent wind이라고 규정한 바람에 대응한다. 노이트라는 맹풍이 "실험 결과에 따르면 수리 개념과 관련한 두뇌 활동을 방해한다"[17]고 주장했다.

상단 창에서는 두 가지 이점이 발생한다. 첫째, 미풍 같은 상쾌한 바람이 들어온다. 이 바람과 함께 바깥의 냄새, 습기, 소리 등 비시각적인 감각 요소들이 따라 들어온다. 둘째, 산소가 바람에 실려 벽난로에 공급된다. 물론 벽난로는 바람이 들어오는 방향에서 비껴나 있지만 이는 노이트라가 설정한 불과 바람의 관계를 정확히 반영한다. 양자가 스쳐 지나가듯 접선방향으로 만나도록 고안해서, 불이 걷잡을 수 없이 커지는 상황을 피하고 주거 활동에 적합한 상태를 유지하는 것이다.

이런 면에서 데이베드는 거주자가 불, 물, 바람, 빛이라는 요소들, 즉 더

---

17 Richard Neutra, "Glass and the Wide Landscape Outside," UCLA Department of Special Collections Charles E. Young Research Library, AAL 121, paged as 362ah.

도 3.3 리처드 노이트라, 밀러 하우스 외부에서 본 거실 코너와 스크린이 설치된 베란다, 팜 스프링스, 미국, 1936

움, 축축함, 마름, 밝음이라는 기운들 사이의 조율된 관계 속에 놓이게 되는 것이다. 여기서 우리는 대지에 건축물을 뿌리내려 정박시키는 방식에 있어서 노이트라와 라이트가 어떻게 다른지 분명히 알 수 있다. 노이트라의 정박은 단지 벽난로와 관련된 것만이 아니다. 또한 입체파와 같이 먼 것과 가까운 것을 시각적으로 대응시키는 역동적 구성의 문제로 귀착되는 것도 아니다. 노이트라의 정박은 주어진 사막의 풍토를 기운, 힘 또는 특질의 관점에서 읽어내고, 불균형의 상태를 조절하는 문제였다. 우주의 이 기운들이 균형을 이루며 조화롭게 만나면 그곳은 아무리 황량한 사막 한가운데일지라도 인간의 영혼이 평화롭게 정박할 장소가 된다.

각기 다른 성질을 가진 불, 바람, 물 등의 요소가 병치되고 상호작용하면 묘한 균형감이 생겨난다. 바로 '바람과 물 사이에 자리 잡은 불' 같은 조화로운 관계이다. 이 균형으로부터 두 가지 잠재성이 발생한다. 첫째, 풍부한 산소를 머금은 바람을 타고 불이 사나워지는 것이고 둘째, 사물의 활력을 식혀버리는 물이 막강한 힘을 휘둘러 불을 사그라뜨리는 것이다. 이 균형으로부터 하나의 스펙트럼이 펼쳐진다. 한쪽 끝에는 수직으로 활활 타오르는 불꽃의 맹렬한 운동이, 반대쪽 끝에는 결국 가라앉아 벽난로의 바닥과 수평을 이루는 불꽃의 소멸이 자리 잡는다. 특히 후자의 경우, 사그라든 불꽃이 남긴 잿개비의 묵직한 침묵은 수평성을 향한 염원을 드러낸다. 한 치의 오차도 없이 평탄한 거실 바닥과 궁극의 수평성을 보여주는 바깥 연못이 기준점이다. 이들이 보여주는 수평성과 연합하려는 듯 잿개비는 일말의 빈틈도 생기지 않도록 최대한 바짝 몸을 낮추고 엎드린다.

전략적 위치에 놓인 침대가 '바람과 물 사이에 교묘하게 놓인 불'과 상호작용하는 동안 침대 위에서, 그리고 그 언저리에서 벌어지는 삶의 상황 또한 폭넓은 스펙트럼을 오간다. 불과 물이 주는 뜨거움과 차가움의 기운, 그리고 수직성과 수평성의 자세와 조응하듯, 삶은 생기가 넘치는 활력과 차분하게 가라앉은 평화, 이 양단을 오가는 것이다. 삶과 죽음은 선택이 아니라 주어진 것이다. 이 두 양상을 극점으로 한 스펙트럼 또한 고정된 확실성을 강요하지 않는다. 그 반대로 삶과 죽음-인간존재에 각인되어 있는 궁극의 대립항-이 모든 경험의 이면에 깔려있는 근본적인 지향점임을 일깨워준다. 침대는 이제 에로틱한 사랑이 불타는 욕망의 장소와 궁극적인 평화가 약속된 죽음의 장소, 이 두 극점 사이에 놓인 잠재적 무대가 된다.

노이트라에 따르면, 짙은 안개 속에서 뱃고동이 뽑아내는 두 개의 기본음이 "바다와 숲의 불규칙적이고 시끄러운 혼란속에서도 … 청각적 '형상'"을 제공해준다.[18] 두 가지 기본음, 즉 "누구나 따라야 하는 그 청각적 참조점은 의식의 정박지이자 불확실한 것들과 당황스러운 것들을 헤쳐나갈 길잡이로, … 삶의 변덕스러움과 소란 속에서 영혼을 달래주는" 역할을 수행한

---

18 Richard Neutra, "Ideas," UCLA Department of Special Collections Charles E. Young Research Library, Box 193, dated as April 7, 1954.

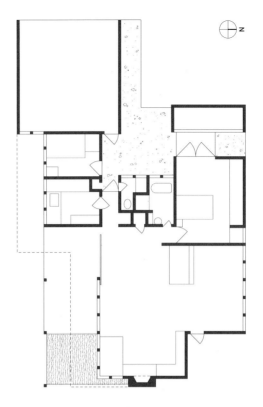

도 3.4 리처드 노이트라, 밀러 하우스 평면도, 팜 스프링스, 미국, 1936

다.[19] 마찬가지로 「밀러 하우스」에서 '바람과 물 사이에 놓인 불'이라는 기운의 균형은 인생의 두 기본음인 삶과 죽음의 고동을 울린다. 이 두 기본음이 살아있는 균형 잡힌 집에 정박할 때 누군가의 영혼이 위로받을 수 있는 것이다.

모태공간의 재현과 빛의 양수

건물을 대지에 앉히는 방식과 관련하여 노이트라와 라이트의 건축에 보이

---

19   Richard Neutra, "Ideas," Box 193, dated as April 7, 1954.

는 또 다른 차이점이 있다. 「밀러 하우스」는 아무것도 정박할 수 없는 사막 위에 세워졌다. 집의 토대는 조립식 목재 구조, 다시 말해 "일정한 간격을 둔 샛기둥과 지붕 들보로 평평하게 지은 전형적인 미국식 경골구조의 변형"이었다.[20] 라이트의 「카우프만 하우스」에서는 집이 말 그대로 바위에 깊이 고정되어 있고 막 쌓은 돌이 여러 곳에 노출되어 있다. 이에 비하면 「밀러 하우스」는 닻을 내렸다기보다 끼워 넣은 것에 가깝다.[21] 게다가 벽난로를 구성하는 부분을 제외하고, 목구조를 보드로 마감한 벽체가 두터운 조적조 벽을 완전히 대체한다.

대지에 닻이 내려지지 않고 두꺼운 조적조 벽도 사라지면서, 보통의 주거공간에 있게 마련인 동굴 같이 둘러싸인 곳에 들어앉아 보호받는 느낌 역시 사라졌다.(도 3.5) 하지만 노이트라는 여기서도 독특한 방식으로 이 보호의 느낌을 구현했고, 종국에는 필자가 '열린 동굴'이라 부르고 싶은 걸 만들어냈다. 인간 본성의 진화에 관한 이야기에서 노이트라는 인간이 온기의 원천인 불을 발견함으로써 동굴을 벗어났다고 주장했다.[22] 인류는 이러한 과정을 통해 먼 지평선까지 뻗어나가는 개방성과 극적으로 대면했다. 막히고 비좁고 어두운 동굴에서 살던 원시인에겐 새로운 경험이었다.

노이트라 건축의 한 주제는 끝없이 펼쳐지는 지평선을 염원하는 개방감을 고양하면서도 동시에 보호의 상징으로 인간의 유전자에 깊이 각인되어 있는 동굴의 두터운 벽에 관한 오랜 기억을 충족시키는 것이었다. 이와 관련하여 필자는 먼저 「밀러 하우스」에서 노이트라가 코너부 지붕을 바깥으로 확장시켰다는 사실을 상기시키고 싶다. 이 지붕의 가장자리에 있는 홈통

---

20 이 구조는 두 개의 서로 다른 모듈의 조합으로 이루어져 있다. 하나는 16인치 간격으로 배치한 일반적인 2×4 더글러스퍼(홍송) 샛기둥들이다. 또 하나는 3피트 2인치 간격으로 특별 제작한 2⅝인치×3⅝인치 기둥들로, 이 모듈은 노이트라가 선호하는 드루윗 금속 공업사Druwhit Metal Products가 제작한 철제 여닫이 창틀의 치수에 맞춘 것이었다.
    Stephen Leet, *Richard Neutra's Miller House*, pp. 95-96.
21 Richard Neutra, *Life and Human Habitat*, p. 238.
22 Richard Neutra, "Story of Habitation and the Home Design Today," UCLA Department of Special Collections Charles E. Young Research Library, Box 169, N-4, p. 1.

을 따라 전등을 배치하였다. 스티븐 리트Stephen Leet는 이 감춰진 조명 방식이야말로 밤에 실내의 프라이버시를 지키는 수단이라 말했다. 노이트라는 "판유리가 빛에 씻기면 거울처럼 작용하는"[23] 현상에서 이를 알아냈다. 그리하여 개방성의 상징인 창문을 폐쇄성의 상징인 벽으로 만드는 일에 얼마간 성공했다.

　필자가 보기에는 노이트라의 이런 조명 방식이 성취한 또 다른 차원이 있다. 예를 들어 방충망이 쳐진 베란다-거실의 연장으로, 집주인 그레이스 루이스 밀러Grace Lewis Miller가 멘센디크 체조법Mensendieck system of exercise을 가르칠 때 종종 스튜디오로 사용하는 공간-와 반사연못을 덮은 지붕의 테두리에 설치된 백열등이 켜지면, 베란다와 못 위의 공간이 빛의 띠처럼 하나로 이어지고, 암흑을 가르고 등장한 은은하고 두터운 온기층이 집 안을 둘러싸게 된다. 노이트라의 인류학 이야기에 따르면 빛이 인류의 삶에서 영원불변한 가치를 가지는 이유는 어두운 곳을 밝힌다는 사실 외에도 물리적인 따뜻함과 그 상징적 가치 때문이었다.[24] 그에 따라 노이트라는 집의 가장자리를 따뜻한 빛의 띠로 둘러싸 열 파장을 활성화하려고 노력했다. 매끈하게 갈아 광택을 낸 베란다의 콘크리트 바닥, 천장 패널, 못의 매끄러운 표면은 모두 열 파장을 활성화하는 반사장치들이었다. 밀러가 모퉁이의 침대 위에 비스듬히 누워 있다고 상상해 보자. 그녀는 한편은 벽난로에서 밀려오는 온기를 느끼고, 또 한편으로는 은은한 빛으로 등 뒤를 감싸 안는 두터운 온기층에 둘러싸이게 되는 것이다.

　등 뒤는 언제나 불안하다. 사냥꾼으로 살던 인류의 습성 때문일까. 등 뒤에서 불현듯 나타나는 동물이나 낯선 이는 언제나 가장 취약한 부분을 파고든다. 그러므로 등 뒤는 끊임없는 경계 대상이다. 더구나 칠흑 같은 사막의 어두움 속에서 무방비로 노출되는 등 뒤쪽은 평화와 안식 대신 긴장과 불안을 주는 요인이다. 노이트라가 등 뒤에 두텁고 밝고 부드러운 온기 층을 마

23　Stephen Leet, *Richard Neutra's Miller House*, p. 134.
24　Richard Neutra, "Story of Habitation and the Home Design Today," p. 2.

도 3.5 리처드 노이트라, 시공 중인 밀러 하우스, 팜 스프링스, 미국, 1936년 11월 촬영

련했다는 것은 인간의 신체 구조와 생리학적 요구를 잘 이해하고 있었다는 뜻이다. 밝고 두터운 온기에 둘러싸여 보호감을 느끼는 것은 거실 한가운데에서 펼쳐질 수 있는 일상의 상황에 온전히 몰입할 수 있는 전제 조건이다. 따라서 이 집의 주인이 창문 앞에 설 때도 끝 모를 깊이로 자신을 사로잡을 듯, 실내로 돌진해오는 무시무시한 어둠 앞에 속수무책 노출되는 느낌은 들지 않을 것이다. 그보다는 어둠으로부터 건져낸 따스하고 두터운 빛의 띠가 전경前景을 이루는 장면, 즉 한껏 밝혀진 실내와 깊은 사막의 어둠 사이의 중간 지대가 두 극단을 중재하는 상황을 목격했을 것이다. 노이트라는 이렇게 말한다.

거실의 창을 통해 밤을 보거나 … 실내가 야간의 풍경 속으로 놀랄 만큼 확장되는 것을 경험하게 된다. 어둠 속에서 건져낸 전경이, 마치 야간 투시경을 통해 보듯 색채감을 회복하며 실내 공간을 바깥으로 확장시켜준다. 기존의 건축술은 상상할 수도 없는 새로운 공간감을

제시한다.25

두꺼운 벽이 소실되며 잃어버린 보호감을 온화한 빛의 파장을 활성화시켜 보완하는 방법은 캘리포니아주 산타바바라의 「트레메인 하우스Tremaine House」(1947)에서 더 분명히 볼 수 있다.(도 3.6) 이 집에서 노이트라는 단차가 거의 없고 광택이 나도록 마감한 테라초 테라스를 설계하여 실내를 실외로 확장했다. 두 구역 사이에 놓인 창문은 바닥부터 천장까지, 그리고 기둥과 기둥 사이를 가로지른다. 안에서 바깥의 풍경을 포착해내는 시각적 틀이 아니라 일시적으로 드리워진 칸막이에 가깝다. 테라스에는 난방 배관이 설치되어 실내 바닥의 온기가 실외로 연장되도록 배려했다. 조명은 테라스 위 처마와 가장자리에서 어느 정도 거리를 둔 옥외에 동시에 설치되었다. 밤이 되면 윤이 나는 바닥 표면과 천장의 반사 효과로 인해, 테라스는 열감을 자극하는 빛의 입자로 채워져 따뜻한 느낌이 물씬 풍긴다. 노이트라는 이 현상을 다음과 같이 설명했다.

> *천장은 빛을 발하는 덮개이다. 높이를 달리하는 천장 면 사이에 내장된 조명 빛이 밝음과 어두움의 미묘한 층을 만들며 골조를 넘어 외부로 뻗어나간다. 광택 마감된 테라초 바닥은 견고한 기초로서 가졌던 존재감을 지우고 차분한 반사 연못이 되어 머리 위에서 펼쳐지는 빛의 유희를 어렴풋이 투영한다. 이런 이미지는 해가 지고 밤이 내리면 이 건물의 주요 테마가 된다.26*

빛을 발하는 천장과 윤이 나는 테라스의 바닥이 상호작용해 집의 가장자리를 은은한 온기로 감싼다. 전통적인 석조 건물의 육중한 수직 벽은 이 집에

---

25 Richard Neutra, "Illumination and Glass," UCLA Department of Special Collections Charles E. Young Research Library, AAL 121, paged as 362ah.

26 Richard Neutra, "Illumination," UCLA Department of Special Collections Charles E. Young Research Library, Box 167, A-64(AU-64), p. 1.

도 3.6 리처드 노이트라, 트레메인 하우스의 거실과 테라스, 만테시토, 미국, 1947

서 자취를 감추고 없다. 난공불락의 벽이 만들어내는 보호감도 당연히 사라지고 없다. 하지만 수평으로 확장된 테라스의 따뜻한 보호감이 그 빈 자리를 재치있게 보완한다. 노이트라에 따르면, 실내에서 실외로 퍼지는 이 열감은 자궁에서 균등하게 온기를 제공받으며 둥둥 떠 있던 "모두의 기억" 그리고 "사랑스러운 기억"을 환기시킨다.[27] 하지만 이 온기는 자궁의 따뜻한 기억을 건드리기는 해도, 그 잃어버린 기억을 슬퍼하며 고독함을 달래려는 의도가 아니다. 노이트라는 다음과 같이 말한다.

27   Richard Neutra, UCLA Department of Special Collections Charles E. Young Research Library, AAL 91, p. 10; Richard Neutra, UCLA Department of Special Collections Charles E. Young Research Library, Box 177, L-67, "Communication on World Issues Today," p. 2.

어떤 면에서 집은 자궁의 계승자다. 자궁을 떠난 후에는 사회적 상호 작용이 시작된다. '자궁 이후의 거처'를 만드는 건축가는 한 개인이 사는 공간을 만드는 것이 아니다. 거주자가 독신자라 해도 마찬가지다. 독신자라 해도 절대 혼자서 맨몸으로 일하지 않는다.[28]

노이트라가 보기에, 출생은 파라다이스의 상실을 의미하는 것이 아니라 어머니와 아버지 그리고 다른 구성원들과의 '대면', 즉 다자 간 발견을 향하는 사건이다. 자궁 속 태아를 감싸던 생물학적, 본능적 친밀성은 출생을 통해 다른 차원의 인간관계, 즉 부모와 자식, 친우, 스승과 제자, 연인 등으로 넘어가게 된다.

온기와 다자 간 차원의 일본 전통

노이트라의 온기에 관한 이야기 중 흥미로운 부분은 일본 전통 건축의 연환경적 특성과 이 특성이 사람들을 어떻게 결속시키는지 언급한 대목이다. 1950년 시애틀에서 열린 강연에서 노이트라는 이렇게 말했다. "우리는 감각과 영혼을 불쾌하게 하는 모든 것을 걸러내려고 한다. 어둠은 밝음으로, 눈부심은 가리개로, 추위는 열로, 그리고 열은 추위로 조설한다."[29] 이 구절의 후반부에서 노이트라는 특히 두 가지를 암시한다. 첫째, 자연의 특정 기운이 과도해서 균형을 잃은 순간 그 균형을 복구하려는 창조 행위가 출현한다는 관점이다. 밤에 들판 한가운데서 경험하는 칠흑 같은 어둠은 너무 과하면 감각과 영혼이 불쾌해진다. 그래서 밝은 빛으로 과한 어둠을 보완하고 균형을 맞추려는 창작 행위가 등장한다. 둘째, 상이한 요소들 간의 대조를 통해 균형을 찾아가는 그의 기본적인 건축 원리이다. 주어진 어둠은 밝음이 나타

---

28 Richard Neutra, UCLA Department of Special Collections Charles E. Young Research Library, Box 159, A-116, p. 12.

29 Richard Neutra, "What Kind of a House Today?," UCLA Department of Special Collections Charles E. Young Research Library, Box 176, L-10, 1950, p. 3.

나는 배경이다. 이 두 기운은 서로의 배경이 되어 각자의 존재를 확증한다. 여기서 자연의 과도함은 인간으로 하여금 균형의 필요성을 절감케 하여 무언가를 창조하게 하는 근거이자 매개이다. 이처럼 자연과 문화 사이의 대조적 연속성에 기반을 둔 창작은 고차원의 난해한 형식적 유희가 아니다. 어두움과 밝음 그리고 양극단 사이의 무수한 변형들 속에서 다양한 분위기가 창출되는 가운데 적절한 곳을 선택할 수 있는 삶의 스펙트럼이 열리는 것이다.

노이트라에게 온기는 특히 중요했다. 온기가 필요하다는 것은 추위가 먼저 자리 잡고 있음을 의미한다. 섣달 오밤중에 엄습하는 추위는 온몸을 얼릴 정도로 기운이 차고 넘친다. 이처럼 과도한 자연의 기운에 대한 대응으로 사람들은 공동으로 무언가를 도모하게 된다. 이 같은 맥락에서 노이트라는 일본문화에서 더위와 추위를 놓고 전개되는 삶의 패턴에 관심을 기울였다. 이를 자연적인 기운에 대한 개별적 대응을 넘어 다자 간 인간관계로 초월해 들어가는 완벽한 사례라고 보았다. 에드워드 홀Edward T. Hall(1914-2009)의 책 『숨겨진 차원Hidden Dimension』(1966)에 대한 서평에서 노이트라는 이렇게 말한다.

하지만 에드워드 홀은, 일본인의 본모습을 파악하려면 반드시 더위와 추위를 대하는 그들의 태도를 봐야 한다는 어느 노승의 말을 즉시 이해한다. "당신은 히바치 주위에 바짝 달라붙어 추운 겨울 저녁을 보내봐야 합니다. 모두 자리에 앉아서 누비이불 한 장으로 히바치와 모두의 무릎을 덮습니다. 서로 손이 닿고 몸의 온기를 느끼게 되죠. 온 가족이 그걸 느끼는 순간, 그것이 진짜 일본입니다." 어떤 외국인이 그런 친밀함을 느껴봤겠는가! 나는 훌륭한 일본인 친구가 많이 있다고 생각하고 건축가로서 그들의 집, 사원, 정원을 아주 친밀하게 느꼈으며, 일본인처럼 모든 감각을 동원하여 극도로 세밀하게 관찰하곤 했다. 어떤 사람은 엉뚱하게도 일본인에게 '관음증'이 있다고 묘사한다. 하지만 나는 그들의 집 안 냄새로 판단할 때 후각적 지향이 서구인들과 다르다고 생각하며, 울림이 없는 방에서 귓전에 속삭이는 듯 들리

는 서정적인 낭송이나 부드러운 악기 소리로 헤아려볼 때도 서구인들과는 다른 청각적 공간에 산다고 생각했다.[30]

뼛속까지 오싹해지는 추운 밤, 서양의 벽난로에 상응하는 히바치는 온 가족의 마음을 파고드는 따스함을 발산한다. 그래도 온기는 여전히 충분하지 않다. 가족들을 '우리'로 묶어주는 무언가가 필요하다. 붙어 앉은 몸들의 온기는 히바치만으로는 해결할 수 없는 추위를 이겨내기 위해 공동으로 대처하는 가족에 대한 보상이다. 히바치 주위에서 가족들이 이루는 둥근 형태는 '우리'라는 공동체 의식이 기하학적으로 나타난 것이다.

놀랍게도 일본 건축의 방에서 일어나는 온기 현상에 대해 노이트라가 한 말들은 기후의 성질과 사람 사이의 관계를 논한 와츠지의 풍토 철학과 유사하다. 와츠지의 철학은 더위와 추위의 작용에 관한 노이트라의 언급을 이론적으로 뒷받침한다. 예를 들어 와츠지는 추운 겨울날, 추위는 지각하는 사람의 외부에 존재하는 것이 아니라 그의 마음속에 펼쳐져 있다고 주장했다. 뒤집어서 볼 때 이는 추위를 느끼고 있는 내가 이미 추위의 한복판에 있음을 의미한다고 와츠지는 주장했다. '나는 춥다고 느낀다.'라고 말할 때, '나'와 '추위'는 두 개의 다른 실체로 취급되지만, 이 생각은 이미 내 안으로 파고든 추위를 구체적으로 경험한 내용을 후에 추상화한 것에 불과하다. '나'와 '추위'로 이분화되기 전에 먼저 파고들어온 추위는 나와 다른 이를 하나로 묶는 초월적 배경이 되기 때문이다. 주관을 초월하여 하나로 아우르는 풍토적 조건 속에서 우리는 자각에 이르고, 이 자각에 이르는 순간 자신의 내면으로 자폐적으로 숨어들어가는 것이 아니라 바깥에 선 타자에게로 향한다고 와츠지는 주장한다. 아버지가 "[그의] 아이에게 옷을 [입히고]" "옷과

---

30   Richard Neutra, Book review for Hidden Dimension by Edward T. Hall (Reviewed for Saturday Review), May 1966, UCLA Department of Special Collections Charles E. Young Research Library, Box 175, B.R.2.

숯을 더 많이 [구입하는]" 행동을 취하는 것처럼 말이다.[31] 풍토는 이처럼 주관적인 자각과 그 자각이 출현한 초주관적인 배경을 결합한다. 자각의 주체는 같은 배경을 공유하는 타자와의 연합을 통해 끈끈한 공동의 대응을 도모하는 것이다.

다시 일본 가정 이야기로 돌아가 보자. 따뜻함을 공유하는 '우리'의 구체적 실천 속에서-이는 히바치를 만드는 것, 숯을 가져다가 채우는 것, 또는 히바치 곁에 다가앉는 것 등 다양한 행위로 나타난다-가족들은 서로의 따듯함을 느끼고 또 서로를 마주할 수 있게 되었다. 이 대면에는 특별한 차원의 소통이 존재한다. 노이트라는 이렇게 말한다.

> 소통은 … 당신과 내가 같은 창문으로 내다보고, 같은 느낌을 받는 것이다. 우리는 코앞의 벽난로에서 춤을 추는 화염과 불꽃을 본다. 당신과 나에게 일어나는 일이 한 사람에게서 다른 사람에게로 흘러간다. 부모의 방에서 음악 소리가 들려오듯.[32]

이러한 소통에서 각 참여자는 '우리'와 분리된 개개의 '나'로 존재하는 것이 아니라, '우리'에 참여함으로써 '나'로 존재한다. 노이트라는 이러한 소통현상을 감정이입이라고 표현하기도 했다.

노이트라가 불의 온기와 단조 멜로디의 슬픔 같은 특정 분위기가 거주자들의 마음에 공통으로 흐르는 것을 '감정이입'이란 단어로 설명했다는 사실을 어떻게 보아야 할까? 필자는 그의 용어 사용이 그리 적절하다고는 보지 않는다. 앞에서 언급했듯이, 감정이입은 보통 주체가 자기 자신의 입장에

---

31 와츠지에 따르자면, 각자가 추위를 개별적으로 느낀다는 주장은 '우리가 그 추위를 공동으로 느끼는 것에 기초해서만' 가능하다.
   Tetsuro Watsuji, *A Climate: A Philosophical Study*, pp. 4-5.

32 Richard Neutra, "Communication on World Issues Today" (Notes on which Mr. Neutra based his address to the students of the Desert Sun School, Idyllwild, California), UCLA Department of Special Collections Charles E. Young Research Library, Box 177, L-67, p. 2.

서 어떤 감정을 상대방이나 현상으로 투사하는 능력이기 때문이다. 노이트라는 서구 문화권에서 성장한 인물로 이 같은 서양의 감정이입 이론의 테두리 안에 있을 수밖에 없었을 것이다. 이런 한계에도 불구하고 노이트라가 설명하려던 것은 소통의 더 깊은 차원이었다. 세계가 발현하는 것을 받아들이는 전자아pre-ego, 즉 비어있음emptiness과 수용가능성capacity의 형태로 존재하는 자아의 더 깊은 층위에서 발생하는 것이었다.[33]

노이트라가 와츠지의 무아無我의 지각을 직접적으로 연상시키는 용어를 쓴 적은 없다. 사실 노이트라가 이런 말을 쓰고 싶어도 서구적 전통에서는 마땅한 말이 없어 쓰지 못했을 것이다. 하지만 감정이입을 논할 때 그는 내적으로 충분하고 완결되고 닫혀 있는 자아라는 개념에 대해 분명 불만족스러워했다. 이 개념이 세계를 마주하며 열려 있는 자아의 감각적, 지각적 개방성을 담아내지 못하기 때문이다. 감각은 그리고 지각은 자아가 근본적으로 세계를 향해 열려 있는 존재라는 의미인데, 이 개방성을 제대로 이해하지 못하고 자아의 완결성이라는 환상에 빠져 있다는 것이다. 자아는 최소한 자폐성과 연결성, 초연함과 개방성, 내부성과 외부성의 변증법을 통해 다시 정의되어야 한다. 오직 감각과 지각을 통한 열린 관계 속에서만 '나'라는 개념이 일시적으로 형성되는 것이다.

바로 이런 맥락에서 노이트라는 프로이트의 자아 개념을 비판했다. 그는 '자아' 앞에 반드시 '감각을 갖춘 자아sense-equipped ego'라고 수식어

---

33 이런 면에서, 소통에 대한 노이트라의 이해는 니시다 기타로가 제시한 바 있는 감정이입 이론에 대한
비판에 더 가깝다고 필자는 생각한다. 니시다는 교토 학파의 아버지였다. 니시다가 보기에 가장 깊은
형태의 공감은 눈앞에서 펼쳐지는 상황에 자기 자신의 느낌과 감정을 투사하는 능력에 달려 있지
않다. 그와 반대로 주관적인 짜맞추기를 넘어 그런 느낌과 감정을 포기하고 자신의 한계를 초월하여 그
상황과 완전한 통일을 이룰 줄 아는 능력이다. 니시다가 생각한 통일은 정적인 것이 아니라, 동적이고
창조적이다. 가장 높은 형태의 공감은 자족적인 자아와 현상이 수동적으로 통일되는 순간이 아니라,
자아가 자신의 제한된 능력 때문에 전복되고 창조의 지평으로 나아가 그 잉여를 수용하기 시작하는
순간에 나타나기 때문이다. 니시다의 공감 이론에는 이렇게 더 높은 형태의 통일, 즉 창조를 통한 통일이
있다. 그런 창조는 자기를 내세우기보다 자기를 초월하므로 '우리'의 차원을 획득한다.
Kitaro Nishida, *Art and Morality*, trans. David A. Dilworth and Valdo H. Viglielmo,
Honolulu: University of Hawaii Press, 1973, pp. 9–21.

를 붙여 명명했다. 이렇게 수정된 자아론을 바탕으로 비신체적, 그리고 자폐적인 자아중심적 세계관에 도전했다. 노이트라는 알버트 아인슈타인Albert Einstein(1879-1955)의 상대성 이론이 "뉴턴의 우주론이 보여주는 절대 공간과 시간의 자족적인 드라마에 '관찰자', 관찰의 상대성, … 감각을 갖춘 해설자raisonneur를 도입"한 것에 기여했다고 보았다.[34] 마찬가지로 노이트라는 에고, 이드, 슈퍼에고에 기반한 프로이트의 욕망의 심리학적 드라마에 '감각을 갖춘 자아'를 도입했다. 이처럼 세상을 향해 근본적으로 열려 있는 자아를 통해 노이트라가 이야기하고 싶은 것은, 선재하는 '자아'의 의지에 따른 소통이 아니라, 그것을 초월한 탈자적 소통이었다. '감각을 갖춘 자아'는 전반성적前反省的pre-reflective으로 세상과 교감하는 몸을 가진 인간을 다시 주목하게 한다. 뜨거운 여름날 우리는 나도 모르게 그늘 속으로 빨려들어가고 친구를 향해 빨리 들어오라고 손짓한다. 이것은 초연한 자아의 판단과 명령에 의한 것이 아니라 몸이 세상과 직접 교감하면서 생기는 움직임이자 제스처이다. 몸을 가진 우리가 세계와 공감할 때, 그 공감 자체는 반성이전의 깊은 '나'로서 그로부터 반성적 '나'가 생성되어 표면으로 올라오는 심연이다. 나와 타자가 혼연일체가 되는 공감을 바탕으로 공동의 대응을 실천하는 '나'로 변모하게 될 잠재성을 가진 이 신체적 존재를, '공동의 주관성'이라고 부를 수 있을 것이다.

마주봄과 '우리'의 생태학

마지막으로 필자는 '우리'라는 공동성의 실천이자 상징인 '대면'이라는 자세에 대해서 더 깊이 생각해보고자 한다. 노이트라는 대면이란 생명을 지닌 몸이 취하는 가장 중요한 자세라고 규정한 바 있다. 우리의 몸이 앞, 뒤, 위, 아래로 구분되어 있는 것처럼 사물 또한 그러하다. 소중한 것을 앞에 두고 대

---

34 Richard Neutra, "Ideas," (August 10, 1954), UCLA Department of Special Collections Charles E. Young Research Library, Box 193.

면하려는 이유는 이 신체의 구조 때문이다. 앞에 있는 모든 것은 손으로 잡고 끌어안을 수 있지만, 뒤에 있는 것은 그럴 수가 없다. 노이트라는 이렇게 말한다.

> 팔과 손, 다리와 발이 연결되어 있는 방식은 몸이 공간 속에서 일어나는 사건과 정면으로 마주할 때 가장 큰 효과를 낸다. 움직임과 자세를 기록하는 몸의 내적 감각은 어떤 사건과 똑바로 마주하고 있는지를 알려주어 효과를 극대화시킨다. 그 대상이 덤벼드는 사자든 다가오는 연인이든 간에 말이다.[35]

노이트라가 대면이란 주제를 중요시한 분야는 신성함을 다루는 종교 건축이었다.[36] 하지만 주거공간의 맥락에서도 여전히 중요한 주제였다. 노이트라는 「카우프만 하우스」와 「트레메인 하우스」에서 식탁을 집의 중앙에 놓았다. 가족 구성원들 사이의 대면을 촉진하려는 의도에서였다. 온기를 뿜어 사람을 불러 모으는 히바치처럼 식탁 또한 끼니때마다 아니면 차담을 나눌 때마다

---

35 Richard Neutra, *Survival Through Design*, New York: Oxford University Press, 1954, p. 161.

36 노이트라는 '마주하기'를 강조하면서 카를로 마데르노Carlo Maderno(1556-1629)가 성베드로 성당의 신랑身廊nave을 전면으로 확장한 것을 높이 평가했다. 이는 바로크 시대의 프란체스코 보로미니Francesco Borromini(1559-1667)와 지난 세기의 르 코르뷔지에 등 마데르노의 확장안을 비판한 건축가들과 상반되는 입장이다. 노이트라는 미켈란젤로 디 로도비코 부오나로티 시모니Michalengelo di Lodovico Buonarroti Simoni(1475-1564)의 계획은 생명을 지닌 몸의 생리적 표현을 고려하지 않은, 방향성 없고 중립적이고 편재하는 공간성에 기초한 것이라고 주장한다. 마데르노의 확장안은 이처럼 추상적이고 중립적인 것이 될 뻔했던 공간에 방향성을 부여했다는 점에서 긍정적이다. 이 연장된 축 덕분에 순례자는 높은 제단에 한 걸음 한 걸음 다가갈 수 있다. 이렇게 조금씩 제단을 향해, 신을 향해 나아가는 것은 '자연스럽게 정립된 의례의 중요한 부분'이었다. 길게 연장된 축은 신자가 절대적 존재 앞에 서는 궁극적 순간을 기념한다. 노이트라는 이렇게 말한다.

> 신이 머무는 곳이면 어디든, 사람은 본성상 신과 마주하고, 신 앞에 엎드리고, 살아 있는 실제의 몸을 써서 숭배하고, 겸손하게 머리를 조아리거나 희망에 차서 눈과 손을 들어야만 할 것이다.

Richard Neutra, *Survival Through Design*, pp. 161-163; Le Corbusier, *Towards a New Architecture*, New York: Praeger, 1960, p. 171.

가족 구성원을 불러 모은다. 히바치가 둥근 형태를 만들어 평등의 이상을 구현하는 것과는 달리, 식탁에는 가부장적인 차별이 스며있긴 하다. 짧은 면의 한쪽이나 긴 면의 한가운데가 권위를 가진 인물이 앉는 자리이기 때문이다. 그럼에도 불구하고 식탁은 그 주위에 모인 가족을 '단단하고 촘촘한 공동체'로 변화시킨다. 특히 수도원의 식탁처럼 좁고 길다면 거리가 한층 가까워서 마주 앉은 이와 대면하는 느낌이 강렬할 수밖에 없다. 노이트라는 다음과 같이 말한다.

> 좁고 조밀한 공동체에서 일어나는 즐거운 일 중 하나는 다른 사람의 얼굴을 아주 가까이 들여다보는 것이다. 나는 사람의 얼굴을 보는 것이 대단히 기분 좋은 일이라고 생각한다. 고속도로 위에서 옆 차와 범퍼를 나란히 하고 서 있으면 버스나 엘리베이터 안에서 누군가를 마주할 때처럼 짜릿한 기분이 들진 않는다. 여러분이 내 말에 수긍할진 모르겠으나, 잠시나마 사람의 얼굴을 찬찬히 보고 있으면 왠지 마음이 진정되고 즐거워진다.[37]

거주 공간에서 대면을 활성화하는 또 다른 순간은 비스듬한 방향으로 자리 잡은 모퉁이 창의 개방성을 통해서이다. 노이트라가 앞서 말했듯이, 모퉁이의 밝고 환한 분위기는 지붕으로 덮인 주변의 어둠과 대비되어 집 안으로 들어서는 이의 시선을 일시에 사로잡는다. 이 순간 우리는 노이트라가 모퉁이에 부여한 역할에 대해 주목할 필요가 있다. 그의 모퉁이는 단지 사람의 시야를 먼 지평선으로 흘려보내는 시각적 장치가 아니다. 「밀러 하우스」의 모퉁이에는 사막의 풍토를 조절하고자 세심하게 디자인된 창과 함께 데이베드가 놓여 있다. 이곳은 만남의 무대다. 노이트라의 말처럼 자그마하기에 오

---

37 Richard Neutra, "Mr. Neutra's Free and Improvised Talk," May 9, 1961, Regent Lectures, University of California, UCLA Department of Special Collections Charles E. Young Research Library, Box 177, L-66, p. 24.

히려 서로를 촘촘하게 묶어내 상대방의 얼굴을 빤히 쳐다볼 드문 기회를 만들어내는 그런 무대 말이다. 창과 데이베드가 결합한 모퉁이의 시각적 흡인력은 가족 구성원들 간의 공동점유와 대면을 염두에 두고 있다. 모퉁이는 이제 실내와 실외를 시각적으로 연결하는 미학적 역할을 뛰어넘어, 얼굴을 빤히 들여다볼 수 있을 정도로 사람과 사람의 관계를 촘촘하게 엮어내는 사회적, 윤리적 장치가 된다.

'우리'라는 공동체성의 실천이자 상징인 대면은 주거건축에 한정되지 않고 노이트라의 학교 건축에서도 기본적인 원리로 적용되었다. 노이트라가 로스앤젤레스의 벨에 설계한 「코로나 스쿨Corona School」(1935)이 좋은 예이다. 「코로나 스쿨」은 교실 다섯 개가 일렬로 이어져 선형 블록을 이루고, 블록의 남쪽 끝에는 유치원 건물이 붙어있다.(도 3.7) 블록의 동쪽에는 캐노피가 씌워진 통로가 있고, 그 옆에 모두가 이용할 수 있는 넓은 놀이터가 있다. 서쪽은 이와 대조적으로, 각 교실 별로 관목으로 구분된 놀이용 테라스activity patio가 딸려 있다. 각 교실과 테라스의 경계부에는 천장에 감춰진 트랙을 따라 철제 미닫이문이 달려 있다. 이 문에서 약 1.2미터 떨어진 곳에 수직으로 작동하는 차양이 추가로 설치되었다.(도 3.8)

수평으로 작동하는 미닫이문과 수직으로 작동하는 차양의 관계는 날씨와 실내 활동에 따라 끊임없이 조정된다. 때에 따라서는 미닫이문을 활짝 열고 차양을 낮게 내려 눈부심을 방지하고, 해가 높을 때는 차양마저 완전히 올려 아이들이 바깥에 나가 야외활동을 하도록 권장한다. 내부와 외부의 경계는 태양의 움직임에 따라 변한다. 어떤 때에는 교실의 그늘이 야외 공간까지 늘어지고, 또 어떤 때에는 외부 공간의 밝은 빛이 교실의 그늘을 파고든다. 추울 때는 내부가 그늘진 동굴이 되는데, 이렇게 모두가 공유하는 추위는 아이들이 온기를 찾아 양지바른 테라스로 나가게 하는 매개 역할을 한다. 반대로 더운 날에는 동굴 같은 교실 내부의 시원한 그늘이 아이들을 교실로 이끈다.

라이트는 인간의 인류학적 기원과 관련된 공간성을 이야기할 때 동굴을 비민주적 공간이라 비판하며 유목적 개방성을 옹호했지만, 노이트라는 둘

중 어느 하나가 우위에 있다고 보지 않았다. 오히려 동굴의 닫힌 공간감과 개방성을 상보적으로 보았다. 어두움과 싸늘함은 밝음, 따뜻함과 대조를 이루고, 눈부심과 뜨거움은 침잠함, 서늘함과 대조를 이루어 서로를 보완한다. 한쪽이 다른 쪽의 성격을 강화하고 정체성을 부여하는 것이다. 유목성은 늘 개방된 공간에 머무는 것이 아니라, 동굴과 개방된 공간을 오가는 것에 있다. 아이들은 날씨와 학습 형태에 따라 동굴과 개방된 옥외 테라스를 오가게 된다.

「코로나 스쿨」의 놀이용 테라스에서는 원형의 형태로 교사와 학생이 서로 둘러앉아 수업을 진행하곤 했다. 원형은 노이트라가 학교 건축의 표준모

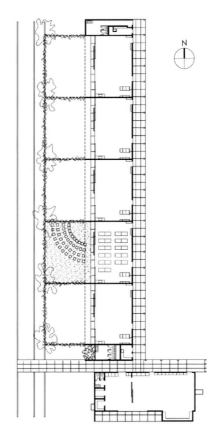

도 3.7 리처드 노이트라, 코로나 스쿨 평면도, 벨, 미국, 1935

델을 개발할 때 차용한 형상으로,(도 3.9) 로스앤젤레스 웨스트우드의 「에머슨 중학교Emerson School」(1938)에 적용하기도 했다. 노이트라가 원형을 강조한 데에는 교실에서 교사와 학생이 관습적으로 한 방향으로 마주하는 일면적 대면방식을 탈피하려는 의도가 담겨 있다.(도 3.10) 모든 사람이 히바치 주위에 '바짝 붙어 앉아' 서로 마주보는 일본식 방의 또 다른 버전이다.

전체적으로 보면 교실과 테라스는 내밀함과 개방성의 앙상블을 이룬다. 열환경 측면에서 보면 차가움과 따뜻함, 시원함과 뜨거움의 앙상블이다. 그것은 또 어두움과 밝음의 앙상블이다. 학생들이 한 구역에서 다른 구역으로 이동할 때에는 일본식 방에서 온기가 모두의 마음을 관통할 때와 비슷한 현상이 일어난다. 테라스의 온기는 학생들의 신체 표면에 머물지 않는다. 그건 아이들의 생각 또는 내적 주관성이 통제할 수 있는 그런 것이 아니다. 그 온기는 내면의 심층을 관통하고, 거기에 따스함을 불어넣는다. 누가 말하지 않아도 테라스로 걸어 나와 같은 온기를 공유함으로써 학생들은 '우리'가 된다. (이는 물론 학생들이 교실 안의 차가움을 함께 느끼고 함께 따뜻함을 찾아가려는 '우리'로 변모한다는 것을 전제로 한다.) 여름날의 교실에서 느끼는 서늘함도 마찬가지로 학생들을 하나로 묶는다.

노이트라는 이런 소통의 순간을 각기 다른 유형의 인간관계와 결부시켰다. 교실에서는 교사와 학생이 일방향을 유지하는 상당히 형식적이고 인습적인 소통이 이루어지는 반면, 테라스에서는 교사와 학생뿐 아니라 학생들 서로 간의 대면을 통해 교사가 '공동체의 구성원'에 더 가까워지는 자연적인 소통이 이루어진다.[38] 이처럼 수업에 따라 아이들이 옮겨다니는 것을 마치 뿌리를 내리지 못하는 뜨내기의 방랑으로 오해해서는 안 된다. 아이들이 이동하는 까닭은 그들이 훨씬 더 장소와 장소를 감싸는 기운에 민감하기 때문이다. 이는 앞에서 인용했던 노이트라의 말을 다시 한번 입증한다. 즉 산란하기 위해 이동하는 물고기, 알을 낳기 위해 이동하는 새는 결코 자리에 무관심한 것이 아니라 오히려 정반대로 장소에 아주 민감하기 때문에 이동하

---

38 Richard Neutra, *Buildings and Projects*, Zurich: Editions Girsberger, 1950, p. 150.

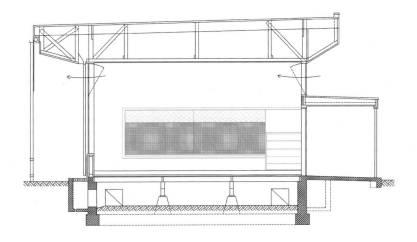

도 3.8 리처드 노이트라, 코로나 스쿨 교실 단면도, 벨, 미국, 1935

도 3.9 리처드 노이트라, 링 플랜 스쿨 모형, 1932

도 3.10 리처드 노이트라, 코로나 스쿨에서 학습활동이 전개되는 모습, 벨, 미국, 1935

는 것이다.

'동굴의 내밀함과 맞물린 개방성'은 노이트라에게 연속성이란 무엇인지 보여준다. 그에게 연속성이란 어떤 동질의 또는 유사한 성질이 연이어 등장하는 상황을 말하는 것이 아니라, 상반되는 성질이 만나 이루어내는 변증법적 앙상블을 말하는 것이다. "어둠과 밝음, 빛과 그늘, 추위와 난방, 더위와 서늘함"같이 말이다.[39] 이런 독특한 개념의 연속성을 뭐라고 부르면 좋을까? '불연속의 연속성'이라고 부르면 어떨까? 앞서 와츠지가 일본 정원에 대해 설명했듯, 대립적인 기운들의 극명한 대치와 균형이 만들어내는 질서는 정원사의 꿈과 상통한다. 여러 기운의 균형 잡힌 대비는 뛰어난 매너리스트의 형식적 유희를 목표로 한 게 아니다. 일방적으로 심오한 미학적 기호를 강요하고자 하는 것도 아니다. 그것이 아무리 아름답다 할지라도 말이다. 그 목표

---

39 Richard Neutra, "What Kind of a House Today?," p. 3.

는 일상의 이런저런 양상에 대응하는 스펙트럼을 넓혀 삶의 다양한 상황이 적정한 곳에 뿌리를 내리는 자유를 부여하는 것이다. 다시 말하지만 유목성이란 모더니스트의 강령인, 막힘없이 펼쳐지며 끊임없이 확장되는 개방된 공간 자체에 있는 것이 아니다. 이런 곳에서 유목성이란 정착하지 못하고 쉼 없이 유랑해야 하는 카인의 저주 같은 것 아닐까? 유목성이란 개방된 공간과 내밀한 동굴 그리고 둘 사이의 다양한 변형을 적절히 선택할 수 있는 자유를 말한다. 이동과 머묾 사이의 변주라고 할까. 매 순간 잠시 둥지를 트는 곳마다 인간관계의 변형을 실험할 기회가 담겨 있다. 화창한 봄날, 가르침과 배움이 일종의 권력관계로 고착되어 있는 교실을 떠나 놀이용 테라스로 나간 교사와 학생들이 원형의 형상으로 둘러앉을 때처럼 말이다.

에코스와 연대

마지막으로 필자는 노이트라가 아테네의 청중 앞에서 했던 말을 소개하고자 한다. 그는 인간은 '진공 상태가 아니라 생태 환경 안에서' 산다고 말하며 어원을 통해 생태의 의미를 명확히 하고자 한다. 그는 생태의 어원인 에코스ecos가 화로hearth를 뜻하기도 하며, 그리스 신화에서 가정의 여신 헤스티아를 떠올리게도 한다고 주장했다. 흥미롭게도 노이트라는 그리스 주거지에서 화로는 "균형 잡힌 가족관계가 실현되는 중심의 역할"을 한다고 말했다.[40] 이런 유형의 주거에서 사람들은 "'그'와 '그녀' 그리고 그들의 아이들을 애정 어린 마음으로" 만난다.[41]

　　노이트라가 생태학의 어원을 연구한 까닭은 현대 주거건축의 문제를 지적하기 위해서였다. 그는 스타일이 자주 바뀌는 여성용 모자처럼 건축도 취향의 변화를 따르는 비즈니스의 문제가 되었다고 보았다. 건축이 이렇게 변

40　Richard Neutra, Athens Lecture for Doxiadis Associates, UCLA Department of Special Collections Charles E. Young Research Library, Box 176, L-5, pp. 5–6.

41　Richard Neutra, Athens Lecture for Doxiadis Associates, pp. 5-6.

질된 상황이 "재혼율과 이혼율이 높아진" 부분적인 이유라고까지 보았다.[42] 사람들은 해마다 모델이 바뀌는 자동차를 어디에 주차할지는 걱정하지만, 정작 "그들의 영혼이 … 거할 장소"에 대한 고민은 없다고 주장했다.[43]

이런 사회문제의 해결 방안으로 노이트라는 화로를 중심으로 가족 구성원들이 균형 잡힌 관계를 이루던 고대 그리스의 생태적 주거를 제시하였다. 필자는 히바치를 품은 일본식 방에서 벌어지던 상황이 노이트라가 이야기한 그리스의 주거 방식과 비슷하다고 생각한다. 일본식 방에서 가족 구성원과 손님은 한자리에 둘러앉아 히바치에서 나오는 온기를 공유한다. 각 개인을 하나로 묶는 추위와 하나의 원천에서 발산되는 온기를 균형 있게 공유하는 것, 바로 이것이 노이트라가 제시하는 생태관의 특성이다. 앞서 논한 것처럼 이 생태 개념은 필연적으로 대립하는 기운들이 변증법적으로 결합한 불연속의 연속성과 결부되어 있다. 노이트라가 보기에 추위와 온기, 어둠과 빛, 폐쇄성과 개방성의 균형 있는 관계를 회복시키는 행위자는, 감각과 지각이 비진리의 허상을 만든다고 폄하하는 개념적 주체가 아니라, 전반성적으로 세계의 기운을 받아들이는-또는 물드는-신체적 존재이다. 이 신체적 존재는 '나'라는 인식 이전에 존재하며, '우리'의 일부로서 개별적 자아의 심층에 존재한다. 이런 유형의 주관성을 받아들일 때 노이트라의 주거는, 멜랑콜리한 부르주아 여인이 나른한 자세로 데이베드에 기댄 채 고독이나 삼키는 그런 공간이 아니라, 다른 사람들과 전반성적으로 기운을 공유하는 공동성의 영역이 된다.

기후 현상을 다자 간 차원의 매개로 본 와츠지의 기후학은 높은 이혼율과 같은 사회문제의 해결책으로 생태학을 제시한 노이트라의 입장을 이해하는 데에 도움이 된다. 풍토는 모든 곳으로 스며드는 속성을 갖고 있기 때문에 추위와 하나가 된 '나'는 고립된 또는 영웅적인 독립체로 존재하지 않는다. 더욱 중요한 것은 추위 한가운데 있는 것은 '나'만이 아니라 다른 이도 마찬가지이며, '추위에 물든 나'라는 자각은 나만의 것이 아니라 모두의 것이

---

42 Richard Neutra, "Mr. Neutra's Free and Improvised Talk," p. 21.

43 Richard Neutra, "Mr. Neutra's Free and Improvised Talk," p. 21.

다. 바로 이런 공동의 자각이 발생할 때 앞서 말했던 파편화되어 소통불가능한 단독자들의 우연한 조합 대신, 모두가 빈틈없이 공감하는 공동의 주관성이 탄생한다. 이 공동의 주관성이 각기 다른 정체성, 능력, 위치, 역할 등에 어울리는 창조적 행위를 수행하며 공동의 대응을 하는 토대이다. 와츠지의 표현을 빌자면 공동의 주관성에서 발원해 공동 대응을 실천하는 주체들은 같은 '나'이지만 서로 다르고, 또 서로 다르지만 같은 '나'이다. 즉 같음과 다름의 합인 것이다. 이런 식으로 풍토는 상호관계의 매개자로 기능한다. 이 순간에 아버지가 아버지로, 아들은 아들로, 딸은 딸로 드러난다. 추위에 물든 뒤 '옷을 더 입으렴!'이라고 말하는 순간, 추상적 인간 군상이 구체적인 아버지와 아들로 표현이 된다. 자녀 없는 아버지는 존재할 수 없고, 아버지 없는 자녀도 존재할 수 없으니 오로지 상보적이다. 정체성은 나와 반대되는 것의 선재성을 인정할 때에만 떠오른다. 이런 식으로 남편/아내, 부모/자식, 스승/제자 같은 정체성이 변증법적으로 대립하는 동시에 서로 풀릴 수 없는 매듭처럼 결합되어 있다. 이 매듭이 확인되는 순간이 바로 '풍토적 순간'이다. 자폐적인 개인주의가 극복되고 대립항들과 협력하여 공동의 문화적 대응을 갈구하게 되는 것이다.

이러한 관점에서 볼 때 노이트라의 건축은 생태학이 놓쳐서는 안 되는 윤리적 차원을 모범적으로 보여준다. 생태학이란 단지 추상화된 개인 또는 그 개인의 합인 인간과 가용 가능한 자원 사이의 관계만을 고려하는 것이 아니라, 사람과 사람의 관계와 그 구체적 표현까지 다 맞물려 들어가 있는 것이다. 노이트라가 온기 주변으로 몰려든 촘촘하고 조밀한 공동체를 논하고, 구성원들이 서로의 얼굴을 보는 '대면'에 관해서 언급하고, 이를 효과적으로 구현하는 형상에 관해 연구한 이유가 여기에 있다.

최근 자원고갈과 기후변화와 같은 종말론적 분위기 속에서 기존 자원은 절약하고 새로운 자원은 발굴해야 한다는 당위론이 목소리를 높이고 있다. 인간의 운명을 지속가능한 것으로 전환하기 위한 몸부림 속에서, 자연을 가용자원의 보고로 파악하는 실증주의적 태도만큼 명확하게 길을 제시해 보이는 것도 없는 것 같다. 하지만 여기엔 자연에 대한 개념과 더불어 지속가능성의 개념 자체에 대한 고민이 빠져 있다. 서두에서 노이트라가 생태학의 어원으로 소개한 에코스ecos는 그리스어로 오이코스oikos다. 이 말은 가정에서 벌어지는 여러 일들을 효율적으로 잘 관리하는 것을 뜻한다. '효율적 관리'란 차고 넘치도록 쟁여놓는 대량생산이 목표가 아니다. 당대의 그리스인들에겐 결혼식, 심포지엄 등 한 해에 벌일 행사를 생각해보며, 가족의 수, 노예의 수, 토지의 양, 가축의 수, 농산물의 수확량과 같은 유한한 자원을 어떻게 적절하게 분배할 것인가의 문제였다. 노이트라의 생태학은 문명의 생존을 위해 '유한'을 '무한'으로 바꾸고자 하는 것이 아니다. 반대로 미니멀리즘처럼 자연 자체를 건드리는 것을 죄악시하는, 그래서 창작 행위도 거부하거나 또는 최소한의 개입만을 허용해야 한다고 말하려는 게 아니다. 그는 관점이 다르다. 결핍 자체를 문제 삼기보다 오히려 결핍이라는 조건을, 사람 사이의 균형 잡힌 결합과 인간관계의 상보적 정체성이 구체적으로 표현되는 계기로 바라보는 것이다.

4

지역성과 초지역성의
변증법

지역성과 초지역성의 변증법

와츠지의 철학은 환경을 이해하는 방식에 대한 새로운 시야를 열어준다. 하지만 그의 철학이 한 지역의 고유한 풍토와 교감하는 특정 공동체의 특성을 논하는 차원에만 머문다면 지역주의에 관한 수많은 논의와 똑같은 운명을 맞을 것이다. 지역주의는 기본적으로 다른 문화권과의 관계를 설정하는데 실패해 보수적 편협성에 빠질 수 있다. 이와 달리 와츠지의 철학은 풍토와 공동체의 자폐성을 초월하는 초풍토와 공공의 차원에 관한 이야기를 담고 있다. 이 초풍토의 지평에서는 지역의 경계를 뛰어넘는 삶의 전형성이 모습을 드러내고, 이 전형성이 한 풍토의 지역적 특이성과 변증법적 상호작용을 일으킨다. 이런 관점에서 와츠지의 풍토 이론을 바탕으로, 지역적인 것과 보편적인 것 사이의 상호성을 추구했던 비판적 지역주의, 그리고 지역주의에 대한 비판으로 제기된 초지역성과 인간 상황의 전형성을 다루는 담론을 되돌아보고자 한다.

비판적 지역주의를 넘어서

케네스 프램턴은 비판적 지역주의를 논하면서 장소성을 회복할 수 있는 여섯 가지 항목을 제시했다. 그중 네 번째가 사람들이 자유롭게 만날 수 있는 공공장소를 구축하는 것이다.(도 4.1) 그는 이 주장의 타당성을 공고히 하고자 "권력의 유일한 물적 토대는 사람들이 결집하여 모여 사는 것"이라는 한

도 4.1 캄포 광장, 시에나, 이탈리아

나 아렌트Hannah Arendt(1906-1975)의 말을 인용했다.[1] 이 대목에서 프램턴은 로버트 벤투리Robert Venturi의 건축과 이론을 비판한다. 프램턴은 벤투리가 일상에 대한 비판적 태도를 상실하고 조악한 사태를 그대로 건축과 도시로 투영해 낼 뿐이라고 비판했다. 벤투리는 텔레비전을 종일 켜 놓고 스포츠를 시청하는 관람장으로 전락한 미국의 주거공간을 스스럼없이 복제할 뿐, 광장과 같은 도시의 공공장소가 활성화되지 못하고 사라져가는 상황에 대해서는 별반 문제의식이 없다고 주장했다.

프램턴은 이어 장소성 상실에 대응하는 다섯 번째 항목을 논한다. 지형, 맥락, 기후, 빛, 구축 등에 관해 언급하며 비판적 지역주의 건축이 무엇을 추구하는지 좀 더 구체적으로 진술해 내려간다. 일반적이고 추상적인 특징 대

---

1   Kenneth Frampton, "Towards a Critical Regionalism: Six Points for an Architecture of Resistance," in ed. Hal Foster, *The Anti-Aesthetic, Essays on Postmodern Culture*, New York: The New Press, 1983, p. 25.

신 지역의 구축적 특징을 반영해야 하며 주어진 부지의 지형적 특성을 세심히 살펴야 하는 것은 물론이고, 지역의 빛과 바람이 가진 특성에도 주의를 기울일 것을 주문한다. 서론에서 언급한 인공조명과 기계공조를 통한 중성적이고 천편일률적인 공간의 대량생산을 비판하는 것도 이 대목이다.

이렇게 열거된 항목들은 어디에서나 볼 수 있는 일률적이고 무미건조한 건축을 극복하는 데는 중요하지만, 와츠지의 풍토 철학의 관점에서 볼 땐 미흡한 측면이 있다. 네 번째와 다섯 번째 항목 사이의 연관성이 명확히 논의되지 않았다는 점이다. 사람들의 결집을 위한 장소를 만드는 것과 지역의 기후 조건에 주의를 기울여 건물과 장소를 디자인하는 것 사이에 상관관계를 보지 못하고 있다는 것이다. 이 같은 사실에서 한 가지 부정적인 결과가 나타난다. 사람들이 결집하는 장소와 기후에 적절한 대응을 하는 장소, 이 둘이 서로 무관한 관계로 다루어지다 보니 여섯 번째 항목에 이르러 등장하는 문제이다. 이 부분에서 프램턴은 먼저 기후의 특성을 읽어내는 주체의 신체적 특성을 환기시킨다. 그리고 촉각과 같은 감각적 풍요로움을 지향하는 건축의 중요성을 강조하는 것으로 마무리한다. 시각중심주의를 극복하고 촉각을 활성화하자는 이야기로, '경험의 풍요로움'이라는 문구로 포장된 감각주의적 건축을 대안으로 제시한다.

여섯 번째 항목의 시각과 촉각에 관한 주장에는 상당히 아쉬운 점이 있다. 프램턴은 어원을 따라 원근법을 "합리화된 눈 또는 명증한 시각"이라고 비판했다.[2] 원근법의 기하학에서 평행한 두 선이나 면은 무한히 먼 한 점으로 수렴한다. 모든 것들은 수학적 비례를 따라 정돈되어 있기에 굳이 움직이지 않아도 단번에 파악된다. 이상적인 지점에 꼿꼿이 선 관찰자의 눈에 가릴 것 없이 만상이 다 드러나는 것이다. 이런 원근법적 시각이 갖는 지배력의 대안으로 프램턴은 촉각을 활성화할 것을 제안하고, 알바 알토Alvar Aalto(1898-1976)의 「세이나찰로 시청사」(1951)를 적절한 예로 든다.(도

---

2 Kenneth Frampton, "Towards a Critical Regionalism: Six Points for an Architecture of Resistance," p. 29.

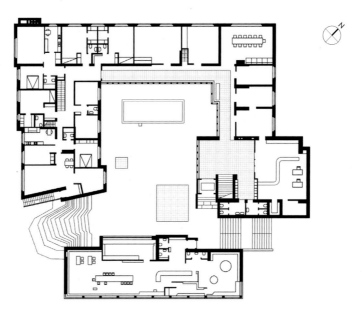

도 4.2 알바 알토, 세이나찰로 시청사 평면도, 세이나찰로, 핀란드, 1951

4.2~3) 벽돌 계단을 디디며 메인홀로 올라갈 때 발밑으로 느껴지는 거칠고 단단한 느낌은 메인홀 목재 바닥의 매끄럽고 부드러운 느낌과 대비된다. 프램턴은 "계단을 오르는 몸의 추진력은 계단의 마찰력을 통해 느껴지는데, 그 마찰력은 잠시 후 메인홀 목재 바닥의 매끄러움과 대비되어 '읽힌다.'"라고 말했다.[3]

  원근법을 비판하며 촉각을 대안으로 추천하는 것은 주목할 만하다. 하지만 이 주장에는 오해가 있다. 원근법은 이성적이고 수학적인 방식으로 작동하지만, 그렇다고 시각 자체가 일상생활에서 원근법적으로 작동진 않는다. 프램턴은 재현의 기법인 원근법이 곧장 우리가 세상을 바라보는 방식이라고 오해하고 있는 것이다. 이는 일상적으로 경험하는 시각의 특성을 두어 가지만 열거하면 즉시 증명이 된다. 투시도의 시각이 무한대를 향해 고정된

---

3   Kenneth Frampton, "Towards a Critical Regionalism: Six Points for an Architecture of Resistance," p. 28.

도 4.3 알바 알토, 세이나찰로 시청사의 중정, 세이나찰로, 핀란드, 1951

가상의 시각에 기초를 두고 있다면, 일상의 시각은 매 순간 좌향을 재정립하여 사물을 대면하는 우리의 몸과 세계 사이의 역동적인 관계맺기에 기초를 두고 있다.[4] 투시도는 시계에 들어오는 모든 사물이 마치 다 일률적으로 똑같이 중요한 것처럼 일순간에 전체를 제시한다. 그러면서도 시계 내에 자리 잡은 어느 사물 하나도 대면하여 바라보지 않고 그저 허공을 응시할 뿐인 초월적 시각이다. 하지만 일상에서 시각은 시야에 들어오는 모든 것을 똑같은 정도의 중요도로 동시에 그리고 일순간에 파악할 순 없다. 살아있는 눈이 지각하는 세계는 단속적인 장면들을 모아 붙인 콜라주와 비슷하다. 눈은 심층구조를 이루며 말없이 서 있는 배경과 전면으로 부각되는 볼거리 사이의 변증법적 상호작용에 기초해 작동한다. 즉 우리는 한 번에 하나씩 볼 수 있을 뿐이고-두 손가락을 펴서 동시에 보려고 시도해보라-그 하나 보이는

4   Maurice Merleau-Ponty, *The World of Perception*, trans. Oliver Davis, New York:
    Routledge, 2004, pp. 49-56.

이유는 나머지가 잠시 배경으로 작동해주기 때문이다. 하지만 또 다른 무엇이 우리의 관심사가 되면 이전에 관심을 끌었던 것은 배경 속으로 물러나는 대신, 배경 속에 묶여 들어가 있던 것이 전면으로 부각된다. 즉 우리가 무언가를 볼 수 있는 까닭은 형상과 배경이 변증법적 관계-기표와 기반의 관계-를 이루며 양자가 역동적으로 재구성되기 때문이다.

더욱이 시각이 지배하는 문화에 맞서는 방법으로 촉각을 제시한 프램턴의 주장은 촉각 그 자체를 무비판적으로 찬양할 위험이 있다. 프램턴은 촉각을 마치 그 자체로 의의가 있는 독립적 감각경험처럼 기술을 한다. 즉 특정한 촉각적 경험이 의미를 갖게 되는 원인에 대한 논의에는 상대적으로 무관심하였다. 물론 촉각적 경험과 그 배경이 되는 상황 사이의 연결고리를 완전히 놓쳤다는 것은 아니다. "소리, 냄새, 질감을 통해 메인홀의 존엄한 위상"을 확립하는 방편으로 거친 계단과 대비되는 메인홀의 매끄러움이 갖는 가치를 조명한 대목은 분명 촉각과 상황 사이의 연관관계를 포착한 것으로 보이기 때문이다.[5]

하지만 시각의 지배를 극복해야 한다는 프램턴의 논리는 여전히 "만지고 싶은 충동을 불러일으키는" 촉지각의 유혹에 의존한다.[6] 간단한 질문 하나를 떠올려보자. 우리가 콘크리트 벽을 왜 만지는가? 가령 정면에 마주한 벽 같은 특정한 건축 요소의 촉감을 면밀히 조사하거나 음미할 수 있도록 훈련받은 건축가가 아니라면, 그 촉감을 이해하기 위해 일부러 벽을 만지는 일은 일상 속에서 거의 발생하지 않는다. 벽을 만지게 되는 경우는 상황에 달려 있다. 날이 더울 때 우리는 그늘진 곳을 찾아 이동하며 서늘한 벽에 기댄다. 다시 말해서, 시원스런 촉감을 기대하며 우리를 그 벽으로 이끄는 어떤 상황이 선재한다. 우리 앞에 드러난 세계의 선재성이다. 그와 동시에 벽이나 바닥, 기둥 등을 촉각으로 느끼는 것은 대상을 정면에 놓고 쓰다듬고 어

5 Kenneth Frampton, "Towards a Critical Regionalism: Six Points for an Architecture of Resistance," p. 28.

6 Kenneth Frampton, "Towards a Critical Regionalism: Six Points for an Architecture of Resistance," p. 29.

루만지는 경우보다는 측면이나 아래쪽 또는 후면에서 이루어진다. 즉 벽에 '기댐'으로써 우리는 등으로 시원함을 느낀다. 전면은 항상 집중해야 할 것을 향해 대면의 자세를 취할 수 있도록 자유롭게 열려 있다. 촉각이라는 감각 자체가 집중해야 하는 대상, 즉 '대면'해야 하는 대상이 아닌 것이다. 우리가 정면에 놓는 것은 맞대면을 해야 할 자녀, 친구, 또는 애인이거나 상대방이 던지는 공이거나 멀리 눈에 들어오는 정원의 아름다운 자태이다.

책상에 앉아 책을 읽을 때 발바닥에 느껴지는 단단함, 엉덩이에 느껴지는 부드럽게 받쳐지는 느낌은 그 자체가 정면에 놓고 응시해야 할 집중의 대상이 아니다. 지금 이 책을 읽고 있는 독자들도 인정하겠지만 이 촉각적 감각의 도움을 받아 머리를 싸매고 집중해야 하는 것은 책 속의 문장들 아닌가? 오히려 적정한 촉각적 감각이 작동하고 있을 때, 우리는 방바닥과 의자의 존재를 잊어버린다. 역으로 촉각이 제대로 작동하지 않을 때 촉각 자체에 주목하게 된다. 예컨대 방바닥이 늪지처럼 축축하고 물컹하다면 독서에 집중하는 상황은 깨지고 우리는 바닥 자체에 주목하며 그 속성을 파악하려는 분석적 태도를 취하게 될 것이다. 촉각의 적정함 속에서 방바닥의 단단함과 의자가 받쳐주는 느낌은 전면이 아니라 외곽, 후면 그리고 아래에 존재하며, 상황의 통일성 속으로 사라져버린다. 따라서 촉각은 사태의 전면에 부각되지 않고 상황 속에서 '있는 듯 없는' 역설적 존재감을 구현하도록 세심하게 디자인되어야 한다.

상황의 적합성과 작동방식을 제대로 파악하지 못하면, 촉각 그 자체를 찬양할 위험, 다시 말해서 단단함, 부드러움, 반짝거림, 반질거림, 거침, 매끄러움 등의 느낌 자체를 컬트적으로 숭배할 위험이 있다. 건축가는 재료와 요소의 다양한 촉각적 특성을 모두 드러내 보일 수 있다. 하지만 더 중요한 문제는 자기도취에 빠지는 감각적 향유를 초월해 실천적, 윤리적 상황의 지평으로 올라서고, 이를 지원하는 감각의 앙상블을 만들어내는 것이다.

풍토 이론으로 돌아가보자. 와츠지의 이론이 비판적 지역주의 이론을 보완하는 점이 있다면, 바로 기후 요소들에 대한 감각과 다자 간 상호관계 사이의 연결고리를 밝혀준다는 것이다. 다시 말해, 와츠지의 이론은 프램턴의 비판적 지역주의에 열거된 네 번째, 다섯 번째 그리고 여섯 번째 항목을 결합하고, 동시에 다섯 번째와 여섯 번째 항목의 한계를 시정하는 기반이 된다. 탈자적 현상은 '나'라는 경계를 넘어 내가 바깥에 나가 어떤 기운과 하나가 되어 서 있다는 것이다. 이상한 이야기로 들릴 수 있지만 바로 이런 이유로 '나'는 '여기here'에만 있는 것이 아니고 동시에 '거기there'에도 있다. 그리고 '거기'에는 동일한 기운에 물든 다른 이들도 같이 존재하고 있다. 와츠지가 말한 '서로 다른 나'의 형태로 존재하고 있는 공동의 영역인 것이다. 이 탈자적 현상으로 인해 '나'는 신체를 통해 감각을 실행한다. 그리고 공동의 대응을 하는 행위자로 변신한다. 탈자적 지각을 통한 자각은 감각의 지평을 초월해 행위와 실천의 지평에 이를 때 완성된다.

자각의 순간 우리의 관심은 우리 자신에게 고정되지 않는다. 우리는 단지 자기 자신만을 보지 않으며, 오히려 세계로 관심을 돌린다. 추위를 느끼는 나를 발견할 때, 이 자각의 순간은 그 자체로 목적이 아니다. 대신에 우리는 껴입을 옷을 찾는 등의 어떤 행위를 필연적으로 하게 된다. 따라서 자기 자신을 발견하는 일은 홀로 완결된 내적 자폐성을 확인하는 일이 아니라 사람이 세계와 어떻게 상호연결되어 있는지를 재확인하는 계기가 된다. "이렇게 자각을 통해 사람은 자유로운 창조를 향해 나아간다"고 와츠지는 말했다.[7] 더 중요한 것은 풍토 안에서 이루어지는 자각이 '나'와 같은 것을 느끼는 다른 '나'들을 결합시킨다는 것이다. 와츠지가 "우리가 맨 처음 자연의 폭압으로부터 우리 자신을 보호하고자 공동 대처에 몰두하게 되는 것은 폭압적인 자연과 이미 관계를 맺은 상태에서이다."라고 말한 것도 이런 맥락에서다.[8] 서로 다르면서도 같은 '나'들이 결합하여 무언가를 창조하는 것이 우리가 문화라고 부르는 것의 토대다. 그러므로 문화는 근본적으로 공동체적이다. 다른 말로 하면 "우리 조상들이 오랫동안 축적하여 유산으로 물려준 자

---

7 Tetsuro Watsuji, *A Climate: A Philosophical Study*, trans. Geoffrey Bownas, Ministry of Education Printing Bureau, 1961, p. 6.

8 Tetsuro Watsuji, *A Climate: A Philosophical Study*, p. 6.

각의 결정체"라 할 수 있다.[9]

풍토론에서 말하는 수동성은 세상을 향한 나의 열림과 받아들임을 의미하지만, 다시 세상을 향해 '나'를 창조적으로 내던지는 행위, 즉 창작의 기투를 실행하는 능동성의 기초가 된다. 세계에 정박해 있는 우리 몸이 세계를 변화시키는 주체로서 기능한다는 탈자적 지각의 철학은 세 개의 층위로 이루어진 작동체계를 갖고 있다. 첫째, 세계의 선재성, 둘째, '서로 다른 나들의 연합', 셋째, 공동의 대응이라는 층위가 서로 적층되어 있는 것이다. 우리는 무더운 여름날과 같이 선재하는 풍토적 맥락 속에 항상 놓여 있다. 덥다는 감각이 더위를 받아들이는 몸의 수용치를 초과하는 순간, 즉 '나'의 한계가 드러나는 순간, 벽과 그늘의 시원함은 넘쳐흐르는 더위를 상쇄하여 '나'를 보완해주는 '확장된 나'이다. 시원함을 기대하며 이동하는 것은 '나'라는 주체의 이성적 결단이라기보다는 '신체적 존재인 나'가 균형을 회복하고자 하는 끌림이다. 그늘에 들어선 우리는 주변의 지인을 그늘로 오라고 부른다. 또는 누가 먼저라 할 것 없이 나와 지인들은 그늘로 향해 들어간다. 바로 공동 대응의 한 양상이다.

건축에서 감각적 경험을 강조하는 입장의 장단점을 올바로 짚어내려면 반드시 감각이 작동하는 이 삼중구조를 이해해야 한다. 일본 토속 건축에서 칸막이 문을 조정해 모두에게 혜택이 돌아가도록 자연 환기를 하는 것은 이러한 메커니즘을 통해서다. 와츠지는 그 조정을 '자기가 사라진 평정한 개방성'으로 규정했다. 가족 구성원들은 바람이 자유롭게 통하도록 칸막이 문들을 이런저런 방식으로 조정한다. 상황에서 감각으로, 감각에서 다자 간 행동으로 이어지는 삼중구조를 이해하지 못한 채 촉감을 강조한다면 자칫 촉감의 숭배로 이어질 수 있다. 이는 결국 감각적 경험 자체를 찬양하는 탐미주의의 함정에 빠진다. 이런 면에서 시각보다 촉각을 앞세운 프램턴의 관점은, 시각이 지배하는 건축을 극복하기 위한 논의의 일차적 단계에 머물러 있다고 필자는 생각한다.

---

9   Tetsuro Watsuji, *A Climate: A Philosophical Study*, p. 6.

감각적 건축을 주장하는 입장의 또 다른 문제는 습관적으로 감각을 개인 차원의 경험인 것처럼 논한다는 것이다.[10] 이런 입장은 시정되어야 한다. 오히려 감각은 나와 타자를 '우리'로 엮어주는 소통의 매개이다. 풍토적 현상은 '나'만 느끼는 것이 아니라 너도, 그도, 그녀도 똑같이 느끼기 때문이다. 따라서 개인의 차원에서만 감각을 논하는 것을 넘어 '우리'가 공동으로 느끼는 감각, 즉 필자가 '공통감각'이라고 부르는 차원이 더 근본적인 차원임을 이해해야 한다. 각자의 감각이 따로 노는 파편성 대신 하나로 불러 모으는 군집성으로서 감각을 이해해야 한다.

마지막으로 중요한 사실은 이 공동의 감각을 기반으로 우리가 감각의 지평을 초월하여 다자 간 공동으로 대응하는 행동과 실천의 지평으로 올라선다는 사실이다. 기후의 편재성이 개별자를 '각기 다른 나'의 연합, 즉 '우리'로 모아낸다는 와츠지의 견해는 서구의 감정이입론을 넘어선다. 이는 공동주관성을 통한 즉각적 소통에 관한 이론적 배경을 제공하고 있다. 인간이라면 누구나 공유하는 신체적 기저를 토대로 하는 공통감각이야말로 각기 다른 생각, 가치, 배경, 관습을 가진 개인 간에도 소통이 시작될 수 있는 기초이다. 공통감각은 각기 다른 '나'들로 이루어진 개인들을 결집해내는 과정에서 차이를 가진 이들의 동일성을 확증하는 것은 물론이고, 거꾸로 그 동일성을 통해 양립할 수 없는 차이들도 한곳으로 불러 모으는 계기가 된다. '나'로 분화되기 전 깊은 차원의 '우리'로부터 '차이'를 갖고 떠오르는 개인들은, 정체성이란 처음부터 내적으로 주어진 것이 아니라 타자와의 관계 속에서만, 그리고 타자의 정체성과 동시에 발생하는 사건임을 다시 확인시켜 준다. 와츠지는 주체의 내적 완결성이라는 허상을 타파하고, 타자와 변증법적으로 연합함으로써 이루어지는 상호주관적 대면의 형식을 제시하고 있는 것이다.

---

10   시각이 지배하는 건축을 비판하면서 주하니 팔라스마Juhani Pallasmaa는 다감각적 경험을 부각시켰다. 하지만 그의 설명은 대체로 개인적인 감각 차원에 머무른다. '우리'로 모아주는 감각의 공통성 대신 개별적 파편성을 자연스러운 것으로 여기게 하는 문제를 안고 있는 것이다.
Juhani Pallasmaa, *The Eyes of the Skin: Architecture and the Senses*, Chichester: Wiley-Academy; Hoboken, NJ: John Wiley & Sons, 2005.

현상학적인 용어를 빌어 사람과 추위의 관계를 개인이 추위를 향해 다가가는 지향성의 관계로 표현할 수 있다. 하지만 이는 이미 일어난 현상을 반성적으로 되돌아보며 '지향성'이라는 용어로 설명하는 것뿐이다. 반성 이전에 구체적으로 일어난 사태는 내가 이미 추위에 물들고, 추위 속에 있는 다른 이들과 '각기 다른 나'의 형태로 이루어지는 공감과 연민 그 자체이다. 이 깊은 즉각적 공감을 통해 만들어지는 '각기 다른 나'로 이루어진 연합의 관계를 '지향성의 지향성'이라고 부른 바 있다. 공통감각은 무더운 여름날 아버지가 아이들을 그늘로 불러들이는 식으로 표현되는 연민의 토대로 작용한다. 풍토 현상으로 촉발된 이 연민은 제스처, 인사, 대화, 이야기와 같은 언어적 소통의 기초가 되고 합의와 행동에 이르는 길을 열어준다.

풍토는 다르면서도 상호의존적인 정체성에 기초한 다자 간 사회적 관계의 매개체이다. 이 대목은 와츠지 기후학의 정점이다. 풍토는 단순한 자연과학적 환경이 아니라, 우리가 살아가며 공유하는 사회적 공간이다. 와츠지는 자신의 윤리학 연구에서 풍토의 세계는 "단지 자연으로 이루어진 세계가 아니라 … 사람들이 서로 연관된 사회"라고 명확하게 말했다.[11] 와츠지가 사이를 뜻하는 한자어 '간間'의 의미를 고찰하거나 '세간世間'이나 '세상世の中'과 같은 단어의 의미를 살펴본 것도 풍토가 다자 간 사회적 관계의 토대임을 분명히 하려는 맥락이다. 이 한자와 단어들은 중간성의 의미를 담고 있다. 이 중간성은 사람과 사물의 관계, 더 중요하게는 사람과 사람 사이의 관계에 근본적으로 내재해 있다. 다자 간 인간관계는 한 대상과 다른 대상 사이의 관계를 말하는 것이 아니다. 와츠지는 이렇게 말한다.

> 그것은 사람과 사람 간의 '행위적 연관行為的連関act-connections'이며, 사람들이 주체로서 서로 관계 맺는 양상을 말한다. 주체적으로 행동하지 않고서는 '아이다間'나 '나카仲'–일본어로 '사이'를 뜻하

---

11 Tetsuro Watsuj, *Watsuji Tetsuro's Rinrigaku, Ethics in Japan*, trans. Yamamoto Seisaku and Robert E. Carter, Albany: State University of New York, 1996, p. 17.

는 단어들이다- 안에 자신을 유지시킬 수 없다. 그와 동시에, 어떤 아이다間나 나카仲안에 자신을 유지시키지 않고서는 어떠한 행위도 할 수 없다. 이런 이유로 아이다間나 나카仲는 살아있는 역동적인 중간성, 행위 주체 간의 상호연결망을 의미한다.[12]

풍토는 사람과 자연 현상 사이의 관계를 넘어, 중간성과 '주체적 행동'이 상호불가분의 관계로 엮여있는 사회적 공간이다. 대립하는 두 차원의 상호성을 전제로 한 와츠지의 이 모델이 여타의 사회학적 모델들과 어떻게 다른지를 논하는 것은 이 연구의 범위를 벗어난다. 하지만 건축과 어버니즘의 관점에서 볼 때, 풍토의 두 차원-중간성과 주체적 행동-이 보여주는 불가분의 결합에는 우리가 주목할 만한 교훈이 있다. 기후 현상이 들어설 자리가 없는 장소는 사회적 기능을 수행하기에 결함이 있을 수 있다는 점이다. 요즘 어디에서나 볼 수 있는 냉난방이 완비된 쇼핑몰이 기후가 배제된 공간의 좋은 예이다. 이런 곳에서 가능할 듯한 다자 간 관계는 공간을 거닐거나 소비 활동에 몰두하는 다른 사람을 무관심한 눈으로, 때로는 관음증적인 눈으로 바라보는 것 말고는 딱히 없다.

　반대로 풍토가 살아 있는 도시 공간은 다자 간 관계를 증진시킬 수 있는 잠재성이 가득하다. 풍토는 모두의 신체를 파고들며 공동의 대응을 유혹하고 유발하기 때문이다. 뜨거운 여름날 플랫폼에서 기차를 기다리는 승객들은 누가 시키지도 않았는데 하나같이 캐노피 밑 그늘 아래로 옹기종기 모여선다. 끼어들고자 하는 사람을 위해 슬그머니 공간을 내어준다. 빌딩의 로비를 옥외공원처럼 공공개방형으로 만들어, 한파가 몰아치는 때에는 시민들이 추위에 떨지 않고 버스를 기다리도록 배려한다. 민간기업, 지자체, 시민이 지혜를 모아 전략적 위치에 개방형으로 조성한 도심지 곳곳의 빌딩 로비는 주거의 난로와 같은 역할을 한다. 즉 주거에 난로가 있다면 도심에는 개방형 로비가 있는 것이다. 난로 주변으로 가족들이 모여들어 열원을 공유하였듯

12　Tetsuro Watsuj, *Watsuji Tetsuro's Rinrigaku, Ethics in Japan*, p. 18.

이 시민들 역시 타자의 서먹함을 극복하고 열원을 공유하는 도시의 풍경이 창출된다. 비트루비우스가 건축의 기원을 논하며, 온화하게 누그러진 불 주변으로 사람이 모여들어 그들 사이에 제스처가 등장하고 언어가 발달하기 시작했다는 이야기도 어쩌면 유사한 상황을 그리고 있는지 모른다.[13] 이런 장소는 공동의 조율 과정에서 말, 행동, 연합이 발생하는, 그래서 생생하게 살아있는 사건의 장소가 된다. 앞서 말했듯이 이런 곳에서는 자아의 차이가 모아지고, 드러나고, 명확히 표현되어 협상과 화해와 통합의 주체로 등장한다. 이런 행위적 연관을 통해 사람과 사람은 진정한 주체로서 조우하게 된다. 풍토의 현현 속에서 우리는 세상으로부터의 무감각, 무관심, 이탈, 초탈이 아닌 중간 영역에 머무르는 인간으로 존재하게 되는 것이다. 풍토와 교감하지 않는 건축과 도시는 이 같은 중간 영역이 사라짐으로써 인간존재 구조의 근본적 변화를 초래한다. 고립된 개인의 배타적 중심성만이 편만하여 "살아있는 역동적인 중간성, 그리고 행위 주체 간의 상호연결망은 붕괴되고 마는 것이다. 와츠지의 풍토론은 풍토와의 교감이 살아있는 건축과 도시가 중요한 이유를 다시금 생각해보게 한다. 자연과의 교감이라는 낭만적 욕구를 충족시킨다거나 바람, 빛, 우수 등을 활용하여 친환경 에너지를 생산해내려는 요구에 부응하기 위함만이 아니다. 풍토와의 교감이 살아 있는 건축과 도시공간은 다자 간 윤리적 지평과 이 지평 위에서 행동하고 실천하는 인간의 근본적 존재구조를 지탱하는 기반이 되기 때문이다.

지역주의에 대한 비판

앨런 콜퀸은 정확히 비판적 지역주의를 겨냥하진 않았지만 지역주의에 대해 주목할 만한 비판을 제기했다. 그의 비판은 지역주의에 어떤 정치적 동기가 있는가와 현대사회에서 지역주의가 타당한가에 초점이 맞춰져 있다. 콜

---

13 Vitruvius, *The Ten Books on Architecture*, trans. Morris Hicky Morgan, New York: Dover Publications, 1960, Book 2, Chapter 1.

퀴훈은 기후의 특성이라든가 구축방식 등을 반영하고자 하는 지역주의적
건축은 시대착오적이라고 비난했다. 그리고 지역주의라는 이데올로기는 19
세기 후반과 20세기 초에 걸쳐, 자민족과 문화에 대한 기원을 의도적으로
조작하기까지 했던 유럽 국가들의 민족의식과 관련되어 있다고 주장하였다.
이 정치적 움직임의 배후에는 "지역 문화의 측면에서 민족국가를 정당화하
려는" 동기가 깔려 있었다.[14] 즉 지역주의는 한 민족이나 국가가 구성원들의
통합과 단결을 위해 정체성을 재확립하거나 심지어 조작해야 할 정치적 상
황에서 모종의 역할을 하는 이데올로기적인 성격을 띤다는 것이다. 이러다
보니 지역주의는 보수 정치에 곧잘 휩쓸리며, 심지어 인종의 순수성을 강조
하는 극단적 보수주의의 영향을 받기도 한다. 한 지역의 정수를 발굴하여
민족국가를 강화하려는 이 시도는 문명Zivilization과 문화Kultur의 개념적
차이와도 관계가 있다. 문명은 생산성과 효율성을 지향하고, 따라서 물질적
이고 피상적이고 보편적인 데 반해 문화는 본능적이고, 자생적이며, 특수하
다. 이 개념의 차이가 지역주의에 타당성을 부여한다. 문화를 역사의 더 진
실한 단계로 여기는 시각이 있기 때문이다. 따라서 유럽의 지역주의에는 "이
질적인 경제와 권력의 이해관계에 따라 삶의 방식과 인간관계의 유대감이
변질되는 상황에 대한 저항"의 의미가 깃들어 있었다.[15] 따라서 '비판적'이라
는 형용사를 갖다 붙여 '비판적 지역주의'란 용어를 만든 것은 매우 무의미
한 일이 되고 만다.

　지역주의 경향이 의심스러운 것은 그 기원과 보수주의적인 정치적 성
향 때문만은 아니다. 오늘날처럼 탈공업화된 세계의 작동방식modus
operandi이란 측면에서 시대에 뒤처져있기 때문이다. 지역주의 경향은 전근
대적 농경, 근대적 제조, 현대적 정보산업 등 서로 다른 시대가 얽혀 공존하
는 제3세계에서는 가치가 있을지 모른다. 그러나 이미 산업화된 사회는, 가

14　Alan Colquhoun, "The Concept of Regionalism," in *Postcolonial Spaces*, ed. G.B.
　　Nalbantoglu and C.T.Wong, New York: Princeton Architectural Press, 1997, p. 16.
15　Alan Colquhoun, "The Concept of Regionalism," p. 18.

령 문명과 문화처럼 단순화된 이분법적 구도로는 더 이상 적절히 포착해낼 수 없는 다양한 사회적 의제를 가지고 있다. 지역주의는 복잡하고 이미 진보한 세계의 실상을 지나치게 단순화한다. 지역주의에 기초한 건축과 도시의 창작물을 보면 그 결과 또한 만족스럽지 않다. 사실 지역 문화에 대한 의식은 잃어버린 것에 대한 향수가 수면으로 떠오르는 순간에 출현한다. 따라서 지역주의 건축은 근본적으로 이미 사라진 것을 재현하는 것이다. 역사의 연속성을 고민하기보다는 과거의 형식적 어휘들을 현재의 시점에서 선별하여 조합하는 컴포지션의 유희에 빠지게 된다. 이처럼 시대착오적으로 지나간 것에 대해 집착하는 지역주의적 접근법을 콜퀴훈은 본질주의 모델에 여전히 기초를 두고 있다고 비판한다. 이 모델은 문화에 특정한 코드, 관습, 민요 등을 요소로 한 변치 않는 핵심이 있다는 명제를 은연중 전제한다. 기후 또한 고정된 특색을 갖는 지역주의 건축을 공식화하는 기본 요인 중 하나로 간주한다. 이런 본질주의적 태도는 각 사회에는 핵심 또는 본질이 존재한다고 보고 문화적 코드와 지역 사이의 엄격하고 고정된 관계에 집착한다. 콜퀴훈은 이렇게 말한다.

> 지역주의는 기후, 지리, 수공예 전통, 지역 등이 주요 변수가 되던 과거의 소통 체계에 기반을 두고 있다. 그러나 이런 주요 변수들은 빠르게 사라지고 있으며, 전 세계 대부분의 지역에서 자취를 감추었다.[16]

어쨌든 현대사회에서 지역 간 차이는 대체로 소멸되었다. 문화 코드와 지역의 상관성은 증발했다. 코드는 지역에서 해방되었고, 여러 장소에서 자유롭게 사용된다. 정보화 시대에 문화 코드는 동등하고 즉각적이고 융통성 있는 소통 방식의 질료이다. 경직성 대신 유연함이 넘쳐나고 유연하다 못해 '의미'의 놀이에 이를 정도이다. 풀어주고, 바꾸어 말하고, 비틀고, 치환하고, 재결합함으로써 의미의 차이를 끊임없이 양산해낸다. 콜퀴훈은 마지막으로 이렇

---

16   Alan Colquhoun, "The Concept of Regionalism," p. 22.

게 말한다.

> 포스트모던 세계에서 이는 건축이 당면한 문제이기도 하다. 대지와 지역에 뿌리를 내리던 시절처럼 지속적이고 공적인 의미를 가진 건축은 더 이상 상상하기 어렵다. 이제 이를 대체할 수 있는 건축을 우리는 어떻게 규정할 수 있을까?[17]

건축가는 의미를 혼합하고, 뒤섞고, 봉합하는 지적 헤게모니를 쥔 자이다. 어떤 코드가 국가적 정체성을 구성하는 요소인지 파악하고 의도적인 유희를 통해 고고하게 정체성의 허상을 드러내고 그 경계를 파괴한다. 필자가 보기에 건축의 차원에서 이 저항을 몸소 실천한 대표적 인물이 이소자키 아라타였다. 잠시 메타볼리즘에 빠졌던 이소자키는 그 환상에서 곧 벗어난다. 앞서 살폈듯이 도리스식 건물과 메타볼리즘적 구조물의 잔해가 뒤섞인 폐허의 이미지를 「미래 도시」의 모습으로 제시했다.(도 I.3) 지역주의에 대한 비판과 관련하여 특히 흥미를 끄는 작품은 일본 국립 주택도시개발 공사의 의뢰를 받아 설계한 「츠쿠바 센터筑波センタ—ビル」(1983)이다.(도 4.4~5) 이소자키는 이 작품에서 기술 분야의 주요 리더로서 일본의 새로운 국가적 정체성을 표현해야 한다는 정부의 기대에 부응하는 대신, 지역의 경계를 넘어 부유하는 코드들을 모아서 비틀고, 뒤섞고, 조합하였다. 서구에서 빌려온 건축 어휘들, 예컨대 미켈란젤로의 캄피돌리오 광장이나 클로드 니콜라 르두Claude-Nicolas Ledoux(1736-1806)가 아르케스낭Arc-et-Senans에 지은 「왕립 제염소Saline Royale」(1779) 소장 관사의 열주랑 등을 장난스럽게 뒤섞은 디자인을 제시했다. 국가적 정체성을 표현하라는 이데올로기적 요구에 맞서, 지적이고 유희적인 코드 놀이를 통해 건축가로서의 저항을 전개한 것이다.

---

17 Alan Colquhoun, "The Concept of Regionalism," p. 23.

도 4.4 이소자키 아라타, 츠쿠바 센터 모형, 츠쿠바, 일본, 1983

도 4.5 이소자키 아라타, 츠쿠바 센터 외관, 츠쿠바, 일본, 1983

풍토와 건축적 '코드'의 신체적 효능

콜퀴훈의 지역주의에 대한 비판은 설득력 있다. 그의 주장은 산업화 이후의 사회에서 코드가 갖는 위상이 무엇인지 분명히 드러낸다. 코드는 한 지역에 고정되어 있지 않고 이리저리 흘러다니다 기의와는 일말의 연결고리도 없는 파편이나 조각, 잔해가 되는 운명을 맞이하기도 한다. 어떤 경우엔 영민한 지적 작업의 어휘로 차용되어 조합, 조작, 왜곡의 질료가 되기도 한다. 그럼에도 필자는 코드와 지역의 상호관계, 코드의 소통 가능성 문제를 다시 조명하는 것이 의미 있다고 믿는다. 코드가 지역의 경계를 무차별로 넘나들며 의미의 유희를 펼친다는 점만 강조하면 와츠지의 풍토가 시사하는 몇 가지 가능성을 놓치게 된다. 풍토 이론에서 인정한 코드는 감각적, 신체적 기반을 회복한 코드다. 코드가 단지 지역 경계를 넘어 쉽게 조작될 수 있는 기표가 아니라 신체적 효력까지 갖춘 것임을 보여주는 좋은 예가 안도 다다오의 「빛의 교회光の教会」(1989)일 것이다.(도 4.6) 십자가는 기독교의 보편적인 상징이지만 해당 지역의 빛과 결합하여 그 의미를 새롭게 한다. 다시 말해서 안도의 십자가는 보편성과 풍토적 현상에 의한 지역성을 결합한다는 점에서 콜퀴훈이 이야기하는 코드와 질적으로 다르다.

이 십자가의 감각적, 신체적 중요성을 조명하기 위해서는 「빛의 교회」의 환경적 특성을 반드시 거론해야 한다. 이 건물은 단열이 되지 않는 간단한 콘크리트 박스다. 당연히 겨울에는 교회 실내에 있어도 춥다. 단열재를 사용하지 않은 것은 부족한 공사비 때문이기도 했다. 하지만 다른 측면도 있다. 교회의 추위는 단지 물리적 현상이 아니라 문화적 의미도 지니고 있다. 이 추위 때문에 신자들의 정신은 깨어 있게 되고, 몸은 경계 상태를 유지한다. 의식적이고 이성적인 사유를 통해, 과도하게 몰입되는 허황된 신앙을 경계하자는 정서를 담고 있다. 실제로 일본의 기독교는 개화기부터 지식인들의 종교로 자리 잡은 탓에, 일반 대중이 믿는 신도神道와 달리 신앙의 지적 측면을 강조한다. 특히 우치무라 간조內村鑑三(1861-1930)가 설립한 토착 기독교인 무교회주의無敎會主義 운동은 신앙의 이성적 측면을 강조한다. 그의

도 4.6 안도 다다오, 빛의 교회 실내, 오사카, 일본, 1989

제자 김교신(1901-1945)이 기독교 신자에게 겨울 새벽녘이라도 기도하기 전 찬물로 샤워하라고 가르친 것도 이런 맥락이다. 이성적 접근과 추운 공간은 이렇게 상통한다. 이런 관점에서 볼 때 「빛의 교회」 안에 의도적으로 조성된 추운 환경은 신앙에 이성적으로 접근하게 해주는 공간이 된다. 사람이 교회에 들어설 때 그를 에워싸는 추위에는 찬물에 몸을 담그는 것과 같은 의례적인 차원이 담겨 있다.

하지만 더 놀라운 반전이 있다. 교회 안에 들어온 빛이 차가움을 관통할 때, 그 빛은 아무리 약해도 실내 공간을 밝고 따뜻하게 물들인다. 따뜻한 빛은 어둠과 더불어 추위가 이미 그곳에 존재하기 때문에 더욱 효과적이다. 빛, 그리고 그 빛과 결합되어 있는 온기는 단순한 물리적 실체가 아니다. 빛으로 와서 세상에 온기를 전하는 예수의 은유물로도 인식되기 때문이다. 「빛의 교회」가 결합해 내는 추위와 따뜻함은 지적인 신자들의 이성적 태도와, 이성적으로 아무리 애를 써도 이해불가한 아가페가 조우하는 것이다. 엄습해오는 추위 속 어둠을 가르는 환한 온기를 온몸으로 받아들이고자 빛을 향하는 행위 자체가 영성을 획득하는 과정이다.

또 다른 점도 언급할 가치가 있다. 사실 이 교회는 환기 면에서 문제가 있다. 교회의 서측 벽에는 바닥에서 천장에 이르는 창문이 고정되어 있으며, 이 창문 너머에 자리한 외부의 독립된 벽체가 직광의 유입을 막고 있다. 후면 벽에 난 틈에는 고정유리가 끼워져 있다. 한여름에 이 장소가 얼마나 더울지는 안도가 설계한 또 다른 교회로, 유사한 환기 조건을 갖춘 「타루미 교회垂水の敎会」(1993)(도 4.7)를 보면 충분히 예상할 수 있다. 곳곳에 너저분한 랜선을 드러낸 선풍기가 돌아가고 있지만, 바람 한 점 들지 않는 꽉 막힌 공간에서 찌는 여름날 예배를 보는 것은 여간 곤욕스러운 일이 아닐 것이다.

안도는 애초에 십자가를 통해 바람이 드나들 수 있도록 십자가의 자리를 빈틈으로 남겨두려 했다.[18] 겨울이 되면 목사가 추위에 직접 노출되어 건강을 해칠 수 있다는 신도들의 반대 때문에 결국 이 의도는 구현되지 못했다. 아쉬운 점은 이때 계절에 따라 십자가의 틈을 열고 닫는 개폐방식이 설계 과정에서 고려되지 않았다는 점이다. 물론 조작이 가능하려면 안도가 추구하는 미니멀리즘에 걸맞게, 실런트로 고정된 현재의 유리를 개폐가 가능한 프레임 형태로 수정해야 한다. 그러려면 십자가의 비례와 치수를 변경하고, 틀에 맞춰 유리를 분할하고, 손잡이를 비롯한 고정 장치들을 달아야 한다. 안도가 계절에 따른 조작가능성을 배려하지 않았던 이유가, 십자가의 상징성을 명료하게 확보하려고 했던 것인지 아니면 미니멀리즘의 미학적 신조

---

18   Tsuyoshi Hiramatsu, *Hikarino Kyokai: Ando Tadao no Genba*, Tokyo: Kenchikushiryo kenkyusha, 2000, pp. 315–317.

도 4.7 안도 다다오, 타루미 교회 실내, 타루미, 일본, 1993

때문이었는지는 알 수 없다.[19] 하지만 두 가지 이유 중 어느 것도 완전한 설득력을 갖지 못한다. 먼저 상징성을 위해 실용성을 희생하였다면 적절한 선택이었는지 의문이 든다. 오히려 상징적이면서 실용적일 때 영성이 더 고취되는 것은 아닐까? 반대로 미니멀리즘을 지키기 위해서 틈새를 군더더기 없이 깔끔하게 유리로만 마무리지었다면 이것 역시 적절한 선택이었는지 의문이 든다. 미학적 기호와 예배의 상황에 적합한 분위기를 조성하는 것 사이에 충돌이 일어나면 과연 무엇이 더 중요한 것일까? 십자가를 고정된 유리로 마감하거나 아니면 반대로 트인 상태로 두지 않고, 개폐를 조작할 수 있게 했다면 어땠을까 묻게 된다. 그랬다면 십자가와 뒷문을 함께 열 때 맞통풍 환기가 충분히 가능했을 것이다. 그 경우 십자가는 마치 그리스도의 선물처럼 바람을 공급하는 원천으로 여겨질 것이다. 어둡고 추운 배경 속에서 빛의 효능이 더 강해지듯 바람의 효능도 큰 창을 통해서가 아니라 틈새 같은 십자가를 통해 들어올 때 배가된다. 십자가를 통해 밀려오는 바람이 성령 강림절에 하늘로부터 불어오는 "급하고 강한 바람"[20]과 연상작용을 일으킬 때 의미의 중첩이 일어나며, 십자가의 바람은 성령의 바람을 손에 잡힐 듯 느끼게 해 주는 은유물이 되었을 것이다.

비록 환기의 관점에서는 미흡한 점이 있지만, 앞서 말한 대로 빛의 관점에서 이 십자가는 교회 건축사상 주목할 만한 뛰어난 성과를 내고 있다. 어둡고 추운 예배당을 파고드는 찬란한 빛이 십자가를 통과해 유입되기 때문이다. 이 십자가를 두고 콜퀸혼은 포스트모던 시대에 부유하는 코드의 또 다른 예라고 비판할 수 있을까? 세상을 떠도는 코드는 정보를 주고 지성을 자극할 뿐 지각자에게 아무런 신체적 울림도 일으키지 않으며, 결국 기의와 분리된 공허한 표식으로만 존재한다. 그러나 이 십자가는 다르다. 「빛의 교회」에서 십자가와 조우하는 것은 무의미한 코드를 냉랭하게 대면하는 일이 아니다. 눈을 들면 어디에서나 바라다보이는 지극히 흔해 빠진 또 하나의 십자가가 아니다. 신자들의 몸을 통해 즉각적으로-전반성적으로-지각되는 어두움과 환함, 추위와 온기라는 기운과 함께 공명하고 고동친다. 어두움에 환함을, 추위에 온기를 제공함으로써 해독의 대상이 되는 대신 신자의 신체에

---

19 「빛의 교회」의 십자가가 구현하는 영속적인 형상성the iconic과 순간적 현상성the Phenomenal의 변증법적 결합에 관해서는 다음을 참조할 것.
   Jin Baek, *Nothingness: Tadao Ando's Christian Sacred Space*, London and New York: Routledge, 2009.
20 『성경』 사도행전 2장 2절.

호소하는 효능을 발휘한다. 이 십자가는 보편적이면서도 지역적이다. 반은 부유하고 있으나, 나머지 반은 굳건히 뿌리를 내리고 있다. 지역을 초월하면서도, 지역성에 기대어 효능을 발휘한다. 이 십자가는 하나의 중요한 가능성을 보여준다. 기의와 분리된 채 기표의 바다에 빠져 진부해진 코드의 효능을 어떻게 회복할 것인가에 대한 대안을 제시하고 있다. 그것은 풍토와 교감하는 코드의 감각적 기반을 회복함으로써 우리의 몸과 공명하는 것이다.

풍토와 대립항의 변증법

이 십자가가 풍토에 뿌리를 둔 보편적 코드로서 작동할 수 있는 중요한 원리는 추위와 온기, 어둠과 빛을 결합하는 대립항들의 변증법이다. 십자가를 독특한 형식으로 구상한 안도는 이 변증법을 이해하고 있었다. 한자에서 '사이에 있음'을 뜻하는 간間(마ま, 아이다あいだ, in-between) 자의 의미에 대해 안도는 아래와 같이 말했다.

> 대립하여 충돌하는 요소들 사이엔 간극이 벌어져야 한다. 일본 미학에 고유한 이런 간극, 즉 마間/ま의 개념이 가리키는 것은 바로 이런 장소이다. 마는 결코 평화로운 중용golden mean이 아니라 가장 격렬한 갈등이 일어나는 장소다. 그리고 이런 격렬함을 알게 해준 마를 통해 나는 인간의 정신을 계속 자극하고 싶다.[21]

안도의 마 개념에서 볼 수 있는 독특한 점은 대립항들 간의 변증법적 차원으로, 같은 주제를 다룬 다른 일본 저자들은 거의 다루지 않았던 것이다.[22]

---

21 Tadao Ando, "Thinking in Ma, Opening Ma," *El Croqui 58, Tadao Ando 1989/1992*, Madrid: El Croquis Editorial, 1993, p. 7.

22 사실 마는 현대 일본 건축을 설명할 때 자주 언급되는 개념이다. 1963년 『건축 문화建築文化』와 1968년 『일본의 도시 공간日本の都市空間』에 등장한 이후로 마는 노能/のう 극장의 무대, 바둑판, 사원의 평면에 표현된 일본의 독특한 미적 개념으로 묘사되어 왔다. 1978년에 이소자키

안도의 마 개념이 주목받아야 하는 이유는 바로 이 대목에 있다. '평화로운 중용'이 아니라 '가장 격렬한 갈등이 일어나는 장소'라는 점에서다. 이곳에서 대립항들은 생명력을 잃고 응고되는 제3의 융합물을 만들어내는 게 아니라 대립적 균형을 팽팽하게 유지한다. 대립 자체가 발산하는 창조의 에너지로 가득 찬 장이 되는 것이다. 각 항의 성격이 더 강렬해지는 이유는 반대의 것과 대면하고 있는 대립적인 상황 때문이다. 따라서 이를 벗어나면 그 정체성을 잃는다. 이 균형 잡힌 변증법적 상황은 적대적 대립이 아니라 실은 가장 효과적인 결합 형태이다. 이는 고차원의 통일이기도 하다. 모순을 포섭하여 동질화하는 것이 아니라 자기 안으로 모순을 받아들여 더 큰 연합에 이르기 때문이다. 즉 내적으로 모순을 포용하는 통일이다. 대립하는 성질을 동시에 인식할 때 인간의 정신은 자극을 받고 잠에서 깨어난다. 따라서 마의 공간은 조화의 공간이 아니라 모순되는 것들이 맞물리는 갈등의 공간이다. 이 공간은 단순히 아름다움을 향유하는 편안한 공간이 아니라, 전에 없이 강렬해지는 지각적 사태의 공간이다.

하지만 안도가 보여준 추위와 따뜻함이라는 상반된 기운의 결합은 지적 탐색을 통해 꾸며낸 산물이 아니라 일본의 풍토에 뿌리를 둔 것으로 보아야 할 것이다. 이런 면에서 대립적인 것들 사이의 균형을 논한 와츠지의 풍토론이 다시 떠오른다. 눈 덮인 대나무의 풍경은 대립항인 추위와 따뜻함을 한데 모아 중재하는 변증법의 풍경이다.[23](도 4.8) 여름의 무더위와 겨울의 살을 에는 추위를 통해 극단적인 조건들 사이의 균형에 대한 공통의 감수성을 기르게 된다. 이 같은 균형은 제로섬 게임처럼 추위와 온기를 상쇄시키려는 목적이 아니라, 둘 간의 대립을 유지하고 강화해 독특한 연합을 만들어내려는

아라타가 주최한 전시회 「마: 일본의 시공간Ma: Space-Time in Japan」은 마에 대한 개념이 정립, 공인되는 과정에 힘을 실어주었다. 이 전시회는 파리와 뉴욕에서도 열렸고, 이소자키 본인, 쿠로카와 키쇼黒川紀章(1934-2007), 마키 후미히코槇文彦, 이토 테이지伊藤ていじ(1922-2010)를 비롯하여 마에 관해 논의한 여러 저자의 글에도 등장했다. 하지만 마의 변증법적 개념을 제시한 사람은 안도였다.

23 Tetsuro Watsuji, *A Climate: A Philosophical Study*, p. 135.

도 4.8 눈 덮인 대나무

의도다.[24] 바로 이 변증법적 관계로부터 대립적인 성질과 차이가 조우하는 더 높은 차원의 조화가 탄생한다. 부드러움과 단단함, 추위와 따뜻함, 매끄러

---

24 니시다의 제자가 아님에도 불구하고, 와츠지가 이 변증법적 상호관계의 논리를 수용하고 전개하였다는 이유로 그를 교토 철학파에 속하는 것으로 보기도 한다.
Masao Abe, "Non-Being and Mu: the Metaphysical Nature of Negativity in the East and West," *Religious Studies*, vol. 11, no. 2, June 1975, p. 186.

움과 거침 같은 반대되는 성질이 연기緣起라는 상호의존적 발생의 원리를 확증이라도 하듯 결합되는 것이다. 상호대칭, 즉 "응고된 제3의 융합물을 이루는 대신 대립항들이 동시성을 띠고 공존"[25]하는 이유는 차이의 병치를 통한 더 높은 차원의 대칭을 구현하려는 데 있다.[26]

일본 정원의 의미를 논하는 중에 와츠지는 이 변증법의 의미를 더 분명히 했다. 그는 이렇게 말한다.

> 부드럽게 굴곡진 이끼와 단단한 디딤돌은 어떤 독특한 대비를 만들어 낸다. 한편으로는 디딤돌, 돌들의 절단면, 형태, 배치 그리고 다른 한편으로 부드럽고 유려한 이끼, 이 둘 사이의 대비를 창조한다. (디딤 돌을 평평한 표면으로 반듯하게 다듬는 것도 같은 이유이다.) 하지만 그것이 추구하는 것은 형식에 치우친 '대칭'이나 … 기하학적인 비례가 아니라 우리의 감성에 호소하는 여러 힘들의 조화, 즉 내가 '정신의 합치'라고 부르고 싶은 것이다.[27]

25 David A. Dilworth, Introduction and postscript in Nishida Kitaro, *Last Writings: Nothingness and the Religious Worldview*, pp. 5-6, pp. 130-131.

26 이 변증법적 논리를, 공존하는 두 정체성 사이에 있는 중간 지대를 가리키는 것으로 이해해서는 안 된다. 이런 유형의 변증법은 "플라톤이나 헤겔의 변증법(지양)"이 아니다. 그것은 "다른 차원의 존재나 노에마적 결정noematic determination을 가정하지 않기" 때문이다. 니시다의 말을 인용하자면, 그것은 흑색과 백색을 섞어 회색을 합성한다는 뜻이 아니다. 그런 종류의 종합은 또 다른 정적인 실체를 낳을 뿐이며, 그래서 병치되었지만 분리할 수 없는 두 대립항의 결합에서 나오는 생생한 창조적 에너지를 잃어버린다. 이와 달리 와츠지의 변증법에서 기원하는 두 정체성은 역대응의 논리를 기반으로 서로 얽혀 있다. 이 변증법은 대립하는 요소들의 관련성을 보는 더 깊은 차원의 직관을 통해 작동한다. 이 직관은 연결성 또는 연속성을, 동질성이 확대되는 동화의 문제가 아니라 불연속적인 것들의 상호연접으로 이해할 수 있는 가능성을 열어준다.
Kitaro Nishida, *Fundamental Problems of Philosophy, the World of Action and the Dialectical World*, trans. David A. Dilworth, Tokyo: Sophia University, 1970, p. 22.

27 Tetsuro Watsuji, *A Climate: A Philosophical Study*, pp. 191–193 (translation as found in William LaFleur, "Buddhist Emptiness in the Ethics and Aesthetics of Watsuji Tetsuro," *Religious Studies*, vol. 14, no. 2, June 1978, p. 246.

일본 정원사는 소재를 배치할 때 서로의 성질이 조화로운 균형을 이루게 한다. 이렇게 해서 정원은 "사물의 근원적 연관성-단단한 것과 부드러운 것, 큰 것과 작은 것, 관찰자와 관찰 대상 등 대립항들의 차이에도 불구하고 존재하는 상관성-에 특별한 초점을 맞춘다."[28] 이는 외형적 유사성에 기초한 것이 아니라, 차이에도 불구하고 상관성을 보는 은유성에 기초한 것이다. 선원禪園Zen garden의 디딤돌이 단단한 것은 그 돌을 에워싼 이끼가 부드럽기 때문이다. 돌과 이끼는 형태의 유사성 때문이 아니라, 그 다름으로부터 역설적으로 부상하는 상관성 때문에 한데 모아진 것이다. 이것이 바로 돌은 단단함을, 이끼는 부드러움을 서로 확증하고 생생함을 획득하는 길이다.[29]

대립적 균형과 삶의 양상

풍토성에 기초한 대립항들의 변증법과 관련해 주목해야 할 중요한 사실이 하나 있다. 서로 다른 성질을 조율하는 것은 미적 다양성을 위해서가 아니라 상황이 제대로 작동할 수 있도록 지원하기 위해서이다. 이 변증법의 최종 목표는 높은 수준의 난해한 형식적 유희가 아니라, 일상적 삶을 고양하고 실

---

28 William LaFleur, "Buddhist Emptiness in the Ethics and Aesthetics of Watsuji Tetsuro," *Religious Studies*, vol. 14, no. 2, June 1978, p. 247.

29 수묵화에서도 이 같은 현상을 볼 수 있다. 무엇보다도 라플뢰르는 수묵화를 볼 때 넓은 여백을 불교의 공空에 해당하는 것으로 보지 말라고 경고한다. 그가 보기에 이 잘못된 견해는 "손쉬운 모방 때문이기도 하지만, 공의 의미에 대한 근본적인 오해"에서 비롯된 것이다. 여백의 가치는 "'무'라 불리는 형이상학적인 어떤 것을 구체적이고 감지 가능한 것으로 만드는 데 있는 것이 아니라, 일련의 관계와 상호작용을 가능하게" 한다는 데 있다. 따라서 수묵화는 형식적 대칭의 조응과 조화를 보여주는 것이 아니다. 예를 들어 할미새의 검은 실루엣과 여백의 상호관계가 만들어내는 비대칭의 조응과 조화를 보여주는 그림을 가정해보자. 그 여백 덕분에 겉으로는 연결고리가 드러나지 않고 심지어 대립하기까지 하는 존재들 사이의 관련성과 이들을 하나로 묶어내는 은유적 공동기반을 상상할 수 있게 된다. 이런 기반 위에서 라플뢰르는 존재를 강조하는 입장과 무를 강조하는 입장을 모두 거부한다. 대신에 그는 "하나 없이는 다른 하나도 있을 수 없는" 상호연기적 관계를 지지한다.
William LaFleur, "Buddhist Emptiness in the Ethics and Aesthetics of Watsuji Tetsuro," p.247.

천하는 것이다. 추위 속에서 '십자가를 이루는 빛'에 자석처럼 이끌리는 전례의 순간은 이 변증법의 역할을 잘 보여준다.

　일본 정원의 감각적 변증법에 대한 와츠지의 논의도 그런 사례에 속한다. 그는 일본 정원의 소로인 로지路地를 따라 전개되는 돌판과 부드러운 이끼의 조화를 '정신의 합치'라고 불렀다. 이 조화는 신비로운 형식적 유희가 아니다. 유희라기보다는 다실로 향하는 의례처럼 상황을 고양하는 데 그 의미가 있다. 달리 표현하면 로지는 감각적 성질들을 무의미하게 이어붙인 곳이 아니라, 특별한 자세, 움직임, 동작을 증진하는 감각의 앙상블이다. 균형을 잡기 위해 돌 위로 조심스럽게 내딛는 발걸음은 발바닥으로 돌의 단단함을 느낄 때 완성된다. 이렇게 돌이 단단히 받쳐주면, 완전한 믿음 속에서 체중을 다 내려놓는 수직 자세를 취할 수 있다. 석등을 덮은 이끼의 보드라운 자태는 시각 속에 잠재된 촉각성을 되살린다. 망막에 이끼가 맺히는 것은 피부의 어딘가에 이끼가 스치고 지나가는 것과 같다. 분명 눈으로 보지만 지극한 부드러움이 같이 느껴진다. 시각과 촉각의 경계가 흐트러진다. 발바닥에 느껴지는 돌의 단단한 촉감과 망막에 맺힌 이끼의 한없는 부드러움이 서로 엮인다. 신체를 통해 서로 맞물리고 협력하여 딛고 서는 자세의 신뢰성을 높이는 앙상블을 이룬다. 이 견고한 직립 자세를 풀고 다음 판석 위로 발을 내딛는 행위는 눈으로 보이는 판석의 단단함에 대한 기대와 믿음으로 이루어진다. 이렇게 정지된 자세와 그 자세를 푸는 몸짓이 교대로 이어지면서 오카쿠라 카쿠조가 '불규칙의 규칙성'이라고 정의한 일본 정원의 미묘한 리듬이 구현된다.[30]

　와츠지가 설명한 대립항들의 변증법적 작동 원리는 동양만의 전유물은 아니다. 데이빗 레더배로우의 "내적 계측기준internal measure"이라는 개념이 좋은 예이다.[31] 레더배로우는 에드워드 호퍼Edward Hopper(1882-1967)의 회

30　Kakuzo Okakura, *The Book of Tea*, New York: Dover Publications, 1964, p. 34.

31　David Leatherbarrow, "Architecture, Ecology, and Ethics," *Heaven and Earth, Festschrift to Honor Karsten Harries*, vol. 12, no. 1, August 2007.

화에 묘사된 레스토랑을 대상으로 공간을 구성하는 요소들을 분석했다. 화면 앞쪽에는 거리에 면한 투명한 대형 유리를 따라 과일 진열대로 쓰이는 낮고 긴 테이블이 자리 잡고 있다. 깊숙한 안쪽에는 반투명 우윳빛 유리가 끼워진 짙은색 목재 프레임 벽체와 식사용 사각 테이블이 있다. 여기서 전면과 후면에 배치된 요소들은 서로 맞물려 작동한다. 투명과 반투명, 높고 낮음, 긴 것과 짧은 것이 상호화답한다. 자신이 무엇인지를 효과적으로 드러내는 방법은 '자신과 다른 것'을 대화 상대로서 받아들이는 것이다. 그래서 넓은 폭의 투명 유리는 안쪽의 폭이 좁은 반투명 유리가 없으면 제 효과를 내지 못한다. 길고 낮은 진열용 테이블은 홀에 있는 사각 테이블들과 다르기 때문에 정체성을 획득한다. 그곳은 거리를 향해 모든 것을 다 내어줄 듯 드러낸 개방감과, 조용한 대화를 나누며 식사를 하는 내밀함이 적절히 균형을 맞추고 있다. 형식성이 강조된 사각형 식사용 테이블은 수직으로 분할된 마호가니 프레임 사이에 끼인 반투명 유리 앞에, 반대로 낮고 기다란 진열용 테이블은 아무런 프레임 없는 탁 트인 투명 유리 앞에 놓여 있다.

　레스토랑 안에 존재하는 이 같은 상보적 대립관계 너머에는 도시적 맥락이 있다. 활기찬 거리 가까이 투명유리와 진열용 테이블이 놓이고, 반투명한 유리, 목재 프레임, 식사를 위한 테이블은 안쪽 깊숙이 배치된다. 즉 서로 상반된 것들의 상보적 대립을 통한 레스토랑의 디자인은 도시적 조건을 양적 개념뿐 아니라 질적 관점에서도 읽어내는 것으로부터 시작된다. 상반된 질적 요소들을 균형 있게 배치하여 개방감과 내밀함을 동시에 구현해내는 생기 있는 이 레스토랑은 다른 차원의 경제성을 구현한다. 경제성이란 무조건 아낀다는 의미가 아니다. 공간의 성격과는 상관없이 재료, 비용, 노동력, 시간 등을 일률적으로 절감하려는 것이 현대문명의 경제성 개념의 특징이다. 단차원적인 지속가능성 담론의 특징이기도 하다. 이와는 달리 원래 '경제적'이라 함은 상황에 맞는 '적절함'을 뜻한다. 앞에서 언급했듯이 경제 economy의 어원인 오이코스oikos는 삶의 상황 속에서 적절한 균형을 찾는 것을 의미했다. 예컨대 친구의 부친상에 조의금을 얼마나 보내야 하는지를 따져보려면, 그 친구가 나의 부친상에 얼마를 보냈었는지를 알아야 할 것이다. 적절한 답을 찾았다고 생각했는데 다른 변수가 떠오른다. 그 친구는 실직 상태에서 그 금액을 보냈던 것이다. 그렇다면 지금 직장생활을 하고 있는 나에게 그 금액은 얼마에 해당하는지도 고민해야 적절한 대응이라고 할 수 있다. 이 '적절함'이 바로 에토스인데, 이는 수학적 공식이나 지식의 대상이 아니라, 관습, 전통, 역사를 통해 축적된 기대와 그에 대한 지혜로운 해석을 요하는 대상이다.

　　이전 논의로 다시 돌아가보면, 카페테리아는 사방을 투명유리로 처리해도 무방할 것이다. 하지만 레스토랑의 경우는 다르다. 특히 도시의 가로에 대응하는 개방감과 고즈넉한 내밀함 사이의 균형을 유지하려는 레스토랑이라면 더더욱 다르다. 적절한 요소들-투명유리, 반투명유리, 마호가니 프레임, 낮고 긴 테이블, 높고 각진 테이블 등-을 선별하고 서로 짝을 맞추고 또 그들 사이의 변증법적 균형을 잡아야 한다. 이 균형 속에 색다른 분위기-개방감과 내밀함-가 역동적으로 조우하는 생기로운 공간, 곧 폭넓은 스펙트럼을 가진 자유의 공간이 탄생한다. 필자가 말하는 낭비는 이런 균형 잡기에 실패하여 상황에 대한 전형적인 기대에 부응하지도 못하고, 해석의 새로움도 구현하지 못한 경우인 것이다.

간풍토성間風土性과 지역적 경계를 넘어서

필자가 다루고 싶은 다음 주제는 콜퀴훈이 지역 정체성에 대해 본질주의적 관점이라 규정한 입장이다. 그가 지역주의를 시대착오적이라 비판한 것도 이 관점에 따른 것이다. 단순화하면 이 문제는 한 지역의 정체성을 어떻게 이해할 것인가의 문제다. 지역 정체성이 토속 건축, 민요, 춤, 음악, 관습 등의 특수성에 있다고 보는 입장은 어느 정도 본질주의의 범주에 속한다. 콜퀴훈이 비판했듯이 그런 지역 정체성 개념은 폐쇄적인 보수 정치에 쉽게 오염될 뿐 아니라, 유동성, 유연성, 융통성을 갖춘 현대사회의 실상을 놓칠 수 있기에 시대착오적이기까지 하다.

　　환경에 대한 와츠지의 사유에는 특정한 풍토에 갇히는 것을 넘어서 풍토와 풍토의 사이, 즉 하나의 풍토가 다른 풍토와 어떻게 관계를 맺는가에 관한 간풍토성間風土性의 차원이 포함되어 있다. 풍토의 관계를 다루는 이 사유와 그와 관련된 변증법적인 정체성 개념은 지역 정체성을 다른 각도에서 이해할 가능성을 제시한다. 본질주의와 변증법적 정체성의 개념 사이엔 결정적인 차이가 있다. 본질주의에서 인간은 타자와 관계를 맺지 않아도 정체성을 확증받는다. 반면 변증법에선 정체성이 타자와 관계할 때에만 발생하는 현상이다. 정체성은 개체 내부에 있는 게 아니라, 대립항과의 관계에서만 존재하므로 정체성은 상호대조를 통해 발생한다. 이 논리를 우리는 대립항들의 대조적 균형의 변증법이라 규정한 바 있다. 건축도 마찬가지이다. 한 건물이 구현하고자 하는 성질은 반대되는 성질(대립항)과 맞물리고 그것을 포용할 때 완성된다. 건축이 모든 것을 담아내는 존재가 아닌 한―그런 존재는 도시이고 도시가 지향하는 것이다―이 대립항은 필연적으로 건축 밖에 있는 도시가 제공한다. 다른 말로 하면 건축은 근본적으로 결핍의 존재이다. 이 결핍을 메울 수 있는 변증법적 균형을 포착하기 위하여 도시를 향해 열려 있는 원초적인 개방성, 이것이 바로 건축의 속성이다. 이 개념을 지역으로도 확대할 수 있다. 즉 지역의 정체성은 그 자체 안에 있는 것이 아니라 경계 너머 바깥과의 관계에 있는 것이다. 앞서 언급한 눈 덮인 대나무의 풍경은 상이한 풍토가 자폐적 경계를 넘어 조우하는 순간의 역동성, 창의성, 생산성을 상징하는 이미지이기도 하다.[32] 열대에서 자라는 대나무가 적설의 무게로 우아하게 휘어진 모습은 대조적인 풍토의 만남으로 발생한다. 극도로 상반된 기운이 계절에 따라 요동친다. 여름에는 폭염을 경험하고 겨울에는 정반대로 살을 에는 추위를 경험하는 것이다. 바로 여기에 와츠지의 사유가 한 지역의 풍토를 넘어서 풍토 간 관계에 관한 전망을 다루는 힌트가 있다. 각기 다른 풍토가 대조적 균형 상태에서 서로 화답하고, 그로부터 창조적인 문화가 나올 가능성을 연다. 이 순간이 중요한 것은 서로 다른 풍토를 인식함으로써, 특정 풍토의 고립성에 얽매인 공동체성을 뛰어넘어 공공성의 지평

32 Tetsuro Watsuji, *A Climate: A Philosophical Study*, p. 135.

으로 나아갈 수 있기 때문이다. 이 순간은 풍토에 속한 개인의 위상과 관련해서도 중요하다. 자신의 풍토를 떠나 대립항을 만나고자 하는 유랑자의 시점에서, 한 지역의 풍토가 독특한 것은 자족성 때문이 아니라 다른 풍토와의 관계성 때문이라는 사실을 체감하기 때문이다. 와츠지가 다른 문화와 대비해 자신의 문화를 밝혀내려 했을 때도 그가 확인한 것은 본질적이고 통일되고 체계적인 정체성을 가진 문화의 고유함이 아니라, 하나의 문화가 다른 것 때문에 존재하거나 다른 것과의 관계 때문에 명확해지는 변증법적 구조였다. 이 간풍토성의 차원을 설명하기 위해 필자는 키오카 노부오가 와츠지의 풍토 개념에서 이끌어낸 유비적 공식을 다시 한번 살펴보고자 한다.[33]

몬순: 유순하고 인내심이 강함 = 사막: 대립적이고 완강함 = 초원: 합리적이고 규칙적임

세계의 풍토를 세 범주-몬순, 사막, 초원-로 나눈 것은 앞서 말한 대로 와츠지가 일본 교육부의 후원으로 철학을 공부하기 위해 오른 고베항에서 베를린에 이르는 대장정의 여정과 일치한다. 와츠지는 이 여정을 통해 그리고 유럽에 머무르는 동안 여러 지역을 여행하며 다양한 풍토를 접했고, 그럼으로써 간풍토성의 차원, 즉 중심부도 주변부도 아닌 풍토와 풍토 사이에 선 주체가 되었다. 중요한 것은 이렇게 자신의 풍토에서 자신을 이탈시킴으로서 다양한 풍토를 만나고 이를 통해 오히려 자신의 풍토를 발견할 수 있었다는 점이다. 풍토 안에 안겨 있는 것은 그것 안에 갇혀 있는 것이다. 지극히 낯익은 것이기에 그것이 무엇인가를 질문한 적이 없었다. 그저 주어진 것으로 아무런 감흥 없이 습관적으로 대해왔을 뿐이다. 하지만 풍토 바깥으로 나가면 보이지 않던 것이 보이곤 한다. 바깥의 낯선 것을 대면하는 순간 불현듯 낯익었던 것이 무엇이었는지 그 의미가 떠오르며 낯익은 것과 낯선 것이 함께

---

33 Nobuo Kioka, *Fudo no ronri: chiri tetsugaku eno michi*, Kyoto: Minerubashobo, 2011, p. 320.

의미를 명징하게 드러낸다. 위의 유비 공식에는 나의 풍토와 다른 풍토를 동시에 발견하는 의미가 담겨 있다. 와츠지가 주장했듯이 각각의 풍토가 '나는 누구인가?'의 메타포라면, 이렇게 나의 풍토와 다른 풍토를 동시에 발견하는 것은 '나는 누구인가?'와 '타자는 누구인가?'를 동시에 발견하는 것이다. 이 상호관계에서 몬순의 유순함과 인내심 그리고 사막의 대립성과 완강함이 동시에 나타난다. 따라서 이 비유는 상호의존적 발생인 연기緣起와 탈중심화의 논리이다. 본질주의적인 것이 아니라, 어떤 것이 그 대립항과 짝을 이룰 때 비로소 그 정체성이 밝혀지는 대립적 상호관계의 논리이다.

이 유비적 공식은 개방성과 다양성을 허용하는 논리다. 몬순을 말하기 위해선 사막을 말해야 하는 것이다. 이는 몬순과 사막의 이항대립을 넘어, 초원을 포함한 삼항대립의 관계로도 이동한다. 즉 다른 차이가 끼어 들어올 여지를 열어두고 있는 것이다. 몬순 하나만 다루거나 몬순과 사막을 다룰 땐 중심성이 존재할 수 있지만, 새로운 차이가 끼어드는 순간 그런 중심성은 사라진다. 따라서 이 유비는 자기중심성을 극복하는 탈중심화의 논리가 되어 권위적인 중심을 무효화하고 다름에 대해 항상 자기를 개방한다. 이 순간 우리는 풍토의 공동체성을 뛰어넘어 와츠지 철학에 담긴 공공의 차원을 보기 시작한다. 와츠지의 철학은 '공동체성'과 구별되는 '공공성' 담론을 위한 기초를 제공한다. 그리고 한 풍토 인에만 머물러 있던 개인으로 하여금 유비를 통해 다른 풍토와 그 풍토가 표상하는 인간성을 볼 수 있게 한다. 그때 그는 타자와 대조적 상호관계를 맺고 있는 자기, 즉 자신의 진면목을 발견할 수 있다.

하지만 내가 누구이고 타자는 누구인가를 동시에 발견하는 데에는 더 중요한 의의가 있다. 나와 타자에 대한 상호발견이 이뤄지기 위해서는 다른 풍토를 대면하는 것이 절대적으로 중요하다. 이 발견은 나는 누구인가를 그리고 타자는 누구인가를 아는 것에 머무르지 않는다. 더 나아가 '내가 어떤 사람이 될 수 있는가?'라는 문제의식, 즉 나의 드러나지 않은 잠재적 가능성에 대한 시야를 열어준다. 타자 그 자체를 발견할 뿐 아니라 타자를 '잠재적인 나' 자신으로서 발견하는 것이다. 내가 어느 한 풍토에 속해 있는 상황에서, 미처 발견되지 않은 나 자신의 가능성을 타자에게서 확인하는 것은 자신이 속한 풍토와 공동체의 한계를 초월할 수 있는 기회이다. 바로 이 순간 우리는 풍토의 고립성을 뛰어넘어 자유로운 주체가 된다. 몬순 거주민에게 사막 거주민의 완고함은 인간성의 다양함을 일깨워주고, 몬순 거주민 자신의 가능성이 된다. 간풍토성의 주체는 자각한 개인이다. 다른 풍토와 인간성을 유비적으로 결합하고 연관 짓는 주체일 뿐 아니라, 공동체의 한계를 확인하고, 다른 유형의 인간성과 그와 관련된 인간 생활의 유형을 자신의 가능성으로 발견하는 개인이다. 이 개인은 공동체성을 넘어 공공의 차원으로 나아간다. 이 과정에선 길들여지거나 어떤 틀에 넣을 수 없고 조작될 수도 없는 타자와의 만남이 필수적이다. 타자와의 만남을 통해 드러나는 이 자유라는 차원 때문에 기후윤리론은 기후 결정론이나 지역 결정론을 넘어서는 것이다.

지역성과 초지역성

와츠지가 꿰뚫어 본 간풍토성의 변증법은 우리가 지역주의의 한계를 초월할 수 있는 길을 열어준다. 한 지역의 경계를 넘어 각기 다른 풍토를 의식할 때 건축은 지역적 풍토의 특수성과 풍토를 뛰어넘는 초지역성 사이에 놓인다. 이런 구도 속에서 작업한 건축가 중 한 사람이 앞서 언급한 알토다. 잘 알려져 있듯이 알토의 건축은 보편적이고 추상적인 현대건축에 대한 대안으로 해석된 경우가 많았다.[34] 그의 건축은 지역의 지형, 풍경, 재료의 특수성을 반영하고 그와 동시에 촉각을 강조하는 것으로 여겨졌다. 이런 평가 또한 타당하지만, 알토의 건축은 동시에 초지역적이다. 이는 그의 건축이 국제주의처럼 양식의 차원에서 지역을 초월했다는 의미가 아니다. 풍토를 초월하는

---

34 알토의 건축이 지그프리드 기디온Sigfried Giedion의 『공간, 시간, 건축: 새로운 전통의 발전Space, Time and Architecture: The Growth of a New Tradition』(1949) 2판에 포함된 것을 계기로, 그의 건축은 기능적이고 일차원적인 모더니즘을 잘 극복한 사례로 자주 인용되었다. 케네스 프램턴의 비판적 지역주의나 로버트 벤투리의 『건축의 복합성과 대립성Complexity and Contradiction in Architecture』(1966) 등이 좋은 예이다.

삶의 전형성을 이해하고 이를 독특하게 해석하는 작업을 풍토에 맞게 진행
했다는 것이다. 그는 서로 다른 풍토와 풍토 사이에서 공유되는 삶의 이상과
지역적 풍토성을 서로 엮어내어, 보편적이면서도 풍토에 뿌리를 내린 독특한
표현을 일구어냈다. 대표적인 예가 핀란드의 「세이나찰로 시청사」(1952)이
다.(도 4.2~3)

   알토는 이 시청사 공모전을 준비하면서 광장이나 중정과 같은 옥외공간
을 주요 디자인 요소로 채택하는데, 그 이유는 "고대 크레타, 그리스, 로마
에서 중세와 르네상스 시대에 이르기까지 수많은 의회 건물과 법원 청사에
서 중정이나 광장이 반복적으로 사용되며 삶의 이상적인 가치를 표출해왔
기"때문이다.[35] 특히 알토는 세계에서 가장 아름답고 유명한 시청사를 가진
도시로 시에나를 언급하며 캄포 광장Piazza del Campo과 시청사Palazzo
Pubblico에 주목하였다.

   북유럽 세이나찰로의 풍토는 이탈리아 토스카나의 시에나와는 엄연히
달랐지만 알토가 시에나의 시청사를 모델로 설정한 점은 흥미롭다. 시에나
가 경사지라는 악조건에도 불구하고 부챗살 모양의 광장과 그 초점이 되는
시청사를 정비한 것은 13세기 후반의 일이다. 그 이면에는 1292년 등장한
〈9인회〉라고 하는 시민집단지도체제의 등장이 자리 잡고 있다. 시민추대에
의해 뽑힌 9인의 대표자가 정사를 다루게 된 것으로, 독재가 아니라 협치,
독백이 아니라 다자 간 대화에 의한 정치제도를 정착시킨 것이다. 시에나를
교회권력과 족벌 가문의 권력체제에서 벗어나 새롭게 정립된 시민주도의 정
치체제에 걸맞는 공간구조로 혁신한 결과물이 캄포 광장과 시청사였다. 알
토가 이 공공 시설물을 가장 아름다운 사례라고 보고 세이나찰로 시청사의
모델로 삼은 것은, 건축물의 미적 측면을 말한 것이 아니다. 그것은 바로 민
주주의 이상과 공동의 선을 향한 열망이 공간적으로 표출된 결과이기에 아
름답다고 한 것이다. 여기에 덧붙여 알토는 민주주의의 요람인 아테네의 아
고라와 공회당prytaneion, 그리고 회의장bouleuterion 등을 영감의 원천으

---

35   Richard Weston, *Alvar Aalto*, London:Phaidon Press, 1996, p.137.

로 언급한다.[36] 즉 그는 시에나의 캄포 광장과 시청사 그리고 아테네의 도시 공간구조와 요소들을 서로 동류의 것으로 이해했던 것이다. 마치 시에나가 중세에 부활한 그리스의 폴리스인 것처럼 말이다.

청사를 설계하면서 알토는 직사각형의 중정 형태로 단을 조성해 불규칙하고 경사진 거친 땅에 인간의 평등함을 상징하는 무대를 확보했다. 이 과정에서 그는 구릉지를 다듬고, 건물 네 동을 신중히 배치하고, 북유럽의 기후에 맞춰 눈서리에 잘 견디도록 건물의 기단부를 조성하고, 타일, 벽돌, 목재, 회벽 등을 적절히 조합하는 방식으로 건물을 설계했다. 알토가 설계한 사각형의 중정과 부챗살 모양의 캄포 광장은 형태는 다르지만 성격은 유사하다. 둘 다 인간의 이상적 삶의 형식을 지원하고자 하는 소망을 표현하고 있다. 원형의 형상이 갖는 민주적 의미를 유추해볼 수도 있다. 원주를 따라 움직이다 보면 시작점도 없고 끝점도 없다. 이는 누구도 다른 이의 앞이나 뒤에 서지 않는다는 이상적 만남을 상징한다. 세계의 여러 지역에서 원시 부족들이 둥근 형태를 이루어 춤을 추는 것도 그런 이유다. 마찬가지로 중정의 사각형은 사람들 간의 불평등한 위계를 제거하고, 그들을 세이나찰로의 평등하고 존엄한 시민으로 삼겠다는 가치를 표현한다.

여기서 전제되는 것은 중정의 평탄한 면이다. 처음부터 자연이 평탄면을 준비해두고 있는 경우는 없다. 자연의 모든 면은 미세하더라도 굴곡이 져 있고, 발이 빠지는 늪지이거나 형상이 시시각각 바뀌는 모래밭도 흔하기 때문이다. 단단히 고정된 평탄한 면을 만드는 것은 그래서 건축의 가장 중요한 첫 번째 임무이다. 시청이 들어서는 대지 역시 예외가 아니었다. 하지만 이 시청 중정의 평탄면은 한 가지 더 중요한 의미를 지니고 있다. 경사진 언덕을 평탄면으로 조정하는 것은 인간의 편익만을 위해 주어진 자연을 파괴하는 행위가 아니다. 이는 언덕을 깎고 다듬는 창작 행위로, 돌출된 지형을 사람들이 교류할 수 있는 이상적인 플랫폼으로 격상시키는 행위다. 돌출된 둥근 지형-언덕hill의 어원은 라틴어로 돌출된 물체, 기둥 등을 가리키는 콜룸나

36 Richard Weston, *Alvar Aalto*, p. 137

columna와 관련이 있다-과 평평함이 통합되어 중정이 되면 평평하고 마르고 단단하고 우뚝 솟은 대지, 즉 테라 피르마terra firma가 탄생한다. 높고 평탄한 면 위에 수백 명의 사람이 동시에 선다는 것은 후미진 곳, 은밀한 곳, 낮은 곳, 기울어진 곳이 없다는 뜻이다. 즉 불평등이 제거된 평등의 장을 상징한다. 평탄면은 민주적 장치로서 시민 개개인의 차이를 없애는 것이 아니라 오히려 드러나도록 도와준다. 누구의 키가 크고 작은지를 보려면 우리는 같은 면 위에 서야 하는 것 아닌가? 동일한 면을 공유하는 것은 차이를 드러내는 전제조건이다.

「세이나찰로 시청사」와 같은 건축물을 통해 드러나는 것은 주어진 지형, 기후, 구축의 전통 등을 매개로 한 이상적인 삶의 양상human praxis이다. 알토는 지역주의가 내세우는 본질주의적 정체성 담론에 매이지 않았다. 그는 지역을 초월하여 공유되는 삶의 전형성과 이상에 대한 전망을 갖고 있었고, 나아가선 이 전형성과 이상이 풍토 등 지역적 조건을 통한 시험을 거쳐 표현되고 확증된다는 것을 이해했다.

유형과 차이

지역적 한계를 넘어 공유 가능한 인간의 이상과 그 특성한 표현을 추구한 또 다른 작가로 알도 로시가 있다. 특히 흥미로운 건 그의 유형 개념이다. 현대건축의 담론에서 유형은 편협하게 정의된다. 일례로 '개체증식주의populationism'라 불리는 관점이 제시하는 유형에 대한 이해가 그러하다. 『새로운 구축학의 지도Atlas of Novel Tectonics』에서 제시 레이저Jesse Reiser와 우메모토 나나코Nanako Umemoto는 유형론의 오류를 논하고, '개체증식주의'를 지지한다. 두 사람은 20세기를 대표하는 진화생물학자인 에른스트 마이어Ernst Mayr(1904-2005)가 규정한 유형론과 개체론 사이의 모순을 근거로 논지를 전개한다. 마이어는 다음과 같이 말했다. "유형론자에게 유형eidos은 실재이고 변이는 허상인 반면, 개체론자에게 유형(평균)은 추상 개념이며 실재하는 것은 변이뿐이다."[37] 따라서 추상화된 본질에 관심을 두는 유형론자에게, 실재하는 변이는 그저 퇴락한 것으로 보인다. 그와 반대로 개체론자에게는 추상적이고 보편적인 것들은 개별적인 차이를 근절하는 것으로 실재와는 거리가 멀다.

이 주장은 흥미롭게도 고대 그리스 철학으로 거슬러 올라가는 관념론과 실재론의 논쟁을 다시금 소환한다. 플라톤Plato(428-348BC)의 관념론에서는 진리가 경험 이전에 선재하는 보편 속에 존재하고 아리스토텔레스Aristotle(384-322BC)의 경험론에서는 감각 지각이 보편적인 것을 인식하게 해주는데, 유형론과 개체론의 논쟁은 바로 그 차이를 되풀이하고 있다. 개체증식주의는 자신들의 입장이 아리스토텔레스의 경험론보다 더 급진적이라고 주장할 수 있다. 아리스토텔레스는 특수성을 보편성으로 나아가는 문으로 보고 그 중요성을 인정했지만, 실체가 무엇인지를 파악하는 과정에서는 결국 특수성을 건너뛰었다. 즉, 감각-지각sense-perception이라는 행위는 개별적인 것이지만, 그 내용은 보편적이었다. 아리스토텔레스가 "우리는 인간 일반을 이해하는 것이지 예를 들어 칼리아스라는 특정 인간을 이해하는 것이 아니다."[38] 라고 언급한 것은 바로 이런 연유에서이다. 반면에 개체증식주의는 개개의 변이를 횡으로 늘려가면서 개별성을 극대화한다. 그런 변이들은 보편적인 것의 단순한 사본이 아니라 완전히 새로운 범주에 속하는 것이다. 질 들뢰즈Gilles Deleuz(1925-1995)에 따르면 이 증식 과정에서 개개의 실체들은 "가짜 청구인처럼, 다름을 매번 강조하고, 변태를 암시하며, 보편적 본질은 철저히 외면"한다.[39] 그러나 플라톤의 관념론과 마찬가지

37 Jesse Reiser and Nanako Umemoto, *Atlas of Novel Tectonics*, New York: Princeton Architectural Press, 2006, p. 226.

38 Aristotle, Posterior Analytics, Bk. II, ch. 19, 100b, 15–18, in *The Basic Works of Aristotle*, ed. Richard McKeon, New York: Random House, 1941, p. 185; Robert E. Carter, *The Nothingness beyond God: An Introduction to the Philosophy of Nishida Kitaro*, St. Paul, MN.: Paragon House, 1997, pp. 22–33.

39 Gilles Deleuze, "Plato and Simulacrum," trans. Rosalind Krauss, *October* 27, Winter 1983, p. 47.

로, 개체증식주의가 찬양하는 이 잡다함으로는 보편성과 특수성의 대립적 관계가 여전히 해소되지 않는다.

이 난제를 풀기 위해서는 다른 전통에 기대야 하는데, 이때 눈에 들어오는 사상가가 바로 와츠지다. 대립항 사이의 상호관계에 주목하는 그의 사고방식은 공空emptiness 개념에 근거한다. 구체적 보편으로서 '공'은 고대 인도의 수냐타sunyata 철학에서 비롯되었다. 이후 대승불교에서 차용된 후 20세기 전반부에 일본에서 창조적으로 부활했다.[40] 와츠지는 공을 구체적 보편자로 정의한다. 개별성을 사상시키는 추상적 보편자와는 달리 구체적 보편자는 오히려 개별적인 차이가 완전한 특수성을 띠고 출현하는 기반이 된다. 공 또는 궁극의 형상eidos은 존재들이 출현하고, 존재하고, 소멸하는 장소topos인 것이다.[41] 실체와 그 대립항은 역대응의 원리, 즉 비대칭적 대칭으로부터 출현하는 더 높은 수준의 통합을 통해 서로 엮여 있다. 서로를 상쇄하면서도 하나로 묶여 있다. 상호 자기부정을 통한 긍정이며 모순을 내포하는 통합이다. 이는 대조적인 요소들의 관련성을 꿰뚫어보는 더 높은 수

---

40 공의 철학은 고대 인도의 수냐타 철학으로 거슬러 올라간다. 후에 대승불교의 중관파를 창시한 나가르주나는 무아無我와 연기緣起 같은 불교의 핵심 원리를 확립하는 과정에서 공空을 도입했다. 많은 문헌에서 나가르주나의 주장을 다루는데 윌리엄 라플뢰르이 글도 그중 히니디.
    라플뢰르에 따르면 나가르주나의 철학적 행보는 자성自性svabhava, 즉 독립된 실체 또는 그 자체로서 존재성을 가졌다고 추정할 수 있는 실체들을 엄밀하게 분석하는 쪽으로 나아갔다. 결론적으로 나가르주나는 각각의 실체는 '비어있음'을 입증하였다. 이 '비어있음'을 달리 표현하면 '의존적 발생', 더 정확히 말하면 '상호의존적 발생(연기)'일 것이다. 이처럼 차이를 결합하여 대칭 관계를 보는 '상호의존적 발생'의 논리는 니시다가 이끈 교토 학파의 공 개념에 토대가 되었다. 라플뢰르의 주장에 따르면, 와츠지는 그 학파에 느슨하게 관련되어 있었음에도 공의 전통에 명확히 속해 있었다.
    William LaFleur, "Buddhist Emptiness in the Ethics and Aesthetics of Watsuji Tetsuro," p. 244.

41 공은 흔히 존재의 반대자인 '비존재' 또는 존재들이 놓인 빈 공간을 가리키는 것으로 이해된다. 이와는 달리 교토 학파의 공은 비존재 또는 빈 공간을 의미하지 않는다. 그것은 '존재'와 '무' 개념을 초월하는 현실의 궁극적 토대이다. 따라서 공에서는 이중의 부정이 작동한다. 존재의 부정과, 존재의 부정을 통해 도달하는 무의 부정이다. 두 번째 부정은 형식 논리와 달리 다시 존재에 귀결되는 것이 아니다. 니시다에 따르면, 무의 부정은 존재와 무의 대립을 넘어 상호연기하는 지평에 대한 인식으로 이어진다.
    Kitaro Nishida, *Complete Works(Nishida Kitaro zenshu)*, Tokyo: Iwanami shoten, 1947, vol. 4, pp. 217-219, pp. 229-231.

준의 직관에 따라 작동한다.[42] 각각의 실체에는 내적으로 자기를 확증할 만한 것이 존재하지 않고 오히려 비어 있다. 이것을 달리 표현하면 실체들은 대립적 관계망 속에서 상호의존적 발생을 통해 정체성을 획득하는 것이다. 이 상호의존적 발생이 일어나는 장소가 바로 공이고 구체적 보편자이다. 이렇게 서로 의존하기 때문에 와츠지는 존재 그 자체의 자족성을 거부하는 동시에 무상無常의 원리를 지지한다. 정체성의 무상함, 즉 고정된 정체성은 없다는 말은 결핍상태를 뜻하는 게 아니다. 그것은 정체성이 여러 대립자들과 일시적으로 발생하고 공존하며 개방성과 수용력을 가졌다는 뜻이다.

로시의 유형 개념을 다른 관점, 즉 개체증식주의의 입장이 전면적으로 비판하는 유형과 구분해서 이해하고자 할 때 와츠지의 구체적 보편자라는 개념을 참고할 수 있다. 로시는 유형을 '영속하는 구성 원리'라고 정의했다. 더 나아가 그는 "모든 건축 형태가 유형으로 환원될 수 있다고 하여도, 하나의 개별 형태를 유형이라고 착각해서는 안 된다."[43] 라고 기술했다. 얼핏 보기에 로시는 레이저와 우메모토가 유형론이라고 부른 것과 자신의 생각 사이에 어떤 유사성이 있다고 시인하는 것처럼 보인다. 로시는 유형을 정의하면서 건축물의 개별성을 없애버리는 추상적 환원의 원리를 지지하고 있는 것처럼 보인다.

하지만 로시의 말을 유형론의 입장과 반대로 해석할 수도 있다. 유형은 특정한 형태가 만들어진 뒤에 따라오는 논리적 추상화가 아니라, 다양한 형태와 표현이 출현할 수 있는 공통의 기반이다. 이 유형은 형태로 고착화되기 이전의 삶의 상황과 그 전형성에 뿌리를 둔다. 로시는 이렇게 말했다. "구체적인 개별 표현은 사회에 따라 매우 다양하지만, 특정 유형은 형태 및 삶의 양식과 관련이 있다."[44] 사실 이 말도 다소 애매하긴 하다. 필자는 로시가

42   Kitaro Nishida, *Fundamental Problems of Philosophy, the World of Action and the Dialectical World*, trans. David A. Dilworth, Tokyo: Sophia University, 1970, p. 22.

43   Aldo Rossi, *The Architecture of the City*, Cambridge, MA.; London: MIT Press, 1984, p.41.

44   Aldo Rossi, *The Architecture of the City*, p. 40.

유형을 논하면서 형태와 관련이 있는 것처럼 기술하고 있어 독자들에게 혼란을 준다고 생각한다. 하지만 유형을 다시 삶의 양식-거주의 다양한 상황-과 연결 짓는 순간 로시는 유형과 구체적인 형태 사이의 관계를 명확하게 할 단서를 내놓는다. 유형은 형태 이전의 것이며, 구체적인 형태는 유형의 해석으로 나타나는 물적 결과이다. 유형은 더 나아가 그 형태의 독특함과 효능을 다른 것과 비교할 수 있도록 개별자를 모아주는 역할도 한다. 언뜻 보면 아무런 관련 없이 달라 보이는 것들을 한곳으로 불러모아 서로 간의 차이가 드러나게 해주는 주제 또는 관점 역할을 하는 것이다. 앞서 말한 내용을 다시 한 번 상기해 보자. 모두가 평평한 면 위에 섰을 때 키 차이가 드러난다. 차이가 드러나려면 개별자를 모으는 동일성의 기반이 필요한데, 유형이 바로 이런 역할을 하는 것이다.

　'주제'를 의미하는 영어 단어 topic은 그리스어 topos에 기원을 둔다. 주제는 서로 다른 형태를 하나로 모아주는 장소적 성격을 갖는다. 그리고 전형성을 띄고 있다. 루이스 칸이 학교의 기원을 설명하며 예시한 바 있듯이,[45] 두 사람이 나무 그늘 아래에서 만나 누가 선생이고 학생인지를 모르는 상태에서 이야기를 나누는 상황처럼 말이다. 신과 인간, 부모와 자녀, 친구, 사제, 연인 등 관계가 만들어내는 역학 속에는 이런 전형적인 상황이 존재한다. 그 속에는 전형적인 갈등 상황 또한 잠재해 있다. 부모와 자녀 관계가 연인 관계와 충돌할 때처럼 말이다. 그리스 신화의 비극은 삶에서 벌어지는 이러한 상황들의 전형성을 말하는 것에 다름 아니다. 유형도 마찬가지다. 그것은 건축적 형태 이전의 삶의 전형성과 각 상황이 지향하는 이상을 말한다. 예를 들면 권위와 경배, 평등, 공동체와 개인의 균형 및 공존 등이 있다. 또한 출생과 죽음, 유한성과 무한성, 일시성과 영원성 등 모든 삶의 토대를 이루는 실존적 조건들도 있다. 삶의 전형성과 지속하는 조건들은 수만 년의 역사를 통해 인류가 공동으로 축적해 놓은 삶의 진실과 이상, 기대를 담고 있다. 즉 유

45　Louis I. Kahn, "Address to Naturalized Citizens," *Louis Kahn: Essential Texts*, New York, NY: W.W. Norton, 2003, p. 263.

형은 발명의 대상이 아니라 이미 우리에게 주어진 발견의 대상이다. 하지만 이상을 구현하는 구체적인 형태는 발명의 대상이다.[46] 건축가는 기억을 더듬고 역사의 연속성을 탐색하며 삶의 전형적 상황인 유형을 발견하는 자이자, 그 유형을 물적으로 구현하는 이상적인 형태를 발명하는 자인 것이다.

　로시의 유형론에는 또 다른 중요한 의의가 있다. 그에 따르면 도시에서 어느 한 건물이 기념비로서 지위를 획득하려면, 그 건물은 비움을 실천해야 한다. 배관 설비, 구조, 복도, 덕트, 샤프트 등의 하드웨어를 비워야 한다는 의미가 아니다. 건물이 자기를 비울 수 있어야 한다는 것은 그 건물을 구상하는 시점엔 의도하지 않았거나 예측할 수 없었던 수용력과 개방성을 의미한다. 기념비적인 건물이란 이런 수용력과 개방성을 가진 건물이며, 세월에 따라 새로운 기능을 수용해내는 융통성을 가진 건물인 것이다. 수용을 통한 지속성 속에, 즉 차이를 포용하면서도 정체성을 유지하는 동일성 속에 건축물의 기념비성이 자리 잡고 있다. 로시가 보기에 건축의 역사는 이런 사례로 가득하다. 초기 가톨릭 교회는 로마의 시민법정인 바실리카를 채택했다. 로시는 "기념비적 건축물의 지속성이나 영속성은 도시의 역사, 예술, 존재, 기억 등을 구성하는 수용력에서 나온다."라고 말했다.[47] 기념비적인 건물이 그 도시의 영속적인 요소가 될 수 있는 이유는 변하지 않아서가 아니라, 변하면서도 동일성을 유지하기 때문이다. 시간의 경과에 따라 펼쳐지는 서로 다른 양태의 중첩과 대립 속에서도 자신을 유지해가는 수용력이 핵심이다. 뒤집어 말하면, 시간에 따른 변화가 없으면 역설적으로 영속성은 사라지는 것이다. 시간과 그것이 만들어내는 차이는 기념비적 건물의 영속성이 정립되기 위한 필연적 조건으로, 영속성은 일시성이라는 디딤돌을 딛고 정립되는 것이다.

　하지만 기념비적 건축물을 수용력의 관점에서 볼 때 분명히 할 점이 하

46　David Leatherbarrow, *The Roots of Architectural Invention: Site, Enclosure, Materials*, Cambridge; New York: Cambridge University Press, 1993, p. 75.

47　Aldo Rossi, *The Architecture of the City*, p. 60.

나 더 있다. 기념비적 건축물의 개방성과 수용력은 미스 반 데어 로에가 말한 보편적 공간Universal space이 갖는 개방성과 수용력과는 다르다. 로시와 미스 모두 기능주의를 순진하다고 본 사실은 잘 알려져 있다. 하지만 대안은 달랐다. 미스는 어떤 기능이라도 수용할 수 있다는 수사를 내세우며 장방형의 텅 빈 무주공간을 제시했다. 강의실, 스튜디오, 교회, 창고, 도서관 등 서로 다른 기능을 필요에 따라 수용하는 일종의 만능 공간을 제시한 것이다. 안타깝게도 이런 보편적 공간은 어디에나 전용轉用 가능한 융통성을 자랑할지는 몰라도 어느 기능 하나 제대로 수행해내지 못한다. 전반적인 질적 저하를 감수하고서야 작동하는 공간이다. 그 이유는 정상적인 건물이라면 반드시 요구되는 사항들, 예컨대 공간 구성과 시퀀스, 내외부의 관계, 개구부의 위치와 종류, 마감재료, 비례와 형상, 각종 기물의 배치와 상호관계 등을 왜곡, 생략, 무시하지 않고서는 새로운 요구를 수용하기 어려운 것이 소위 보편적 공간이기 때문이다. 그래서 건물의 질적 저하가 불가피하다는 것이다. 참신한 발상으로 쇼핑몰 창고 분위기를 내는 교회를 설계할 수는 있지만, 처음부터 강제로 쇼핑몰 창고 같은 교회를 만들 수밖에 없는 상황이라면 이야기가 달라진다. 공간 자체가 특정한 성격을 갖지 않는다는 '중립성'은 어떤 기능이 들어올 때마다 자신의 존재를 지우고 수용하는 듯하지만 오히려 더 강렬하게 그 존재감을 드러내기 마련이다. 일종의 미니멀리즘적 패러독스이기도 하다. 질적 저하 없이 장방형의 중립적 공간에 맞추어, 새로운 프로그램이 요구하는 공간적 질서를 이루고 관계망을 구축하는 것은 불가능하다.

보편적 공간의 문제는 또 있다. 한 프로그램에서 다른 프로그램으로 전용이 될 때, 이전 공간과 앞으로 만들어내려는 공간 사이에 생산적인 긴장이 생겨날 여지가 전혀 없다는 점이다. 주어진 것을 살펴보다가 갑자기 무언가가 의미를 갖고 눈길을 사로잡는 것을 발견하는 경험은 경이롭고 때로 충격적이기까지 하다. 이런 발견의 우연성이 배제된, 그리고 이 발견으로 인해 자신이 변하는 사태가 일어나지 않는 무미건조한 공간, 그래서 기계적인 전용이 반복되는 곳이 보편적 공간이다. 무언가 자신만의 색깔을 가진 것과 충돌할 때 예상하지 못한 제3의 창조의 순간이 열린다. 신축이라면 상상할 수도 없었던 규모의 전시홀을 가진 미술관이 발전소의 터빈홀에서 생겨나서, 창작의 주제, 방식, 스케일, 작품수용의 방식 등 예술의 기본적 작동원리들을 뒤흔들어놓는 것처럼 말이다. 건물을 다시 쓰는 과정에서 아무런 자극도 유발하지 않고, 공간을 변형하며 자기도 바뀌는 생산적 결과가 일어나지 않는 재생 방식은 문화의 새로운 물꼬를 트는 데 전혀 기여하지 못한다. 역사의 중첩과 축적이란 추상적 개념이 아니고, 건축물을 전용하는 순간에 일어나는 발견, 변형 그리고 전혀 예측하지 못한 제3의 영역의 탄생 등을 말하는 것이다. 그러나 보편적 공간은 이 얽힘, 중첩, 콜라주, 하이브리드를 거부하며 역사를 초월해 그 자체로 순수하게 서 있는 것만으로 영속성을 인정받고자 한다. 이는 시간 속에서 변화를 받아들여 정립되는 영속성이 아니라, 자기동일성만을 통해 유지되는 영속성이다. 사실 보편적 공간을 만들어내는 방식 또한 억지스럽다. 파빌리온 같은 텅 빈 공간을 인상적인 규모로 만들어내려면 많은 부분이 어딘가에 처박혀 들어가야 한다. 오피스, 화장실, 워크숍룸을 빛이 거의 들지 않는 지하에 몰아넣고 이들을 희생양 삼아야 비로소 지상층에 소위 '유니버설'하게 확장되는 공간이 만들어질 수 있다. 크라운 홀Crown Hall(1956)이 그 좋은 예가 아닐까 싶다.

반면 로시의 대안은 설득력이 있다. 유럽의 건축 및 도시 역사를 연구하며 그가 결론적으로 추구하게 된 영속성은 보편적 공간의 그것과는 다르다. 변함없는 자기동일성의 연속에 의한 것이 아니라, 상황에 따라 바뀌는 차이를 포용하는 가운데 유지되는 동일성이다. 로시의 담론에서 중요한 점은 건물이 스스로를 변형하며 다른 기능을 받아들인다는 것이다. 이는 그 건물이 갖고 있는 유형의 특성과 그것이 갖는 포용력 때문에 가능하다. 무작위적인 방식으로 변형되는 것이 아니라, 유형의 동일성 속에서 바꿔쓰기의 짝짓기가 이루어지는 것이다. 로마의 바실리카와 가톨릭 교회는 중심축을 따라 전진하며, 말단부에 높은 연단이 있다는 공통점이 있다.[48] 로마 공화정 시기에

---

48 David Leatherbarrow, *The Roots of Architectural Invention: Site, Enclosure, Materials,*

법정과 집회장 등으로 사용된 바실리카가 교회로 기능할 수 있는 이유는 두 건물이 모두 권위와 경배를 구현하고자 하기 때문이다. 영속하는 것은 기념비적 건물의 형태 자체라기보다는 건물의 구체적인 기능이 달라져도 변함없이 드러나는 유형인 것이다. 따라서 유형은 "기존의 건물이 다른 역할을 수행할 수 있게 하는 초시간적인 배경"이다.[49]

이 주장을 더 확장하면, 유형은 시대와 사회가 달라질 때 다른 형태에 의미를 부여하는 비가시적인 주제이다. 따라서 유형은 시간을 초월할 뿐만 아니라 지역도 초월한다. 풍토의 특이성, 구축기술, 인력의 수준, 활용 가능한 재료 등 역사적 순간에 한 지역이 갖게 되는 특수한 조건들은 유형의 실현을 위해 극복해야 할 장애물이 아니다. 오히려 이러한 조건들과 씨름하는 가운데 도출된 구체적인 형태는 유형의 한 표현으로, 시대와 지역을 초월한 삶의 양상이 보여주는 전형성을 재확인하는 매개라고 볼 수 있는 것이다.

로시는 자신의 유형론을 전개하면서 원형의 구성을 가진 콜로세움이나 중세 도시를 예로 들었다.(도 4.9~10) 하지만 아쉽게도 원형 구성이 삶의 어떤 양상과 이상을 구현하려는 것인지에 대해서는 명확히 설명하지 않았다. 이를 이해하기 위해서는 다른 건축가나 이론가의 도움이 필요하다. 아마도 알도 반 아이크가 논한 원형과 삶의 양상에 관한 이야기가 적절하지 않을까 싶다. 반 아이크는 간단한 다이어그램 두 개를 통해 인간 생활과 관련된 원형 배치의 유형론적 가치를 밝혔다. 팀 텐Team X의 일원이었던 반 아이크는 모더니즘이 그 극단에 이르러 인간의 삶을 범주화, 계량화하고 또 이에 따라 단차원적으로 기능하는 한계를 넘어서고자 했다. 이 과정에서 그는 '다중심 공간poly-centric space'과 '쌍자 현상twin-phenomena'이라는 개념을 제시했다. 그 예가 바로 원형 구성에 구현된 이중성이다.

---

pp. 71-72.

49 영속하는 것이 건축물의 형태나 공간 그 자체인지 아니면 유형인지 하는 부분에는 다소 애매한 점이 있다. 로시의 유형론에 숨어 있는 이 애매한 점에 관해서는 다음을 참조.
David Leatherbarrow, *The Roots of Architectural Invention: Site, Enclosure, Materials*, pp. 71-72.

도 4.9 원형 건물의 사례인 콜로세움, 로마, 이탈리아

도 4.10 원형 극장을 변형한 사례, 루카, 이탈리아

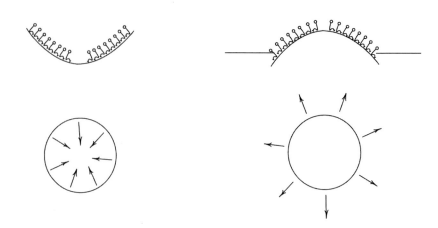

도 4.11 알도 반 아이크, 원의 이중성을 나타낸 다이어그램

도 4.12 알도 반 아이크, 원의 형태로 모여 춤을 추는 도곤족

원형 구성의 독특함은 테두리의 이중적 지향성에서 나온다. 원형은 한편으로 시선을 내부로 모아주어 공동의 중심을 향하게 하고, 또 한편으로 시선을 밖으로 돌려 먼 지평선을 바라보게 한다. 중심성과 주변성이 공존하는 것이다.(도 4.11) 그의 개념은 중심이나 주변의 지평선 중 하나를 우위에 두고 선별하는 위계적 접근이 아니고 두 대립적 방향의 균형 잡힌 공존이었다. 로시의 주장대로 이 원의 형상은 지적인 탐구로 도출된 것이 아니라 삶속에 뿌리를 두고 있었다.

반 아이크는 북아프리카의 말리 남동부와 부르키나파소의 절벽에 거주하는 도곤족이 원의 형상으로 춤추는 모습을 관찰했다.(도 4.12) 이들이 원의 패턴으로 춤추는 것은 기하학적 원을 떠올리며 그에 맞추고자 한 결과가 아니다. 그보다는 춤을 추다 보니 자연스레 만들어진 것이다. 구성원 중 누구도 앞이나 뒤에 서지 않는 민주주의적 이상을 구현하고, 개인성과 집단성의 공존, 평등과 리더십의 공존을 실현하는 데에 원은 적격이다. 이렇듯 원은 기하학적 형상이기 이전에 삶의 형상이다. 수학적으로 정밀하게 구축된 조금도 찌그러지지 않은 원은 삶의 현장에서 만들어진 원을 후에 추상화한 것이다. 이 기하학적 원 또한 의의가 있다. 춤을 추다 보면 일부는 튀어나오고 일부는 들어가며 때로 뒤죽박죽이 되어버리기도 한다. 또 일부러 정형성을 흐트러뜨리기도 한다. 튀어나옴, 들어감, 찌그러짐, 흐트러짐의 상태가 드러나고 의미를 갖는 것은 바로 기준점으로 작동하는 기하학적 원이라는 개념이 있기 때문이다. 즉 추상화 과정을 통해 만들어진 기하학적 원은 이상적 인간관계의 이미지이자 표상이다.

중심과 주변 간의 양극성이 작동하는 이 원호는 반 아이크가 표현한 '중간성'을 보여준다. 그의 건축에서 중간성은 앞에서 논의한 대립항의 변증법이 성립되는 지점에서 구현된다. 이런 류의 변증법은 와츠지를 비롯한 동아시아 사상가들의 철학에서 볼 수 있는 고유한 특징이다. 공명하는 대립항들의 변증법처럼 중간성의 영역 역시 상호 간의 차이를 무효화하지 않는다. 정, 반, 합의 시퀀스처럼 차이를 합쳐서 또 다른 하나의 실체로 고형화시키지 않는다. 대신에 대립항들의 상호공존-내부 지향과 외부 지향, 중심성과 주변성, 보호와 개방, 공공성과 프라이버시, 경계와 초월-을 유지하고 지탱한다. 또 하나의 실체로 굳어버리는 형식적 종합을 추구하는 대신 양자 간의 대립적 긴장과 공존을 유지할 때, "한쪽으로 치우치지 않는 중간에서 서로 다른 가치를 '동시에' 인식"할 수 있게 된다.[50]

반 아이크는 이런 의미에서 "중간성의 장소는 갈등하는 양극성을 불러모아 중재하고, 쌍자현상으로 승화시키는 공통의 기반을 제공한다"고 말했다.[51] 그의 작업과 이론에서 중간성의 영역에 공존하는 모든 쌍들은 각기 정도는 다르지만 공동체와 탈공동체 사이의 긴장을 담아낸다. 즉 공동체 안에 머물고자 하는 개인과, 공동체를 떠나 지평선 너머로 이동해 새로운 인간관계를 탐험하고자 하는 자유로운 개인 간의 대립을 표현한다. 바로 이런 맥락에서 반 아이크는 1959년 네덜란드 오텔로에서 열린 근대건축국제회의 Congrès Internationaux d'Architecture Moderne에서 '오텔로 서클The Otterlo Circle'을 발표하며, 건축과 도시 설계의 과제는 '개인과 모든 이를 위한' 그리고 '개인과 사회'를 위한 디자인을 하는 데 있다고 주장했다. 이런 면에서 좋은 건축은 하나의 가치를 강요하는 대신-예를 들어, 집단성보다 개인성을, 중심성보다 주변성을 내세우지 않고-대립하는 가치가 공존할 수 있는 장을 펼친다.

지속가능성의 관점에서 유형이 논의는 우리에게 중요한 교훈을 준다. 어떤 건물이 세월의 시련을 견디고 살아남는다면, 그 건물이 삶의 양상과 이상의 표현에 참여하여 유형론적인 성공을 거뒀기 때문이다. 그런 건물은 하나의 형태로서가 아니라 다양한 상황과 프로그램을 수용할 수 있는 가능성으로서 존재한다. 건물이 인간의 생애주기를 넘어서 지속되는 이유는 삶의 전형적인 상황을 담아내고 공동의 염원을 이상적으로 표현하는 데 참여했기 때문이다. 유형학의 관점에서 볼 때, 건물의 지속가능성은 오래된 건물의

50 Aldo van Eyck, *Aldo van Eyck's Works,* compilation by Vincent Ligtelijn, trans. into English by Gregory Ball, Basel; Boston; Berlin: Birkhäuser, 1999, p. 89.
51 Aldo van Eyck, *Aldo van Eyck's Works*, p.89.

재료와 공간의 재활용 같은 실용적인 문제에 국한되지 않는다. '개인의 자유와 공동체 사이의 균형', 즉 삶의 양상과 이상을 표현한다. 그러한 이유로 시간의 경과에 따라 성공적으로 다른 프로그램을 담아내는 수용성을 가지게 된다. 수천 년의 역사를 통해 축적되고 공유되는 삶의 전형성과 그 이상을 구체화하는 인공 축조물은 특별한 방식으로 지속가능성에 기여한다. 물론 원형의 콜로세움이 중세의 도시로 바뀌거나 시장으로 바뀌었을 때 재료, 공간, 토지 등이 모두 절약되는 것은 맞다. 하지만 이 과정에서 유지되는 것은 경제적 차원을 넘어선다. 콜로세움, 중세 도시, 시장을 관통하는 유형, 즉 삶의 전형성과 그 이상이 계속 유지되고 지켜지는 것이다. 유형을 구현하는 인공의 축조물이 기여하는 것은 바로 인간이란 무엇인가, 즉 인류 자체의 지속가능성이다.

결론

결론

환경문제에 대응하고자 하는 노력의 일환으로 우리는 새로운 에너지원, 특히 태양광, 바람, 빗물 같은 재생 가능한 요소들에 주목하고 있다. 산업혁명이 시작된 18세기까지만 해도 지구는 풍부한 자원의 저장고로 인식되었기 때문에 이런 에너지원에 특별히 주의를 기울일 필요가 없었다. 게다가 빛, 바람, 빗물 등은 항상 고정된 형태가 없고 유동적이기 때문에 일정한 틀에 넣어 조작하기 어려운 대상이기도 했다. 하지만 환경 재앙의 파고가 뚜렷해지자 상황이 바뀌었다. 화석연료와는 달리 오염물을 양산하지 않으면서도 에너지를 생산할 수 있다는 사실 때문에 이런 요소들에 주목하게 된 것이다. 빛, 바람, 빗물 등을 부작용이 없는 이상적인 에너지원으로 간주하는 이런 태도는 절체절명의 위기 앞에 선 인간의 자기 보존이라는 관점에서 자연스레 정당화될 수 있을 것이다. 그러나 이는 여전히 자연을 재료와 자원의 저장고로 여기는 태도와 진배없는 것 아닐까? '지속가능성'의 의미를 이렇게 투박하게 바라보는 관점을 극복하기 위해서는 에너지 부족 그 자체가 문제의 핵심이 아님을 이해할 필요가 있다.

현재의 위기 앞에서 던져야 할 근본적인 질문은 우리가 환경과 관계를 맺어왔던 방식이다. 무한대의 성장, 생산, 축적, 소비의 쉼 없는 사이클, 물적 풍요를 향한 부단한 전진! 제멋대로 착복할 수 있는 자원의 저장고 정도로 세계를 이해하는 패권적인 태도는 부지불식간 보편화되었다. 자연 요소에서 에너지를 짜내는 기술도 개발해야 하지만 우리 자신과 자연의 관계에 대한 보다 근본적인 탐색이 이루어져야 한다. 과학이 제공하는 다량의 데이터를 손에 쥐고 있으면 자연이 무엇이고, 인간의 삶과 이상에는 어떤 의미를 띠는지를 알 수 있다고 가정하는 오류에서 벗어나야 한다. 자연을 '풍토'로 바꾸어 이해하고 인간의 삶과 풍토 사이의 관계를 파고들었던 와츠지 테츠로의 환경철학이 의의를 갖는 것은 바로 이런 맥락에서이다.

와츠지의 풍토론과 전통적인 기후학은 다음 세 가지 측면에서 구별된다. 첫째, 풍토는 주관성의 은유라는 점. 둘째, 풍토는 대립항 사이에 상보적 균형을 이루는 변증법을 통해 공동체와 그 구성원 사이의 윤리적 관계가 정립되는 매개라는 점. 셋째, 특정 공동체의 자폐성을 뛰어넘어 '사이'와 타자의 영역으로 이동하는 간풍토성 차원의 의미가 담겨 있다는 점이다. 첫 번째 측면과 관련하여, 풍토를 주관성의 은유로 해석한 와츠지의 견해는 전통 기후학의 입장과 대비된다. 전통 기후학에서는 자연 현상이 인간의 삶에 어떤 영향을 미치는지에 관심을 기울인다. 따라서 전통 기후학은 자연의 힘과 그에 대한 인간의 반응이라는 물리적 메커니즘에 기초를 둔다. 결국 기후학은 자연과학의 한 분야로 이해되었던 것이다.

반면 와츠지의 기후학은 인간 성정과 자연 요소들이 어떻게 서로 파고들며 맞물려 있는가를 탐구한다. 특히 인간 성정이 자연 요소의 다채로운 양상 안에 어떻게 투영되어 있는가를 살피고자 했다. 와츠지의 기후학은 순수한 자연, 개념상의 자연 자체를 추구하는 것이 아니라, 자연이 일상의 삶에서 구체적으로 '어떻게 나타나는지'에 관심을 둔다. 사람의 삶과 자연, 이 양자 사이의 맞물림을 본다. 풍토는 상황이라는 맥락 속에서 자연 현상이 어떻게 경험되는지를 고려하며, 자연을 '자연 그 자체'로 떼어놓고 보는 형이상학적 개념을 거부한다. '나'가 누구이고 무엇인지, 그리고 '우리'가 누구이고 무엇인지와는 상관없는 '자연 그 자체'를 추구하다 보면 어느 순간 우리는 도구적 태도를 갖게 된다. 짜내고 착취하다 보니 지구 온난화와 같은 재앙과 필연적으로 대면하게 된다. 이런 문명의 폐해를 벗어나고자 할 때 등장하는 것이 바로 때 묻지 않은 '순수한 자연'이라는 신기루 같은 역설적 개념이다. 인간 중심의 사고에서 비롯된 '의미'는 모두 불순한 것이기에 오염되지 않은 자연 그 자체를 흠모하게 되고, 19세기 말~20세기 초에 유행했던 원시주의처럼 야생으로 유랑을 떠나는 것이다. 이 같은 원시주의의 기원은, 이성을 앞세워 자연을 규칙적으로 제어하고 재단하는 계몽주의에 맞서 18세기 말 폐허의 이미지를 사랑하던 낭만주의까지 거슬러 올라간다. 안타까운 점은 이처럼 헤게모니 쟁탈전을 벌이는 자연과 문명의 이원론 안에는 정작 문화의 자리가 보이지 않는다는 것이다. 자연을 대상으로 한 이성적 제어와 조작, 그 반대편에서 천연의 야생을 있는 그대로 누리려는 입장, 이 상반된 태도 사이에는 문화적 창작이 들어설 자리가 없다.

와츠지는 풍토론에서 자연 현상과 인간의 주관성이 엮여있음을 입증했다. 자연 현상은 외부에만 머무르지 않고 우리의 내부를 관통하고, 삶의 다양한 양상과 맞물림으로써 우리 자신을 다시 보게 한다. 사막에 끝없이 펼쳐진 모래는 사람의 마음에 들어와 황량함을 불어넣고, 인간존재의 '쓸쓸하고 황량하고 외로운' 단면을 보여주는 거울이 된다. 자연의 풍경인 광활한 모래밭과 마음의 모습인 황량함이 서로 화답한다. 이런 맥락에서 와츠지는 "기후의 특성이 인간의 주관적 존재의 특성"이라고 말했다.[1]

풍토는 결국 자기 발견의 매개자다. 그것은 "인간의 삶을 객관화하고 이를 통해 우리 자신을 이해하고 발견하는 계기"로 작동한다.[2] 몬순 지대의 독특한 풍경인 '눈 덮인 대나무' 또한 인간 성정의 한 양상을 비추어내는 거울이다. 이 풍경이 보여주는 열기와 한기 사이의 균형은 열정과 자제심 사이의 변증법저 균형을 보여준다. 꺼지지 않는 내년의 열정과 동시에 자제하는 외면적 차분함의 결합인 것이다. 설죽도雪竹圖의 풍경은-요즘은 온난화의 탓인지 예전처럼 그리 흔하지 않지만-이런 방식으로 동아시아인들이 추구하던 인간상의 한 이상을 표현하는 은유물로 작동한다.

와츠지의 풍토 이론에서 볼 수 있는 두 번째 특징은 다자 간 관계, 즉 윤리적 차원이다. 와츠지는 풍토의 편재성遍在性을 지적했다. '나'는 고립되어 있거나 영웅적으로 홀로 선 존재가 아니다. 나는 추위 같은 기후 현상의 한

---

1 Tetsuro Watsuji, *A Climate: A Philosophical Study*, trans. Geoffrey Bownas, Ministry of Education Printing Bureau, 1961, p. 16.
2 Tetsuro Watsuji, *A Climate: A Philosophical Study*, p. 14.

가운데에 존재한다. 추위의 한가운데에 실제로 존재하는 건 단지 '나'뿐 아니라 '우리'라는 사실이 중요하다. 각기 다른 개인들이 동일한 기운에 휩싸인다. 서로 다름에도 불구하고 마치 동일한 '나'인 것처럼 물든다. 동일한 '나'로 존재하기에 역설적으로 서로 간의 차이가 드러나는 것이다. 와츠지는 이 현상을 설명하기 위해 탈자적 존재脫自的存在ex-sistere, 즉 자기의 경계를 넘어 '나와서 바깥에 서 있는' 존재의 근본적 양태를 상기시켰다. 그리고 이를 통해 '~에 대해 생각하기thinking-of'라는 자기중심적인 지향성을 넘어설 수 있었다. '나'가 추위에 물드는 순간은, 내가 무언가를 투사하는 중심이 아니란 사실을 가리킨다. 오히려 내가 경계를 넘어서 추위 한복판에 서 있음을 가리킨다. 이미 거기에 존재하면서 '여기의 나'와 '거기의 나' 사이에 변증법적 구조가 탄생한다. 기운에 물들여진 순간에 '나', '너', '그'는 모두 각자의 경계를 넘어 '거기'로 넘어간 탈자적 존재이다. '여기'를 초월한 '거기'는 공동 주관성이 자리하고 있는 장소다.

　와츠지는 이런 식으로 공동 주관성이 성립되는 공간을 열었다. 거친 산 사면을 타고 불어내려와 내 마음을 추위로 가득 채우는 바람은, 실제로 '거기'로 초월한 우리 모두의 마음을 차갑게 물들여 '나'로 변모시킨다. 이 공동의 주관성을 기반으로 서로의 정체성이 차이를 드러낸다. 공동 주관성은 각기 다른 정체성, 각자의 역할에 어울리는 행동이 명확히 드러나는 토대인 것이다. 이때 우리는 단순히 관조하는 자아가 아니라 행위자이자 창조자이다. 풍토를 통해 우리는 창작하는 존재, 역동적이고 능동적인 자아로 드러나는 것이다. 누군가에게 덮어줄 옷을 찾게 되는 행위 속에서 부모와 자식 같은 다자 간 정체성이 구체적으로 표현된다. '인간'에서 '사이'를 뜻하는 간間 자는 대립항(남편/아내, 부모/자식, 형제/자매 등)의 상보적 결합을 의미하는 것으로, 나가르주나가 설파한 '상호의존적 발생(연기緣起)'의 논리를 확증한다. 이런 의미로 와츠지는 "독립적인 존재라는 개념과 이에서 비롯된 모든 흔적을 지워야 한다"고까지 말했다.[3]

3　William LaFleur, "Buddhist emptiness in the ethics and aesthetics of Watsuji Tetsuro,"

와츠지의 환경 철학이 가진 세 번째 특징은 간풍토성의 차원이다. 그가 몬순, 사막, 초원 같은 다양한 풍토와 각 풍토가 은유적으로 나타내는 인간 유형에 대해 논의했다는 것은 이미 자세히 설명했다. 어떤 사람은 풍토의 특징과 그와 관련된 인간의 유형을 또 다른 형태의 지역 결정론으로 볼지 모른다. 하지만 간풍토성의 관점에서 볼 때 이는 부당하다. 키오카 노부오에 따르면,[4] 풍토의 특징 그리고 그와 관련된 인간 유형에 대한 와츠지의 정의는 유비 관계를 이루기 때문이다.

몬순: 유순하고 인내심이 강함 = 사막: 대립적이고 완강함 = 초원: 합리적이고 규칙적임

이 유비적 공식은 하나의 의미가 다른 두 의미에 의존하는 관계이다. 한 사람이 그 자신이 속한 풍토의 성격을 알 수 있는 것은 다른 풍토와의 대면을 통해서이다. 따라서 이것은 결정론이 아니라, 차이에 끊임없이 열려 있는 개방성의 한 형식이다. 이 비례적 대응 관계는 다른 풍토들과 그 풍토들이 은유적으로 나타내는 인간성에 항상 열려 있다. 와츠지의 풍토에 대한 정의는 고정된 본질주의적 정의가 아니라, 유추와 대립적 상호 관계를 통한 역동적 정의이다. 위의 유비적 공식은 와츠지의 여행 경로와 일치하는 것으로, 한 풍토에서 다른 풍토로 이동하며 그 자신의 풍토와 다른 풍토를 동시에 발견하는 과정을 보여준다. 이 순간의 와츠지는 간풍토성의 주체로서, 중심에 있지도 않고 주변부에 있지도 않다. 이 일련의 움직임은 낯익은 것과 낯선 것을 함께 발견하기 위해 자기 자신을 익숙함으로부터 이탈시키는 위치 바꾸기이다. 앞서 논의했듯이 이렇게 내가 속한 풍토와 다른 풍토를 동시에 발견하는 것은, '나는 누구인가?'와 '타자는 누구인가?'를 동시에 발견하는 계기

Religious Studies, 14:2, June 1978, p. 245, 247; Tetsuro Watsuji, *Rinrigaku*, vol. 1, Tokyo: Iwanami shoten, 1963, p. 107(라플뢰르의 번역).

4   Nobuo Kioka, *Fudo no ronri: chiri tetsugaku eno michi*, Kyoto: Minerubashobo, 2011, pp. 312-320.

가 된다. 이 점은 누차 강조해도 지나치지 않을 것이다.

　다른 풍토를 대면한다는 것, 그리고 다른 풍토에 대해 열려 있다는 것은 대단히 중요한 의미를 지닌다. 풍토와 그 풍토가 반영하는 인간 유형들을 만날 때, 나는 단지 나 자신, 즉 내가 누구인가를 발견하고 타인이 누구인가를 발견하는 것이 아니다. 아직 알지 못하는 나 자신의 가능성을 타인을 통해서 발견하는 것이다. 단지 나는 누구인가를 아는 문제가 아니라 내가 어떤 사람이 '될 수 있는가'를 아는 가능성의 탐구이기도 하다. 이때 타자는 아직 밝혀지지 않은 '나의 잠재성'으로서의 타자이다. 이를 발견하는 순간은 주어진 풍토의 울타리와 그 공동체를 초월할 기회가 된다. 이때 비로소 풍토의 고립성을 넘어 자유로운 주체가 된다. 이 자타동시발견自他同時發見의 순간에, 타자를 나의 가능성으로 발견하는 순간에, 나는 패권주의적인 중심을 차지하는 나도 아니고 소외된 주변부에 방기된 나도 아니다. 사막 거주민의 대립성과 완강함은 몬순 거주민인 와츠지에게 '자신은 무엇인가?' 그리고 '인간이란 무엇인가?'에 대한 새로운 시야를 열어준다. 그에게 사막 거주민의 성정은 탐사되지 않은 자신의 잠재성으로 다가온다. 이 간풍토성의 주체는 다른 풍토들 그리고 그와 관련된 인간의 성정을 유비적으로 결합시킨다. 그뿐 아니라 공동체의 한계와 인간 성정의 여러 유형, 그와 관련된 삶의 유형들을 발견한다. 그리고 공동체성을 넘어, 타자와의 만남을 길들이거나 틀에 넣거나 조작할 수 없는 공공의 영역으로 나아간다. 이 과정에서 드러나는 바로 이 자유의 차원으로 인해 기후 윤리론은 기후 결정론이나 지역 결정론을 넘어선다.

　필자는 이 책에서 와츠지의 환경 철학이 갖는 건축적 의의를 밝히고자 세 가지 논의를 집중적으로 진행했다. 와츠지 자신이 논하기도 한 일본 토속 주거건축의 공간적 특징, 리처드 노이트라의 환경철학 그리고 현대건축의 지역주의와 초지역주의에 대한 담론이다. 필자가 가장 먼저 주목한 것은 일본 가옥의 공간적 특징에 대한 와츠지의 해석이 기후와 다자 간 윤리적 차원을 연계한 독특한 사례란 점이다. 일본의 1세대 건축가들은 전통 가옥의 공간 구성을 비판하고, 소음 차단, 기능 분리, 복도 도입 등 프라이버시를 담보하는 디자인을 실행했다. 반면에 와츠지는 일본 가옥의 공간성에 어떤 의미가 있는지 풍토와 윤리의 관점에서 밝혀냈다. 와츠지는 자각에 기초한 '평정平靜의 개방성'이란 개념으로 일본 토속 건축의 공간성을 설명했는데, 이 개방성은 모두의 내면을 파고드는 풍토 현상의 한복판에 선 탈자적 존재들이 각기 다른, 그러나 동일한 '나'로 결합될 때에만 가능하다. 일본 가옥의 개방성을 자기 발견, 즉 자각과 연결시키고 더 나아가 자각에 이른 구성원들의 공동체적 연대와 연결시키는 대목은 어떤 환경철학에서도 접하지 못한 통찰력을 보여준다.

와츠지의 관점은 일본 전통 가옥의 개방성을 기능적 유연성과 효율성, 공간미학의 관점으로만 해석하는 모더니즘의 견해에 일침을 가하며 현대 주거건축에 교훈을 던진다. 일본 가옥에서는 개인들이 하나가 되어 우리를 이루는 공동의 대응으로 혹서를 견딘다. 이런 와츠지의 설명은 개개의 독립된 방들이 복도로 연결된 배치를 통해 프라이버시를 확보하는 것을 금과옥조로 삼는 관행을 다시 생각해보게 한다. 와츠지의 환경철학을 통해 우리는 인간과 풍토의 관계를 재정립하고, 자각에 기초한 공동의 대응이야말로 지속가능성을 담보하는 패시브 건축의 토대임을 이해할 수 있다. 다자 간 윤리적 차원을 고려하지 않고는 패시브 건축의 효율성은 저하되고 제대로 작동할 수 없는 것이다. 다자 간 윤리적 차원을 어떻게 활성화할 것인가 고민하지 않는다면 우리가 입버릇처럼 되뇌는 '지속가능성'은 다양한 기술적 장치들에만 의존하는 도구적 접근에 매몰될 수밖에 없다. 물론 인류의 소멸을 목전에 둔 상황에서 재생에너지를 적극적으로 활용하며 환경문제를 해결하고자 노력하는 것을 무의미하다고 말할 수는 없다. 하지만 재생에너지를 확보한다 해도, 여전히 에어컨이 달린 단절된 방에서 홀로 거주하는 독립된 개인이란 인간존재의 중요한 계기인 풍토와의 교감을 상실한 개별자일 뿐이다. 따라서 자기이해가 싹트고, 타자를 발견하고, 그리고 서로 다른 나로 이어지는 공감과 연합의 인간관계가 구축되는 것은 여전히 요원한 것이다.

햇빛, 바람, 비와 같은 기후적 요인 그리고 구축의 전통 등 지역적 특성들을 세심하게 고려해야 한다고 줄기차게 되풀이하는 종래의 지역주의와 달리 노이트라의 주거 및 교육 시설은 풍토적 의미의 환경과 다자 간 연합 문제를 다룬다. 또 그의 건축은 전통 건축의 이미지를 선별하고 조작하고 짜맞추어서 사라진 것에 대한 향수를 표현하는 것과는 거리가 멀다. 노이트라의 관심은 이미지를 만들어내는 것이 아니라 풍토가 지닌 다양한 특질 사이에 새로운 관계를 조율해내는 데 있었다. 그는 눈에 보이지 않지만 느껴지는 풍토의 기운이라는 관점에서 캘리포니아 사막을 이해했고, 건축가로서 적극적인 개입을 통해 그 기운들의 균형을 잡아내고자 했다. 바람이 없으면 불은 저 혼자 타오르지 않는다. 하지만 사막에서 거침없이 불어오는 바람과 집 안의 불, 이 양자 사이의 직접적인 결합은 위험하다. 그래서 여기에 물을 끌여들였다. 그리고 코너의 창을 통해 측면에서 들어온 바람과 간접적으로 조우하도록 벽난로의 위치를 잡았다. 노이트라는 건물을 배치할 때 여러 변수들을 미리 확정하는 대신 다른 대립항이 추가될 수 있도록 항상 열어놓는 원칙을 취했다. 그가 보기에 불의 중요성은 불 자체에 있는 것이 아니라 바람과 물처럼 다른 기운과의 관계와 상황 속에서 정해진다. 눈 덮인 대나무의 풍경이 열대의 열기와 시베리아의 한기라는 대립항의 결합을 보여주듯이, 노이트라의 주거건축에는 바로 이 대립항의 변증법이 내밀하게 자리 잡고 있다. 불, 바람, 물의 균형 있는 조합에 기초한 노이트라의 건물 배치는 서로 대립하는 차이들이 상호의존하는 네트워크라 할 수 있다. 이 가상의 연결망은 문화적 창작의 본질을 암시한다. 이는 자연을 있는 그대로 유지해야 한다고 믿는 자연주의와도 다르고, 자연을 착취가능한 자원의 저장고로 도구화하는 태도와도 다르다. 노이트라의 입장은 이 양극단과 거리를 유지하면서 부족하거나 과한 기운 사이의 불균형을 조절해 균형점을 잡는 상보적 네트워크를 만들어낸다. 캘리포니아 사막은 열기와 건조함을 빚어내는 불의 기운이 넘쳐나지만, 거기엔 서늘함과 습기가 결여돼 있다. 노이트라는 동굴처럼 시원한 그늘을 만들고, 반사연못을 조성해서 열기와 건조함, 그리고 서늘함과 습함 사이에 폭넓은 스펙트럼을 가진 중용의 공간을 탄생시킨다.

노이트라의 작업을 문화적인 것으로 규정할 수 있는 또 다른 측면이 있다. 서로 다른 기운 사이의 균형을 맞추는 것은 진기하고 신비로운 미적 유희가 아니라, 거주자의 일상과 이상을 지원하고 고양하기 위한 것이다. 불과 바람, 불과 물의 만남은 난해한 형식적 유희가 아니라, 일상의 여러 양상을 적절하게 수용하려는 노력의 결과였다. 벽난로, 창문, 물빛이 어른거리는 연못 사이에 적절한 관계를 형성하고자 한 노이트라의 지속적인 노력에는 데이베드라는 가구와 같은 일상적 요소가 결부되어 있었다. 여러 기운들 사이의 균형을 회복하는 전략적 위치에 데이베드를 위치시킴으로써 누군가가 정박할 수 있는 길을 열었다. 노이트라에게 정박이란, 한 풍토의 지배적인 기운이 상반된 기운과 만나 국부적으로라도 균형을 이루어야 한다는 초지역적 관점에 기초를 둔 개념이다. 노이트라가 제시한 데이베드는 가족의 일상생활을 지탱하는 중요한 역할을 했다. 데이베드가 놓인 모퉁이는 그늘이 드리워져 산들바람이 불어오는 곳이자, 추위가 사막을 강타하는 밤에는 근거리에 배치한 벽난로를 통해 온기를 제공받을 수 있는 곳이었다. 노이트라가 차용한 정신분석학의 용어로 말하자면, 데이베드는 자궁에서 나온 뒤 잃어버린 온기의 기억을 붙잡고 우울함과 고독함을 달래는 곳이 아니라, 불, 바람, 물의 변증법적 앙상블 속에 자리를 잡고 온기를 함께 공유하는 '우리'의 플랫폼이었다. 노이트라는 출생 이후의 삶을 낙원의 상실이 아닌, 부모와 다른 가족 구성원들을 '마주하는' 다자 간 발견의 과정으로 보았다. 출생은 배 속의 태아를 감싸던 생물학적, 본능적 친밀성이 자궁 밖으로 확장되는 것이다. 그러므로 아이가 부모, 자녀, 친구, 스승, 연인 등 다양한 차원의 정치적, 사회적, 역사적 인간관계로 진입하도록 길을 터주는 사건이다.

　노이트라는 데이베드 주변에서 발생하는 소통의 성격을 묘사하기 위해 '감정이입'이란 용어를 사용했다. 하지만 필자는 노이트라가 진정 표현하려고 했던 것은 다른 차원의 소통이었다고 생각한다. 데이베드 주변에서 일어나는 소통은 감정이입 이론처럼 내가 중심이자 기점이 되어 타인에게 감정을 투사하는 것이 아니라, 같은 기운에 서로가 동시에 사로잡히는 것이다. 감정의 투사가 있기에 앞서 서로를 포섭하는 기운이 먼저 있는 것이다. 노이트라가 말했듯이, 그런 소통에서는 기운이 서로를 감싸 하나로, 즉 '우리'로 만들고, 마치 생명을 지닌 것처럼 서로의 내면을 관통하며 자유롭게 흘러

다닌다. 감정이입이 자기중심적 사유에서 벗어나지 못한 심리기제라면, 노이트라가 말한 소통은 주체의식이 형성되기 이전, 내면 깊은 곳에서 작동하는 즉각적 소통이다. 감정이입은 이 깊은 차원의 소통을 나중에 어렴풋이 인식한 후, 추상화하여 주체의 관점에서 설명해보려는 시도에 불과하다. 노이트라가 이처럼 다른 종류의 소통을 지향했음에도 불구하고, 그는 여전히 서구의 지적 전통 위에 서 있었기 때문에 부득이하게 감정이입이라는 용어를 사용할 수밖에 없었을 것이라는 점은 앞에서 밝힌 바 있다. 서구 인식론의 전통에서는 주체, 즉 '나'를 조금도 의심할 수 없는 선재적이고 선험적인 범주로 본다. 이런 이유로 노이트라의 소통을 설명하기엔 오히려 와츠지의 이론이 더 적절하다. 와츠지가 제시한 존재의 탈자성脫自性ex-sistere을 기반으로 한 소통 이론에서 '나'는 감정 투사의 중심이나 기점으로 존재하지 않는다. 그보다 대기의 기운에 흠뻑 젖은 거기의 '나'는 '거기'에 함께 있는 '너,' '그' 등과 함께 공동의 주관성을 형성하고, 이 기반 위에서 각기 다름이 드러난다. 이런 류의 동일성과 차이를 엮어내는 소통을 통해 무감동, 무관심, 낯섦 등이 극복되고 나아가서는 대화, 제스처, 행위 등 창작의 장이 열리며, 서로 다름을 토대로 연합하는 공동의 대응이 탄생한다.

마지막으로 와츠지의 풍토는 지역주의, 더 나아가 지역주의에 반대하는 비판론에 중요한 교훈을 던진다. 풍토 현상에 대한 반응과 다자 간 윤리적 차원이 연결되어 있음을 분명히 밝힌 와츠지의 논의는 지역주의적 담론의 한계를 극복한다. 와츠지의 철학에서 서로 다른 '나'들과 함께 풍토의 한가운데 서 있는 '나'의 개념은 풍토를 다자 사이를 이어주는 매개로 본다. 풍토를 통한 자기 이해, 즉 자각은 나의 내면으로 파고드는 자폐적 방향이 아니라 바깥을 향한 연합의 방향으로 완성된다. 와츠지가 "우리가 맨 처음 자연의 폭압으로부터 우리 자신을 보호하고자 공동 대처에 몰두하게 되는 것은 폭압적인 자연과 이미 관계를 맺은 상태에서다."[5]라고 언급한 것은 바로 이런 이유 때문이다. 각기 다른 '나'들이 결합함으로써 이뤄지는 창조는 문

5　Tetsuro Watsuji, *A Climate: A Philosophical Study*, p. 6.

화의 토대이다. 문화란 자연에 대한 공동의 대처가 유구한 시간 동안 축적된 것이다. 다른 말로 하면 공동의 자각이 일궈낸 역사적 결정체인 것이다. 일본인들이 덥고 습한 풍토에 맞서 구축해 낸 평정한 개방성은 다자 간 관계망을 통해 공동의 대응을 전개한 가장 극적인 예 중의 하나이다. 이런 방식으로 와츠지의 이론은 기후에 대한 감각과 다자 간 인간관계 사이의 얽힘을 밝힘으로써 케네스 프램턴이 제시한 비판적 지역주의 이론을 보완한다. 감각적인 것과 다자 간 인간관계를 이렇게 연결 지을 때 지역주의는 감각 숭배, 이를테면 촉감 자체를 강조하는 소재 중심의 탐미주의에 매몰되지 않는다. 눈앞에 있는 대상을 바라보며 찬미하는 듯한 방식으로 이루어지는 촉각적 체험 자체가 목적이 될 수 없는 이유는, 구체적인 일상에서는 촉감이 대부분 측면, 배면, 하부를 통해 느껴지기 때문이다. 이는 촉각적 체험이 중요하지 않다는 뜻이 아니다. 오히려 그 반대이다. 촉각이 배후에서 지원해주는 덕분에, 우리는 전면에 놓여 관심을 끄는 대상-또는 어떤 주어진 작업-에 집중할 수 있는 것이다.

또한 와츠지의 풍토 이론이 앨런 콜퀸훈의 지역주의 비판을 수정할 수 있는 단초를 제공한다는 측면에서도 주목할 가치가 있다. 콜퀸훈은 공동체의 보수적 측면이 극단적으로 발전하면 인종적 순수성과 같은 이데올로기를 신봉할 수 있음을 지적하였다. 이 경우에 지역주의는 공동체와 그 문화의 고유성을 지지하고 심지어 다른 공동체에 대한 우월성을 주장하는 행태를 보인다. 그런 지역주의에서 정체성 개념은 콜퀸훈이 규정한 이른바 본질주의 모델의 특징을 띤다. 또한 기후를 지역주의 건축을 형성하는 주된 요소로 보는 관점도 때로는 이 본질주의 모델에서 자유롭지 못하다. 물론 건축은 기후의 특성을 세심하게 다루어 지역 정체성을 반영해야 한다는 주장에 어느 누구도 이견을 제기하지는 않을 것이다. 하지만 이런 주장은 문화 코드와 지역 간에 경직되고 고정된 관계를 설정하곤 한다. '지역성'이라는 말의 의미를 형태와 구축적 특징의 차원에서 파악한 후 이미지로 재현하는 경우도 있다. 따라서 콜퀸훈이 보기에, 지역과의 결속력을 잃은 코드들이 공허하게 떠돌아다니는 탈공업화 시대에, 지역주의에 관해 논의하는 일은 부적절하고 시대에 뒤처진 것일 수 있다.

콜퀴훈의 비판과는 다른 각도이지만, 와츠지의 풍토 이론에 함축된 정체성 개념 역시 본질주의에 대한 비판을 담고 있다. 와츠지의 경우 자신이 속한 풍토와 그 지역의 정체성을 인식하는 일은 자신의 풍토 바깥으로 나가서면서 발생한 사건이었다. 와츠지의 사유는 지역 개념을 유지하면서도 지역과 지역의 사이에 관한 전망을 열어주고, 상호 간 차이의 공존을 통한 정체성의 형성이라는 변증법적 시야 또한 열어준다. 와츠지 역시 다른 풍토 및 문화와의 비교를 통해 자신의 풍토와 문화가 어떤 것인지 밝힐 수 있었다. 즉 그가 발견한 것은 통합적이고 체계적인 내적 정체성이나 고유성을 가진 일본문화가 아니었다. 자신의 풍토와 문화의 정체성은 생성적인 것으로, 그것은 다른 풍토와 문화와의 관계 속에서만 드러나는 것이었다. 이처럼 와츠지의 환경철학은 특정한 풍토의 내적 특성을 부각하는 철학이 아니라, 풍토와 풍토의 관계를 이야기하는 철학인 것이다. 이 논리에서 특정 풍토의 독특함은 그 자체에 내재한 것이 아니라 다른 것과의 관계 속에 있다. 정체성은 내적으로 확증되는 것이 아니라, 바깥에 존재하는 대립항과의 '상호의존적 발생(연기緣起)'이라는 원리를 통해 형성된다는 결론이 도출된다.

와츠지는 지역 개념을 폐기하지 않았다. 오히려 풍토와 인간, 인간관계, 문화 사이의 관계를 재고찰하고, 다른 지역과의 상호연합 및 차이 속에서 지역의 개념을 갱신하고자 했다. 이런 와츠지의 접근방식은 콜퀴훈이 주장한 지역주의에 대한 비판을 일부 인정하면서도 다른 방향으로 논의를 전개할 수 있는 길을 열어준다. 특히 콜퀴훈의 비판, 즉 코드가 지역과의 결속력을 잃고 떠돌아다니기 때문에 지역을 논하는 것은 철 지난 이야기라는 주장을 다시 한번 살펴보도록 한다. 와츠지의 주장은 1930년대 중후반에 전개된 것이고 콜퀴훈의 주장은 1990년대 이후 현재에 이르는 상황을 이야기하는 것이라고 해도 여전히 와츠지의 이야기는 새로운 시점을 열어준다. 그 중요한 증거가 건축 현장에서 바로 오늘날 일어나고 있는 초지역적 코드와 풍토성 사이의 결합을 통해 코드의 효력을 갱신한 사례이다. 안도 다다오가 설계한 「빛의 교회」에 새겨진 십자가가 좋은 예다. 습도가 높아 대기가 흐린

몬순 지역의 풍광 속에서 빛의 효과를 만들어낸다는 것은 항상 어려운 문제다. 명암의 차이가 명료한 지중해와는 상황이 다르기 때문이다. 와츠지가 이야기한 것처럼 높은 습도로 인해 밝음과 어둠 사이에 다양하고 미묘한 중간 단계들이 끼어들어 명료한 대비감이 상대적으로 덜하다. 안도는 이런 지역의 풍토적 조건을 이해하고 받아들이면서도 극복한다. 그는 남쪽의 전면 벽을 십자가 형태로 도려내 직사광이 들게 하고 교회의 나머지 부분을 지극히 어둡게 만들었다. 또한 내부 벽의 콘크리트 표면을 윤이 나게 닦아 빛의 반사효과를 최대한 높였다. 이러한 조치를 통해 몬순의 풍토에서는 보기 드문 결과를 만들어냈다. 어둠을 밝히는 낭랑한 빛의 십자가를 등장시킨 것이다. 안도의 접근법은 도쿄 「세인트메리 대성당聖マリア大聖堂」(1964)의 천장에 있는 단계 겐조丹下健三(1913-2005)의 십자가와 극명한 대조를 이룬다. 천정에 놓인 십자가를 통해 들어오는 빛은 존재감이 지극히 미미하다. 하지만 「빛의 교회」의 경우는 다르다. 특히 습기가 걷히고 대기가 바싹 마르는 겨울 날이면-이런 때는 마치 그리스의 대기처럼 맑고 투명하다-안도의 십자가와 빛은 더욱 존재감을 드러낸다. 단열재 없이 콘크리트로만 지어진 실내 공간의 차가움 때문에 신도들은 여전히 추위를 느끼고, 이 추위로 인해 십자가를 통해 들어오는 빛의 온기는 더욱 따스하다. 이 십자가는 아무런 생명력도 없이 지역에 뿌리를 내리지 못하고 정처없이 부유하는 기표와는 질적으로 다르다. 코드의 효능을 되살리고 갱신할 수 있는 가능성을 보여준다. 핵심은 보편적 문화코드인 십자가와 풍토성을 결합하여, 그 감각적 기초를 회복시키는 것이다. 이것은 십자가의 신체성을 회복시키는 것이라고 보아도 무방하다. 지적으로 해독되는 기표가 아니라 찬란함과 따뜻함이라는 기운으로 먼저 다가오기 때문이다. 신체적 존재-추위에 물든 신자를 말한다-의 속으로 거침없이 파고 들어가는 신체적 효력을 회복한 것이다.

이렇게 빛의 십자가가 효과적으로 존재하는 데에는 대립항의 변증법이 결정적으로 작용한다. 어둠과 빛이 서로 결합하고, 추위와 온기가 서로 결합한다. 어둠과 추위에 감싸인 신자들이 십자가의 빛과 온기에 본능적으로 끌린다. 대립항들이 상호의존하는 이 네트워크 속에서 각 요소의 의미는 가정적假定的이다. 즉 어떤 특정 의미로 고정되어 있지 않고 열려 있으며, 때로는 다의적이기도 하다. 요소들이 서로의 정체성을 보증하고 확인하고 강화하기 위해 서로 대립하는 이 변증법(A = not A)은 진부한 지각경험을 제공하는 형식 논리(A = A)와는 다르다. 이런 변증법은 지속가능성의 관건이 자원 절약이라는 문명적 관점으로만 접근할 사안이 아니라는 점을 시사한다. 삶의 양상을 이해하고, 그 작동을 지원하는 요소들 사이의 적절한 관계를 설정하는 것 또한 중요하기 때문이다. 예를 하나 들어보자. 교회와 카페테리아는 다르다. 교회의 혁신을 위해 카페테리아처럼 디자인하는 것은 가능한 아이디어일 수 있다. 하지만 두 시설의 성격을 이해하지 못하고 일률적으로 인공조명을 덜 쓰기 위해 자연광을 받아들이라거나 반대로 단열을 위해 벽체의 두께를 늘리라는 요구는 무리다. 안도의 교회는 자연광을 너무 인색하게 받아들이고 단열재를 빼트려 겨울에 난방비를 과부담하게 하는 건물이니 지속가능성의 실패 사례일까? 어두움은 빛을 더 빛나게 하였고 추위는 빛이 뿜어내는 온기를 더 따듯하게 만들었다. 지성적 접근을 강조하는 일본 기독교의 역사 또한 무시할 수 없다. 추위는 정신을 바짝 차려 명증한 이성을 유지하려는 의지를 반영하고 있는 것이다. 물론 아무리 노력해도 아가페를 이성적으로 이해하긴 어렵지만 말이다. 요지는 어둡고 추운 상황이 때로는 더 적절하다는 것이다. 즉 삶의 다양한 양상과 패턴을 읽고 각 시설마다 '적절함'에 대한 답을 찾아나가는 것, 여기에 진정한 지속가능성의 답이 있는 것이다.

간풍토성의 차원에 대한 와츠지의 논의는 또한 삶의 초지역적 양상과 지역적 특수성 사이의 변증법적 관계를 논의할 수 있는 공간을 열어준다. 와츠지는 인간과 자연의 관계로부터 인간과 인간의 관계, 즉 다자 간 관계를 고찰하는 윤리의 문제로 과감하게 논점을 옮긴다. 이는 그가 풍토와 지역을 뛰어넘는 초지역적 차원의 중요성을 논의하게 되는 시발점이다. 왜냐면 바로 이 다자 간 관계라는 윤리적 지평에서 이상적인 인간관계의 유형이 등장하고, 풍토적 조건을 바탕으로 각 유형의 특수한 표현이 전개되기 때문이다. 각기 다른 풍토와 그 고유한 특성들을 넘어 동일한 인간관계의 이상을 추구하는 윤리적 지향성은 풍토와 지역의 경계를 넘어선다. 각종 인간관계가 추구하는 사랑, 희생, 평등, 정의와 같은 이상은 경계를 넘어 모든 곳에서 발견되는 삶의 이상이다. 크레타부터 현대에 이르기까지 유구한 시간 동안 견지되어온 역사적 연속성 속에서 광장이나 중정의 역할을 분석하고, 이를 북유럽에 위치한 시청사 건물에 도입한 알바 알토의 예는 이를 반증한다. 특히 그가 시에나에 주목한 것은 중세의 폴리스로서 시민집단지도체제를 정착시키고 캄포 광장과 시청사 등 새로운 정치체제를 지원하는 도시공간구조를 신속하게 구축하였다는 점 때문이다. 교회와 족벌 가문 중심의 권력구도를 종식시키고 독재가 아니라 협치, 독백이 아니라 다자 간 대화에 의한 정치제도를 실천하려 한 시에나의 이상에 공감하였기 때문이다. 그는 지역주의가 내세우는 본질주의적 정체성에 매이지 않았다. 지역을 초월하여 공유되는 삶의 전형성과 이상에 대한 전망을 갖고 있었고, 이 전형성과 이상이 풍토 등 지역적 조건을 통한 시험을 거쳐 다시 표현되고 확증된다는 것을 이해했던 것이다.

알도 로시의 유형 개념은 다른 각도에서 초지역적 차원을 다룬다. 그의 유형론은 기능에 따라 건물을 분류하는 식의 일반적인 유형 개념과 다르다. 그의 유형 개념이, 보편자의 관점으로는 온전히 규명할 수 없는 개체의 개별성을 무시하는 추상적인 공통분모에 불과할 뿐이라는 혹자의 비난 또한 잘못된 것이다. 로시가 말하는 유형은 특별한 형태가 나온 뒤에 그것을 논리적으로 환원하여 추상화한 결과가 아니라, 각기 다른 형태와 표현이 출현할 수 있는 공통의 기반이다. 이 유형은 형태 이전의 영역인 삶의 전형성에 기반을 둔 것으로, 평등과 권위, 개인성과 공동성, 출생과 죽음, 유한성과 무한성, 일시성과 영원성 같은 인간의 이중적이고 영속적인 조건을 다룬다. 유형은 이런 식으로 지역을 초월할 뿐 아니라 시간까지 초월한다. 유형은 특정한 형태들의 의미를 읽어내는 맥락 또는 배경이자, 각 형태의 독특함을 서로 견주어볼 수 있게 해주는 장소적 성격을 갖는다. 이 같은 맥락에서 유형은 어느 한 개인이 발명할 수 있는 것이 아니다. 그것은 미리 주어진 것으로, 발견의 대상이다.[6] 선반 위에 쌓인 먼지를 조심스레 털며 소중한 보석을 찾듯, 희미한 기억을 더듬고 익숙함Zuhandenheit 자체를 무기로 삼아 자기를 드러내지 않는 삶의 전형성을 발굴해 나가야 하는 것이다. 하지만 디자인은 다르다. 유형을 구체화하는 디자인은 발명의 대상이다. 특별하고 참신해야 한다. 새로운 해석이 번뜩여야 한다. 이 새로움을 보장하는 것이 바로 주어진 풍토를 포함한 지역적 조건이다. 조건은 창의성을 제약하는 굴레가 아니다. 자유라고 하면 흔히 아무런 조건이 없는 상황을 떠올린다. 이탈의 자유이다. 이것과 대비되는 것이 조건 안의 자유이다. 주어진 조건을 받아들이기에 일견 진부해 보이지만 진부함을 극복하고 일상 속에 숨은 비일상적인 신비로움을 일구어낸다. 이 자유는 이탈의 자유보다 열등한 것이 아니다. 오히려 이리저리 짜맞추어 볼 수 있는 변수와 움직일 수 있는 범위를 설정해주기에, 자의성의 미로에서 벗어나 어딘가에 뿌리를 내리는 창의적 작업을 가능케 한다. 바꾸어 말하면, 지역의 풍토와 그 구체적 특성은 단순히 유형을 실현하는 과정에서 극복해야 할 장애물이 아니라, 특정 지역을 넘어 존재하는 삶의 전형성을 시험하고 재확인하는 매개자인 것이다.

유형 개념은 지속가능성의 관점에서 인공 축조물의 의미를 새롭게 한다. 어떤 건축물은 애초에 의도하지 않았던 새로운 프로그램을 성공적으로 수용하곤 한다. 이런 과정을 통해 기념비적 건축물로서의 위상이 확보된다. 로시는 이런 성공적인 전용이 이루어지는 이유를 유형학적 동질성에서 찾으며, 이를 프로그램에 선행하는 범주라고 본다. 초기 교회 건축에 도입된 로마의 시민 법정인 바실리카가 대표적인 예다. 프로그램상의 차이에도 불구하고 바실리카와 성당은 중심축을 따라 진행되며, 그 축의 끝에는 높은 연단이 있다는 공통의 기반을 갖고 있다. 다른 각도에서 보면, 바실리카가 교회로 기능할 수 있는 이유는 두 건물이 모두 권위, 경배 그리고 찬양을 구현하고자 했기 때문이다. 원형 건축물이 수천 년 동안 살아남은 것도 유형론

---

6   David Leatherbarrow, *The Roots of Architectural Invention: Site, Enclosure, Materials*, Cambridge; New York: Cambridge University Press, 1993, p. 75.

의 예이다. 알도 반 아이크가 간명하게 표현했듯이, 원형 구성의 독특함은 공동의 중심을 향한 내향성과 먼 지평선을 향한 외향성의 균형과 공존에 있다. 또한 원형은 누구도 앞에 서거나 뒤에 서지 않는 평등의 가치를 구현한다. 원의 형상은 기하학적 원리를 통해 만들어진 결과이기 이전에 삶에서 자연스럽게 우러나온 형태이다. 민족, 사회, 시대를 막론하고, 모여서 놀이를 하다 보면 누가 정해준 것도 아닌데 우리는 원의 형상으로 춤을 춘다. 중심과 주변의 공존과 긴장 그리고 평등을 구현하는 이상적 형식인 원은 모여 살기를 실행하는 삶으로부터 자연스럽게 도출되는 것이다.

　필자는 이 책을 통해 와츠지의 풍토에 어떤 철학적 의미가 있는지 그리고 지속가능성과 관련하여 그의 철학이 건축에 어떤 메시지를 던지는지 탐구했다. 물론 와츠지의 철학에도 약점이 있으며 이 책 또한 그로부터 자유롭지 못하다. 와츠지는 공동체가 고립되거나 편협한 입장을 취하는 것에 대해선 충분히 논의를 전개하지 않았다. 역으로 공공의 차원으로 이동해야 하는 이유에 대해서도 충분한 주장을 전개하지 않았다. 아마 그 이유는 1930년대 이후 심화된 군국주의적인 정치환경 때문이었을 것이다. 와츠지뿐만 아니라 일본 근대철학의 대부 니시다를 비롯한 20세기 전반을 살아간 지식인이라면 직면할 수 밖에 없었던 상황이다. 와츠지는 또 서구화의 파고가 도심 곳곳을 파고들며 난잡하고 폭력적인 공사판을 양산해내던 시절에 주거와 도시에 관한 분석을 전개하였다. 한편에선 분주하고 떠들썩하고 혼란스러운 도시화가 이루어지고, 다른 한편에선 친밀하고 내밀하며 평정한 개방감으로 충만하던 주거공간이 공존하던 시기, 이 양자 간의 불균형이라는 관점으로 일본 근대화의 특성을 파악했다. 그는 무질서한 도시에서 오아시스 같은 해독제로 작동하는 주거공간의 내향성과 내밀함이 일본 주거의 특성으로써 계속해서 살아남을 것이라고 보았다. 공공의 영역과 가족 차원의 공동체성은 이런 식으로 상호 우호적이라기보다는 매우 배타적이고 적대적이었던 것이다. 이런 관계는 집의 소중함을 부각시키고 그 내밀함을 찬미하게 하였으나, 반대로 공공 공간의 발전에는 무관심하게 만들었다. 집 안의 정원은 지극정성으로 가꾸면서도, 새로운 도시계획을 통해 들어선 시민공원에는

잡초가 자라고 온갖 동물이 제멋대로 넘나들며 오물을 배설해도 관심을 두는 이가 없었다. 주거의 안內/うち과 바깥外/そと의 극명한 대조 속에, 한쪽이 번성하고 생기를 얻으면 다른 쪽은 피폐해지는 형국이었다. 이런 면에서 공공 영역의 발전에 관한 구체적 진술은 와츠지의 철학에서 찾아보기 어렵다. 특히 그가 '우리'라는 공동체의 유대감에 대해 아름다운 묘사와 설득력 있는 논지를 펼친 것을 감안하면 아쉬움이 남는다. 도시와 주거 사이의 이분법과 적대적 부조화를 극복하는 문제는 와츠지의 환경철학이 집중적으로 다루지 않은 문제 중 하나이다.

이런 한계에도 불구하고 와츠지의 환경철학이 갖는 중요성은 부인할 수 없다. 우리를 둘러싼 환경을 자연과학의 대상이 아닌 풍토의 개념으로 읽어내고, 또 풍토 안에 결부된 다자 간 관계의 윤리적 차원을 명증하게 밝혀냈기 때문이다. 작금의 지속가능성 논의를 떠올리면, 오염원을 양산하지 않는 재생에너지를 발굴하고 태양광 패널과 같은 각종 장치들로 에너지를 절약하려는 도구주의적 태도가 먼저 눈에 들어온다. 여기에는 순수 자연을 풍토로 바꾸어 바라보고, 또 그 풍토가 우리에게 무엇인지를 묻고자 하는 태도는 끼어들 여지가 없다. 동시에 일종의 원시주의로의 도피 또한 눈에 띈다. 앞서 살펴본 노이트라의 건축은 모더니즘의 상징인 백색 건축임에도 불구하고, 사막의 풍토를 이해하고 기운의 조율을 시도했다. 그의 건축은 단순히 백색의 순수한 오브제가 아니라, 풍토의 기운을 수용하면서 동시에 극복하는 고차원의 앙상블이었다. 작금의 상황은 이 같은 접근방식에 대한 진지한 고찰보다는 녹화된 건물의 이미지가 갖는 매력에 더 쉽게 쏠리는 것 같다. 나무나 풀로 뒤덮여 원시주의 냄새가 물씬 풍겨나는 건축이 지속가능하지 않다고 주장하는 것도 문제겠지만, 반대로 나무나 풀로 뒤덮이지 않은 백색 건축은 모두 다 지속가능하지 않다고 단정하는 것 역시 문제가 아닐까? 요즘 녹색건축을 표방한다는 이미지들을 보고 있으면 콜린 로우Colin Rowe(1920-1999)가 르 코르뷔지에의 도시계획안에서 엿보인다고 주장한 "오브제의 위기"라는 말이 새삼 떠오른다.[7] 도심 한복판을 다루는 계획인데도 건축물과 자연 사이에 묘한 긴장감이 감도는 것을 두고 한 말이었다. 공원을 차지한 것은 한참을 웃자란 나무와 이파리들이었고, 듬성듬성 선 고층빌딩들은 마치 정글 일부를 도려내 삽입한 것 같은 이미지를 연출했다. 크리스털처럼 빛나는 다면체 오브제를 강조하는 인공적 도시성과, 제어되지 않은 생명력이 꿈틀거리는 야생의 풍경을 동시에 실현하겠다는 꿈은 르 코르뷔지에의 비전에 내재된 갈등 구조를 보여준다.

건물이 사라질 정도로 외관을 식물류로 감싸는 제안들이 지속가능한 미래건축으로 주목을 끄는 시대인 만큼 로우가 지적한 '오브제의 위기'는 유효하다. 건물의 오브제적 존재감을 다시 회복시켜야 한다고 말하는 것이 결코 아니다. 아마도 오브제를 혐오하게 된 이면에는 켜켜이 쌓인 역사적 이유들이 존재할 것이다. 그보다는 그런 시도들이 사람들을 현혹하는 녹색 이미지로 전락하지 않기 위해서는 탄소 배출량 저감과 에너지 절약이라는 도구적 목표를 자연의 개념 자체, 풍토와 다자 간 관계, 풍토와 문화에 관한 일련의 탐구와 결합해야 한다는 것이다. 이런 노력이 수반되지 않으면 오브제의 위기는 다름 아닌 녹색 원시주의의 승리를 의미할 뿐이다. 와츠지의 철학은 이런 질문에 대한 본질적인 대안을 제공한다. 풍토에서 다자 간 차원으로, 다자 간 차원에서 풍토에 대한 대응으로 이어지는 앙방향 운동의 가상 멋진 예는 와츠지가 말한 일본 주거건축의 평정한 개방성일 것이다. 개인의 자각을 넘어 공동의 자각이 만들어내는 완벽한 개방감의 공간이다. 방과 방 사이의 칸막이를 열어젖히는 공동의 조율이 없다면 맞통풍은 일어나지 않는다. 맞통풍은 자연발생적으로 나타나는 것이 아니라 사람의 관계가 만들어내는 것이다. 풍토는 사람과 사람을 이어 공동의 대응에 나서도록 유도하며, 이 같은 대응이 바로 문화적 창조의 토대이다. 미니멀리즘이 전제로 하듯 모든 창작 활동이 자연을 파괴하는 것은 아니다. 나무 앞에서 천년을 기도한다 해도 그 나무가 반듯한 테이블로 자라진 않는다. 만년을 기도해도 마찬가

---

7   Colin Rowe and Fred Koetter, *Collage City*, Cambridge, MA: MIT Press, 1978, pp. 50–60, p.62.

지다. 자연은 우리에게 모든 것을 주지 않는다. 우리는 나무를 톱으로 자르고 다듬어 반반한 테이블로 만들고, 둘러앉아 무릎을 맞대고 테이블 위에 놓인 소량의 음식을 나누어 먹는다. 문명은 각자도생하는 파편화된 개인과 집단의 물질적 영위를 위해 파괴를 서슴지 않지만, 문화는 공동의 자각에 기초한 다자 간 관계를 지원하는 창작 활동으로 형성된다. 풍토론의 가장 높은 차원이라고 할 수 있는 다자 간 관계라는 윤리적 차원에 이르러 와츠지의 철학은 다시 한번 그 의의가 뚜렷해진다. 지역의 내적 완결성과 고유성에 집착하는 정체성 개념을 비판하고, 지역적 차원과 초지역적 차원 그리고 두 차원의 상호작용이라는 변증법적 공간을 열어주기 때문이다. 그는 지구촌 공동의 이상과 특정한 지역적 표현이라는 중층적 구도로 건축 창작에 접근할 수 있는 길을 열어준다. 초지역적으로 공유되는 이상을 표현하는 과정에서 풍토적 특성은 그 표현의 독특함을 만들어주는 결정적인 계기인 것이다.

와츠지의 풍토론은 지속가능성의 진정한 의미가 어디에 있는지를 보여준다. 그것은 자연과학적 대상으로 환경을 다루고, 천연자원과 에너지원을 확보하고, 에너지 생산과 절약을 위한 장치들을 개발하는 문제를 훨씬 넘어선다. 환경은 우리에게 무엇이고 '우리는 누구인가?'라는 질문을 되새겨본다. 환경은 풍토이고 풍토는 공동의 자각을 발생시키는 거울이라는 사실! 이를 다시 상기시키고 싶다. 풍토와 교감하는 순간, 감각에서 지각으로, 지각에서 자각으로, 자각에서 다시 공동의 자각으로 상승한다. 바로 이 공동의 자각이라는 단계에 이르러 우리는 서로 연합하고 함께 대응하며 무언가를 창조하는 문화의 영역에 도달한다. 지속가능성의 궁극적 목표는 생존의 연장뿐만 아니라 우리는 누구인가를 공동으로 자각하고 견지해 나가는 것 아닐까? 와츠지의 풍토 철학은 이에 대한 심오한 사유를 보여준다. 이것이 풍토론이 발표되고 75년이 지난 지금까지도 여전히 그의 사유가 특출한 환경철학으로서 위상을 갖는 이유이다.

감사의 말

필자가 와츠지 테츠로의 풍토론風土論에 관심을 갖게 된 것은 펜실베이니아대학교에서 박사과정을 밟던 때로 거슬러 올라간다. 교토 학파의 아버지 니시다 기타로의 현상학적 철학을 다룬 서적을 읽어나가다 종종 와츠지의 철학을 언급한 대목을 접하고 흥미를 갖기 시작했다. 그의 사유에 기후와 지속가능성을 재조명하는 통찰이 있다는 사실을 깨닫고 몇 년간 본격적인 탐구과정을 거쳐 드디어 이 책을 출판하게 되었다. 잠시 학생 시절을 되돌아보니 가장 먼저 감사해야 할 두 분이 떠오른다. 조셉 리크위트Joseph Rykwert와 데이빗 레더배로우David Leatherbarrow이다. 두 분은 박사과정 기간 내내 언변이 서툰 한국 유학생을 애정으로 품어주며 아낌없는 조언을 해주었고, 독립적인 학자로 성장하도록 기초를 닦아주었다. 당시 펜실베이니아대학교에서 일본학을 가르치던, E. 데일 손더스 석좌교수 윌리엄 라플뢰르William Lafleur에게도 감사드린다. 얼마 전에 작고하셨다는 소식을 멀리서 전해 듣고 수업을 통해 또 개인 면담을 통해 함께했던 순간들을 떠올려보았다. 와츠지 철학의 전문가로, 와츠지에 관한 소중한 글과 생각을 필자에게 전해주셨던 라플뢰르 교수에게 깊은 감사의 마음을 전한다. 수업 중에 와츠지의 철학을 소개해 준 카지 애시래프Kazi Ashraf 교수에게도 감사드린다. 또한 최근에 작고한 댈리버 베슬리Dalibor Versely 교수에게 감사드린다. 베슬리 교수와는 필라델피아, 런던, 교토, 예루살렘 등지에서 만나 와츠지의 환경 윤리를 비롯한 동아시아 사상에 관해 의견을 나눌 수 있었다. 펜실베이니아대학교를 방문하여 자신의 이론을 설명해준 케네스 프램턴Kenneth Frampton에게 감사드린다. 프램턴 교수와의 대화는 와츠지의 기후 개념과 다자 간 차원을 탐구하는 과정에서 자극제가 되었다. 또한 마이클 베네딕트Michael Benedikt 교수에게도 감사드린다. 그는 마르틴 부버Martin Buber의 사상에서 명확히 드러난 바 있는 다자 간 윤리에 관한 자신의 글을 너그러이 공유해 주었다. 서울에서 알베르토 페레즈-고메즈 Alberto Perez-Gomez 교수를 만날 수 있었던 것은 큰 행운이었다. 그는 와츠지의 현상학적 환경철학을 연구하는 필자에게 따뜻한 격려를 아끼지 않았다. 마지막으로 예일대학교에서 학업을 지도해주셨던 스승들에게 감사드린다. 특히 지금까지도 필자의 든든한 후원자 역할을 해주고 계신 페기 디머Peggy Deamer 교수와 프레드 쾨터Fred Koetter 교수에게 감사드린다.

필자는 연구성과를 중간중간 발표한 바 있다. 특히 와츠지의 철학을 해석하고 건축적 의의를 밝히는 글들을 아래의 저널에 발표했다.

- 「풍토: 기후와 지속가능성의 동아시아 개념」, 『건축Buildings』
- 「기후, 지속가능성, 윤리의 공간: 와츠지 테츠로의 문화기후학과 주거건축」, 『건축 이론 리뷰The Architectural Theory Review』(http://www.tandfonline.com)
- 「'우리'의 생태학과 주변 온기: 리처드 노이트라의 생태 건축」, 『계간 건축 연구Architectural Research Quarterly』
- 「니시다 기타로의 '공'의 철학과 그 건축적 의의」, 『건축 교육 저널 Journal of Architectural Education』
- 「무상無常: 전후 일본 건축의 폐허에 관한 이야기」, 『건축 이론 리뷰 The Architectural Theory Review』(http://www.tradfonline.com)

이 글들은 일부 편집을 거쳐 이 책에 다시 실렸다. 이들 저널의 편집 자들과 비평자들에게 감사드리며, 특히 우테 폴슈케Ute Poerschke, 줄리오 버뮤데즈Julio Bermudez, 톰 배리Tom Barrie, 리처드 웨스턴Richard Weston, 애덤 샤르Adam Sharr, 줄리엣 오저스Juliet Odgers, 게보크 하투니언Gevork Hartoonian, 애나 러보Anna Rubbo, 애드리언 스노드그라스Adrian Snodgrass에게 감사드린다. 방콕 실팩트론대학교에서 열린 「현대건축의 실제와 교육에서 이론의 위치」(2013), 파리 라빌레트 국립건축학교

ENSAPLV에서 열린 「풍경과 상상: 변화하는 세계에서 교육의 새로운 기준선을 향하여」(2013)등 다양한 국제 컨퍼런스를 통해서 연구성과를 공유하기도 하였다. 홍콩 중문대학교에서 열린 PEACE(Phenomenology for East Asian Circle, 동아시아권의 현상학)(2014), 파리 라빌레트 국립건축학교대학원 세미나(2014), 리츠메이칸대학교 비교문화현상학 연구소(2011), 교토 소재 이탈리아 동방학연구소ISEAS와 프랑스 극동국립학교EFEO(2010) 등 여러 학술단체나 학교에 초빙되어 연구 내용을 발표할 수 있었던 것 또한 행운이었다. 초빙 과정에서 많은 도움을 주신 다음 분들에게 감사드린다. 베노이트 자케트Benoit Jacquet, 토루 타니Toru Tani, 타카시 카쿠니Takashi Kakuni, 이남인, 제프 말파스Jeff Malpas, 필립 버클리Philip Buckley, 이종환, 마르크 부르디에Marc Bourdier, 얀 누사우메Yann Nussaume, 필리프 니스Philippe Nys, 캐서린 자하리아Catherine Zaharia, 톤카오 파닌 Tonkao Panin. 톤카오는 방콕에서 멋진 학회를 기획하였는데 레더배로우 교수, 나디르 라히지Nadir Lahiji 교수와 펜실베이니아대학교의 동료들을 볼 수 있는 소중한 기회가 되었다.

필자는 연구를 수행하는 과정에서 로스앤젤레스에 있는 리처드 영 도서관, 게티 센터, 칼 폴리 포모나 환경디자인대학의 스페셜 컬렉션 아카이브, 그리고 펜실베이니아대학교 건축 아카이브 등에 소장된 자료를 조사했다. 이들 기관에서 조사 활동을 도와준 직원들에게 깊이 감사드린다. 필자는 일본에서도 연구를 진행했다. 도쿄대학교 오노 히데토시 명예교수에게 어떻게 감사를 표해야 할지 모르겠다. 도쿄대학교 첨단과학대학원 사회문화환경학과에 특임교수로 있는 동안 필자는 와츠지의 철학과 일본 현대건축을 깊이 연구할 수 있는 행복한 시기를 보냈다. 도쿄대학교에 머무르는 동안 연구 활동을 격려해준 코야마 히사오 명예교수에게도 감사드린다. 사실 코야마 교수와의 인연은 필자가 처음으로 연구를 위해 1년 동안 일본에 머물렀던 2001년으로 거슬러 올라간다. 필자가 일본에 장기간 머무르며 연구를 할 수 있도록 길을 열어준 더없이 고마운 분이다. 또한 후지이 코지의 실험적인 주거 작품, 초치쿠쿄聴竹居를 방문할 수 있도록 세부 계획을 잡아준 카쿠니 교수에게 감사드린다. 그림과 사진을 제공하는 등 다양한 방식으로 연구를 도와준 안도 다다오와 직원들에게 감사드린다. 그리고 사진을 사용할 수 있도록 허락해준 이소자키 아라타 사무실의 소메야 리에와 직원분들에게 감사드린다.

또한 이 기회를 빌어 서울대학교 건축학과의 동료들에게 감사를 표하고 싶다. 건축이론과 도시이론 분야에서 연구하는 동료 교수들은 필자가 생각을 다듬을 수 있는 분위기를 만들어주었다. 또한 필자가 이 책을 집필할 때 건축학과를 이끈 전 현직 학과장인 홍성걸과 김승회 교수 두 분에게도 감사드린다. 필자와 지금도 계속 도움을 주고받는 미국의 동료들에게도 감사드린다. 특히 스티브 쿡Steve Cooke은 이 책에 멋진 사진 한 장을 싣게 해줬다. 수업이나 세미나에서 환경윤리와 건축을 주제로 한 토론회에 참여해주었던 대학원생들과 학부생들에게 감사드린다. 이 책에 들어갈 도면을 준비하고 편집하는 일에 도움을 준 연구실의 알리 하메드, 로한 하크사, 황명진, 기세호, 박다솔, 이 리우, 정장근, 최지환 등에게 감사드린다. 또한 인내심을 발휘하며 출간 과정을 이끌어준 루틀리지 출판사의 제니퍼 슈미트Jennifer Schmidt, 프랜 포드Fran Ford, 에마 가즈덴Emma Gadsden, 트루디 바키아나Trudy Varcianna에게 깊이 감사드린다.

이 책이 나오게 된 것은 가족의 지속직인 사랑과 성원 때문에 가능한 것이었다. 영선, 수민, 수창과 함께 기쁨을 나누고 싶다. 일반인에게는 낯선 건축이론과 역사에 관련된 주제를 다루며 그 성과도 더딘 연구 과정은 가족의 희생 없이는 감내하기 어려운 일이다. 가족의 꾸준한 이해와 격려 그리고 지원에 고마울 따름이다. 또한 지금까지 꾸준히 물심양면으로 후원해준 부모님과 장모님에게도 감사드린다. 지금까지 언급한 모든 분들께 이 작은 책을 바친다.

필자는 첫 책에서 동아시아의 기독교 건축을 동아시아의 현상학적 전통과 관련 지어 해석했다. 그 연장선에서 이 책은 현상학적 전통의 또 다른 측면을 다룬다. 첫 책과 마찬가지로 이 책 역시 완벽하지 않으며, 내용상 실수가 있다면 전적으로 필자의 책임이라는 점을 밝히고 싶다. 다만 와츠지의 환경철학을 소개하고 해석하는 일은 건축도시 분야에서 처음 이루어지는 시도이다. 현상학을 개인 차원의 선정주의나 내밀한 경험주의로 이해하는 시각을 뛰어넘고자 한다. 감각에서 지각으로, 지각에서 자각으로 그리고 자각에서 다시 공동의 자각으로 나아가며, 현상학에 내재한 다자 간 관계라는 윤리적 차원을 밝히고자 한다. 그리고 감각과 다자 간 관계를 잇는 이 스펙트럼이 지속가능한 건축과 도시 디자인에 던지는 의미들을 살피고자 한다. 부디 이러한 도전이 이 책을 통해 다소라도 성과를 이루었기를 바란다.

도판목록

1장

(출처: Tadao Ando Architect and Associates)

도 2.28   안도 다다오, 식당에서 본 아즈마 하우스의 안마당, 오사카, 일본, 1976

(출처: Tadao Ando Architect and Associates)

도 2.29   안도 다다오, 아즈마 하우스의 식당, 오사카, 일본, 1976

(출처: Tadao Ando Architect and Associates)

3장

도 3.1   리처드 노이트라Richard Neutra, 밀러 하우스Miller House의 거실, 팜 스프링스Palm Springs, 미국, 1936

(© J. Paul Getty Trust. Jullius Shulman Photography Archive. Research Library at the Getty Research Institute 2004. R. 10)

도 3.2   리처드 노이트라, 밀러 하우스 거실 코너 부분과 스크린이 설치된 베란다, 팜 스프링스, 미국, 1936 (© J. Paul Getty Trust. Jullius Shulman Photography Archive. Research Library at the Getty Research Institute 2004. R. 10)

도 3.3   리처드 노이트라, 밀러 하우스 외부에서 본 거실 코너와 스크린이 설치된 베란다, 팜 스프링스, 미국, 1936 (© J. Paul Getty Trust. Jullius Shulman Photography Archive. Research Library at the Getty Research Institute 2004. R. 10)

도 3.4   리처드 노이트라, 밀러 하우스 평면도, 팜 스프링스, 미국, 1936 (출처: Arthur Drexler and Thomas S. Hines, *The Architecture of Richard Nuetra: From International Style to California Modernism*, New York: Museum of Modern Art, 1984, p. 72에 기초하여 기세호가 다시 그림)

도 3.5   리처드 노이트라, 시공 중인 밀러 하우스, 팜 스프링스, 미국, 1936년 11월 촬영 (출처: Jefferson and Philip Miller)

도 3.6   리처드 노이트라, 트레메인 하우스Tremaine House의 거실과 테라스, 만테시토Montecito, 미국, 1947 (© J. Paul Getty Trust. Jullius Shulman Photography Archive. Research Library at the Getty Research Institute 2004. R. 10)

도 3.7   리처드 노이트라, 코로나 스쿨Corona School 평면도, 벨Bell, 미국, 1935

(출처: 펜실베이니아 대학교 「건축 아카이브Architecture Archives」에서
발견한 도면을 기초로 황명진이 다시 그림)

도 3.8　리처드 노이트라, 코로나 스쿨 교실 단면도, 벨, 미국, (출처: 1935 펜실바
니아 대학교 「건축 아카이브」에서 발견한 도면을 기초로 박다솔이 다시
그림)

도 3.9　리처드 노이트라, 링 플랜 스쿨Ring Plan School 모형, 1932 (© Cal
Poly Pomona, College of Environmental Design Archives – Special
Collections)

도 3.10　리처드 노이트라, 코로나 스쿨에서 학습활동이 전개되는 모습, 벨, 미국,
1935 (© J. Paul Getty Trust. Jullius Shulman Photography Archive.
Research Library at the Getty Research Institute 2004. R. 10)

4장

도 4.1　캄포 광장, 시에나, 이탈리아 (출처: Steve Cooke)

도 4.2　알바 알토Alvar Aalto, 세이나찰로Säynätsalo 시청사 평면도, 세이나
찰로Säynätsalo, 핀란드, 1951 (출처: Richard Weston, *Alvar Aalto*,
London: Phaidon, 1995, p. 137에 기초하여 황명진이 다시 그림)

도 4.3　알바 알토, 세이나찰로 시청사의 중정, 세이나찰로, 핀란드, 1951
(© Timothy Brown, 출처: flickr.com)

도 4.4　아라타 이소자키, 츠쿠바 센터筑波センタービル 모형, 츠쿠바筑波, 일본,
1983 (출처: Arata Isozaki and Associates)

도 4.5　이소자키 아라타, 츠쿠바센터 외관, 츠쿠바, 일본, 1983 (출처: 저자)

도 4.6　안도 다다오, 빛의 교회光の教会 실내, 오사카, 일본, 1989
(출처: Tadao Ando Architect and Associates)

도 4.7　안도 다다오, 타루미 교회垂水の教会 실내, 타루미垂水, 일본, 1993 (출
처: 저자)

도 4.8　눈 덮인 대나무 (출처: 마동욱)

도 4.9　원형 건물의 사례인 콜로세움Colosseum, 로마Rome, 이탈리아 (출처:
저자)

도 4.10　원형 극장을 변형한 사례, 루카Lucca, 이탈리아 (© minniemouseaunt,
출처: flickr.com)

도 4.11   알도 반 아이크Aldo van Eyck, 원의 이중성을 나타낸 다이어그램 (출처: Aldo van Eyck, *Aldo van Eyck's Works*, compilation by Vincent Ligtelijn, trans. into English by Gregory Ball, Basel, Boston, Berlin: Birkhouse, 1999, pp. 292-293에 기초하여 최지환이 다시 그림)

도 4.12   알도 반 아이크, 원의 형태로 모여 춤을 추는 도곤족 (출처: Aldo van Eyck, *Aldo van Eyck's Works*, Complation by Vincent Ligtelijin, trans. into English by Gregory Ball, Basel, Boston, Berlin: Birkhouse, 1999, p. 13)

찾아보기

건축과 기후윤리

백진 지음 | 김한영 옮김

초판. 1쇄 발행. 2023년 3월 28일
펴낸이. 이민·유정미
편집. 최미라
디자인. 오성훈

펴낸곳. 이유출판
주소. 34630 대전시 동구 대전천동로 514
전화. 070-4200-1118
팩스. 070-4170-4107
전자우편. iu14@iubooks.com
홈페이지. www.iubooks.com
페이스북. @iubooks11
인스타그램. @iubooks11

정가. 21,000원

ISBN 979-11-89534-39-4(03540)